JN271097

Elementary
Differential Equations
and Their Applications

わかる
使える
微分方程式

松葉育雄
丘　維礼　著
増井裕也

共立出版

はじめに

　本書は，微積分を終了した理工系学部の1, 2年生に対する半年間の講義のための資料をもとにしてまとめたテキストである．同時に，微分方程式をもう一度確認する必要のある研究者，技術者のための実用書としても役立つように配慮した．

　微分方程式のテキストは，入門書に限っても，巻末の文献を含め数え切れないほど多数ある．それらを二つに分類すると，第一の分類は，同じような問題を数多く解くことで微分方程式を習得することを意図した書籍からなる．微分方程式を初めて学ぶ者にとっては，なによりも演習問題を通して経験を積むことが肝心である．第二の分類は，微分方程式をある程度理解していることを前提にして，具体的な問題に対してどのように微分方程式を導き，応用するかを意図した書籍である．どのような微分方程式を使ってモデル化できるのか，また，どのような手順で実際に応用するのかを学ぶためには，応用例を通じて定石を踏むことが重要である．多くの問題を解くことと具体的な問題に応用することは，実際に微分方程式を道具として使うためにはともに必要で，これらを習得して始めて微分方程式を理解できたといえる．このようなことから，本書は，微分方程式を導くこと，解くこと，応用することのバランスをとって構成するように努めた．

　微分方程式の理解を深めるための問題を，例題（各項目で述べた内容の確認），演習問題（解法の反復練習），応用問題（具体的な応用例を通して微分方程式をじっくり考えるための問題で，レポート課題などに最適）に分けて載せた．学習の進み方に応じて，演習問題，応用問題へと進めてほしい．

　本書を書くにあたって，巻末に載せた多くの書籍，Webで公開されているテキストなどを参考にした．入門書に限っても，その多さに改めて微分方程式の重要性を認識すると同時に，今なお有用と思われる書籍であっても，発行日がそれほど古くないにもかかわらず絶版になっているものの多さに驚かされる．特に，応用例が豊富に載っている書籍はたいへん少ない．これも理科，数学離れの表れだとすると，たいへん残念に思うばかりである．

2008年7月　著者

目　次

第1章　微分方程式と解　1
- 1.1　導関数の表し方 …………………………………………………… 1
- 1.2　微分方程式の分類 ………………………………………………… 2
- 1.3　線形微分方程式の種類 …………………………………………… 5
- 1.4　一般解と特解 ……………………………………………………… 9
- 1.5　非正規型微分方程式の特異解 …………………………………… 15
- 1.6　解の挙動と近似 …………………………………………………… 26

第2章　微分方程式の導き方と応用　39
- 2.1　基本的な方法 ……………………………………………………… 39
- 2.2　実用的な微分方程式 ……………………………………………… 63

第3章　微分方程式の基本的な解法　77
- 3.1　変数分離法と変数分離型微分方程式 …………………………… 77
- 3.2　変数分離法の応用 ………………………………………………… 81
- 3.3　同次型微分方程式 ………………………………………………… 88
- 3.4　同次型微分方程式の応用 ………………………………………… 90
- 3.5　完全微分方程式 …………………………………………………… 94
- 3.6　その他の方法 ………………………………………………………101

第4章　1階線形微分方程式　110
- 4.1　斉次方程式と非斉次方程式 ………………………………………110
- 4.2　一般解の求め方 ……………………………………………………111
- 4.3　1階線形微分方程式に変換できる微分方程式 …………………117
- 4.4　応用例 ………………………………………………………………122

第5章　定数係数の2階線形微分方程式　133
- 5.1　斉次方程式と非斉次方程式 ………………………………………133
- 5.2　特性方程式による基本解の構成 …………………………………134

5.3	特解の求め方：代入法	139
5.4	特解の求め方：定数変化法	145
5.5	演算子法	148
5.6	応用	152

第 6 章　変数係数の 2 階線形微分方程式　　159

6.1	斉次方程式	159
6.2	1 次独立性の判定：ロンスキアン	164
6.3	非斉次方程式	167
6.4	べき級数展開	172

第 7 章　連立線形微分方程式　　181

7.1	連立 1 階線形微分方程式	181
7.2	固有値に縮退がない場合	183
7.3	固有値に縮退がある場合	194
7.4	行列表示	199
7.5	非斉次連立微分方程式	207
7.6	応用	209

参考書	217
問題の略解	220
索　引	231

第1章

微分方程式と解

　関数とその導関数からなる関係式を，**微分方程式**という．微分方程式は，理工学系のみならず社会科学系の学生には不可欠な道具であり，電気，機械，建築，情報，計量経済などあらゆる分野における基礎知識として習得しなければならない数学の基本である．本章では，微分方程式をその特徴によって分類し，また微分方程式を解くために知っておくべき解の種類について説明する．

1.1　導関数の表し方

　1変数の関数は，一般に $y=f(x)$ のように表す．x を**独立変数**という．そして，その値によって関数の値 $f(x)$ が定まるので，y を**従属変数**という．$f(x)$ の x に関する1階微分を表す記号として，

$$\frac{d}{dx}f, \quad \frac{df}{dx}, \quad f' \tag{1.1}$$

があり，2階微分は

$$\frac{d^2}{dx^2}f, \quad \frac{d^2f}{dx^2}, \quad f'' \tag{1.2}$$

などと記す．ここで，「f'」は，「エフプライム」，「エフダッシュ」などと読む．微分した関数を**導関数**と呼び，f' は1階の導関数，f'' は2階の導関数である．また，n が3以上の導関数は $f^{(n)}$ と表すことが多い．

　独立変数は位置や時間などを表すが，特に時間の場合は x の代わりに t を使うことが多く，微分の記号として，

$$\frac{d}{dt}f, \quad \frac{df}{dt}, \quad \dot{f} \tag{1.3}$$

$$\frac{d^2}{dt^2}f, \quad \frac{d^2f}{dt^2}, \quad \ddot{f} \tag{1.4}$$

などを使う．ここで，「$\dot{f}$」は「エフドット」と読む．n が 3 以上の導関数は，前に導入した $f^{(n)}$ を用いることが多い．

独立変数の値が x のときの導関数の値は，$\frac{d}{dx}f(x)$, $f'(x)$, $\frac{d^2}{dx^2}f(x)$, $f''(x)$ のように導関数の後に (x) を付けて表す．ただし，独立変数が前後の数式で明らかな場合，f, $\frac{df}{dx}$, f' のように (x) を省略すると見やすい．常微分方程式を扱う本書は 1 変数の関数が対象なので，なるべく独立変数を省略するようにした．

初等関数の導関数の例として，$\frac{d}{dx}e^{ax} = ae^{ax}$, $\frac{d}{dx}\log|x| = \frac{1}{x}$, $\frac{d}{dx}\sin(ax) = a\cos(ax)$ などがある．ここで，a は定数である．

1.2 微分方程式の分類

独立変数が 1 個の微分方程式を**常微分方程式**といい，独立変数が 2 個以上ある微分方程式は**偏微分方程式**と呼ぶ．

独立変数 x の関数を $y(x)$ として，1 階の導関数 y' を含む関係式，

$$F\left(x, y, \frac{dy}{dx}\right) = 0 \tag{1.5}$$

を **1 階微分方程式**という．正確には **1 階常微分方程式**というべきであるが，独立変数が 1 個しかないので，省略して 1 階微分方程式と呼んでも混乱することはない．従属変数 y は，微分方程式を解いて初めて決まる関数なので，**未知関数**である．2 階の導関数 y'' まで含む関係式，

$$F\left(x, y, \frac{dy}{dx}, \frac{d^2y}{dx^2}\right) = 0 \tag{1.6}$$

は **2 階微分方程式**であり，一般に，n 階の導関数 $y^{(n)}$ まで含む式，

$$F\left(x, y, \frac{dy}{dx}, \frac{d^2y}{dx^2}, \ldots, \frac{d^ny}{dx^n}\right) = 0 \tag{1.7}$$

を **n 階微分方程式**という．

導関数の最高階の階数を，微分方程式の**階数**という．微分方程式 (1.5) の階数は 1，微分方程式 (1.6) の階数は 2，そして微分方程式 (1.7) の階数は n である．また，$n \geq 2$ の微分方程式を特に**高階微分方程式**と呼ぶことがある．

微分方程式のよく知られた簡単な例に，質量 m の質点に外力 F が働き，摩擦のない直線上の運動を表す**ニュートンの運動方程式**がある．時間を独立変数

t,質点の位置を従属変数 $y(t)$ とすると,質点の運動は,

$$m\frac{d^2y}{dt^2} = F \tag{1.8}$$

によって表せる.これは式 (1.6) の形であり,したがって 2 階微分方程式である.質点の速度 v は位置の導関数 $\dot{y}$ として表せるので,式 (1.8) は,

$$m\frac{dv}{dt} = F \tag{1.9}$$

と表すことができる.この場合は式 (1.5) の形の 1 階微分方程式である.このように,同じ対象であっても,従属変数のとり方によっては微分方程式の形が異なることがある.

偏微分方程式では,時間 t と空間 x に依存するような現象を扱うことが多い.このような場合,微分の記号は「d」ではなく偏微分の記号である「∂」を使う.t と x を独立変数,従属変数を $y(t,x)$ として,1 階の導関数 $\frac{\partial y}{\partial t}, \frac{\partial y}{\partial x}$ を含む関係式,

$$F\left(t, x, y, \frac{\partial y}{\partial t}, \frac{\partial y}{\partial x}\right) = 0 \tag{1.10}$$

を **1 階偏微分方程式**という.2 階の導関数まで含む式,

$$F\left(t, x, y, \frac{\partial y}{\partial t}, \frac{\partial y}{\partial x}, \frac{\partial^2 y}{\partial t \partial x}, \frac{\partial^2 y}{\partial t^2}, \frac{\partial^2 y}{\partial x^2}\right) = 0 \tag{1.11}$$

は **2 階偏微分方程式**であり,一般に,n 階の導関数まで含む式,

$$F\left(t, x, y, \frac{\partial y}{\partial t}, \frac{\partial y}{\partial x}, \ldots, \frac{\partial^n y}{\partial t^n}, \frac{\partial^n y}{\partial x^n}\right) = 0 \tag{1.12}$$

を **n 階偏微分方程式**という.偏微分方程式の階数は,常微分方程式の場合と同じく,最高階の導関数の階数を指す.

細長い棒を熱が伝わる現象は,偏微分方程式の代表的な対象である.独立変数は時間 t と棒の位置 x で,従属変数である温度 $T(t,x)$ は,**熱伝導方程式**,

$$\frac{\partial T}{\partial t} = D\frac{\partial^2 T}{\partial x^2} \tag{1.13}$$

で記述される.ここに,正の定数 D は熱伝導率である.t の導関数の最高階の階数は 1 であるが,x の導関数の最高階の階数は 2 なので,熱伝導方程式は 2 階偏微分方程式である.もう一つ例をあげると,量子力学の基本式である 1 次

元のシュレディンガー方程式は，従属変数である波動関数を $\psi(t,x)$ とすると，

$$i\hbar\frac{\partial \psi}{\partial t} = -\frac{\hbar^2}{2m}\frac{\partial^2 \psi}{\partial x^2} + V(x)\psi \tag{1.14}$$

と表せる．ここに，m は質量，$\hbar$ はプランクの定数を 2π で割った値，$V(x)$ はポテンシャルである．これも熱伝導方程式と同じ 2 階偏微分方程式である．

式 (1.8) や式 (1.13) のように，微分方程式が従属変数やその導関数に関して 1 次，つまり y だけで表されていれば**線形微分方程式**という．一方，y^2, y'^2, $\sin y$ などが微分方程式に現われると**非線形微分方程式**となる．すなわち，線形微分方程式以外は非線形微分方程式である．

たとえば，ある地域の時刻 t における人口を $y(t)$ とすると，その変化は，

$$\frac{dy}{dt} = ay - by^2 \tag{1.15}$$

で記述される．ここで，a, b は正の定数である．上式には y^2 が含まれるので，1 階非線形微分方程式である．

最高階の導関数の次数を微分方程式の**次数**という．これまで示した微分方程式の次数はすべて 1 で，y' あるいは $\dot{y}$ しか現れず，応用においても **1 次微分方程式**を扱う場合が多い．しかしながら，ときには高次微分方程式も必要になることがある．たとえば，パラボラアンテナの設計には，

$$\left(\frac{dy}{dx}\right)^2 + 2\frac{x}{y}\frac{dy}{dx} - 1 = 0 \tag{1.16}$$

のような微分方程式を用いる（本章の応用問題を参照）．最高階（1 階）の導関数の次数は 2 なので，これは 2 次微分方程式である．次数が 2 以上の微分方程式を**高次微分方程式**というが，高次微分方程式は一般に非線形微分方程式であり，$y' = \cdots$ と書き直せないので，**非正規型微分方程式**とも呼ばれている．これに対して，1 次の微分方程式は**正規型微分方程式**である．後で述べるように，非正規型の微分方程式には，通常の解以外に特殊な解が存在することがあるので，特に注意が必要である．

以上のことから，微分方程式は，
(1) 常微分方程式か偏微分方程式
(2) 階数
(3) 次数
(4) 線形か非線形
(5) 正規型か非正規型

によって分類できる．

例　題

以下に示す常微分方程式の階数，次数，線形か非線形，正規型か非正規型の区別を述べよ．ただし，a, b は定数である．

(1) $y' + ay = b$ 　　　　　　　　　(2) $y'' - a\sin y = 0$
(3) $y'^2 - ay = 0$ 　　　　　　　　(4) $y'' + ay = b\cos x$
(5) $y''^3 + xyy' = \sin y$ 　　　　(6) $y'' = \sqrt{1 + y'}$

解答
(1) 1 階，1 次，線形，正規型　　(2) 2 階，1 次，非線形，正規型
(3) 1 階，2 次，非線形，非正規型　(4) 2 階，1 次，線形，正規型
(5) 2 階，3 次，非線形，非正規型　(6) 2 階，2 次，非線形，正規型

本書は常微分方程式を扱うので，特に断らない限り微分方程式は常微分方程式のことを指す．

1.3　線形微分方程式の種類

1 階線形微分方程式は一般に，

$$\frac{dy}{dx} + p(x)y = r(x) \tag{1.17}$$

のような形式で書かれる 1 次の微分方程式である．ここで，$p(x), r(x)$ は x の任意の関数である．1 階線形微分方程式は基本的な微分方程式で，その解を求める方法は一般の微分方程式の解法に参考になるばかりか，実用的な価値も高い．2 階線形微分方程式は，$q(x)$ を x の任意の関数として，

$$\frac{d^2 y}{dx^2} + p(x)\frac{dy}{dx} + q(x)y = r(x) \tag{1.18}$$

のような形で表せる．同様に，n 階線形微分方程式は，

$$a_n(x)\frac{d^n y}{dx^n} + a_{n-1}(x)\frac{d^{n-1} y}{dx^{n-1}} + \cdots + a_0(x)y = r_g(x) \tag{1.19}$$

と表せる．ここで，$a_0(x), \ldots, a_n(x), r_g(x)$ は x の任意の関数で，$a_n(x) \neq 0$ とする．$a_0(x), \ldots, a_n(x)$ のうちのどれかが y に依存すれば非線形になる．

1階線形微分方程式 (1.17) は，式 (1.19) で $n=1$ として，$p(x) = \dfrac{a_0(x)}{a_1(x)}$, $r(x) = \dfrac{r_g(x)}{a_1(x)}$ とおけば得られる．同様に，2階線形微分方程式 (1.18) は式 (1.19) で $n=2$ として，$p(x) = \dfrac{a_1(x)}{a_2(x)}, q(x) = \dfrac{a_0(x)}{a_2(x)}, r(x) = \dfrac{r_g(x)}{a_2(x)}$ とおけば得られる．

従属変数が複数個ある微分方程式を**連立微分方程式**といい，線形ならば**連立線形微分方程式**である．たとえば，従属変数 y_1 と y_2 が1階線形微分方程式で記述されれば，

$$\begin{cases} \dfrac{dy_1}{dx} = a_{11}(x)y_1 + a_{12}(x)y_2 + r_1(x) \\ \dfrac{dy_2}{dx} = a_{21}(x)y_1 + a_{22}(x)y_2 + r_2(x) \end{cases} \quad (1.20)$$

のようになる．これを**2元連立1階線形微分方程式**という．ただし，$a_{12}(x) = a_{21}(x) = 0$ ならば，y_1 と y_2 は独立な微分方程式にしたがうので，連立微分方程式ではない．

$a_{11}(x), \ldots, a_{22}(x)$ が定数 $a_{11}, \ldots, a_{22}$ ならば，式 (1.20) を y_1 だけで書くと，2階微分方程式になる．実際，式 (1.20) の第1式を変形して得られる $y_2 = \dfrac{1}{a_{12}} y_1' - \dfrac{a_{11}}{a_{12}} y_1 - \dfrac{1}{a_{12}} r_1(x)$ を第2式に代入すると，

$$\dfrac{d^2 y_1}{dx^2} = (a_{11}+a_{22})\dfrac{dy_1}{dx} + (a_{12}a_{21} - a_{11}a_{22})y_1 + a_{12}r_2(x) - a_{22}r_1(x) + r_1'(x) \quad (1.21)$$

を得る．逆に，2階線形微分方程式として上式が与えられているとすると，新たな従属変数を y_2 として，$y_2 = \dfrac{1}{a_{12}} y_1' - \dfrac{a_{11}}{a_{12}} y_1 - \dfrac{1}{a_{12}} r_1(x)$ を導入すれば，もとの2元連立1階線形微分方程式 (1.20) に変形できることは明らかであろう．

このように，連立1階微分方程式は従属変数の数に等しい階数をもつ微分方程式に変形できるが，逆に高階微分方程式を連立1階微分方程式に戻しても，もとの微分方程式と一致するとは限らない．実際，$y_2 = y_1'$ として新たな従属変数を導入すれば，

$$\begin{cases} \dfrac{dy_1}{dx} = y_2 \\ \dfrac{dy_2}{dx} = (a_{11}+a_{22})y_2 + (a_{12}a_{21} - a_{11}a_{22})y_1 + a_{12}r_2(x) - a_{22}r_1(x) + r_1'(x) \end{cases} \quad (1.22)$$

となるので，式 (1.20) と異なる．2階微分方程式を1階微分方程式に変形する

メリットは後の章で述べる．

一般に，2 階線形微分方程式，

$$a_2(x)\frac{d^2y}{dx^2} + a_1(x)\frac{dy}{dx} + a_0(x)y = r_g(x) \tag{1.23}$$

は，$y_1 = y, y_2 = y'$ として新たな従属変数を導入すれば，2 元連立 1 階線形微分方程式，

$$\begin{cases} \dfrac{dy_1}{dx} = y_2 \\ \dfrac{dy_2}{dx} = -\dfrac{a_1(x)}{a_2(x)}y_2 - \dfrac{a_0(x)}{a_2(x)}y_1 + \dfrac{r_g(x)}{a_2(x)} \end{cases} \tag{1.24}$$

となる．これは容易に確かめられる．

式 (1.20) を一般化して，従属変数が n 個あれば，n 元連立 1 階線形微分方程式は，

$$\begin{cases} \dfrac{dy_1}{dx} = a_{11}(x)y_1 + a_{12}(x)y_2 + \cdots + a_{1n}(x)y_n + r_1(x) \\ \dfrac{dy_2}{dx} = a_{21}(x)y_1 + a_{22}(x)y_2 + \cdots + a_{2n}(x)y_n + r_2(x) \\ \quad \vdots \\ \dfrac{dy_n}{dx} = a_{n1}(x)y_1 + a_{n2}(x)y_2 + \cdots + a_{nn}(x)y_n + r_n(x) \end{cases} \tag{1.25}$$

のように書き表せる．

式 (1.24) を一般化すると，n 階線形微分方程式 (1.19) は，$y_1 = y, y_2 = y'$，$\ldots, y_n = y^{(n)}$ として新たな従属変数を導入すれば，n 元連立 1 階線形微分方程式，

$$\begin{cases} \dfrac{dy_1}{dx} = y_2 \\ \quad \vdots \\ \dfrac{dy_{n-1}}{dx} = y_n \\ \dfrac{dy_n}{dx} = -\dfrac{a_{n-1}(x)}{a_n(x)}y_n - \cdots - \dfrac{a_0(x)}{a_n(x)}y_1 + \dfrac{r_g(x)}{a_n(x)} \end{cases} \tag{1.26}$$

に書き直すことができる．ただし，$a_n(x) \neq 0$ とする．

連立微分方程式では，式 (1.25) のように多くの式を書かなければならない

ので，
$$\frac{dy_i}{dx} = \sum_{j=1}^{n} a_{ij}(x) y_j + r_i(x) \quad i = 1, 2, \ldots, n \tag{1.27}$$

とまとめて書くと便利である．あるいは，ベクトルと行列を使って表すこともできる．いま，

$$\boldsymbol{Y} = \begin{pmatrix} y_1 \\ y_2 \\ \vdots \\ y_n \end{pmatrix}, \quad A = \begin{pmatrix} a_{11}(x) & a_{12}(x) & \cdots & a_{1n}(x) \\ a_{21}(x) & a_{22}(x) & \cdots & a_{2n}(x) \\ \vdots & \vdots & \ddots & \vdots \\ a_{n1}(x) & a_{nn}(x) & \cdots & a_{nn}(x) \end{pmatrix}, \quad \boldsymbol{R} = \begin{pmatrix} r_1(x) \\ r_2(x) \\ \vdots \\ r_n(x) \end{pmatrix} \tag{1.28}$$

とおくと，式 (1.25) あるいは式 (1.27) はベクトル形式の微分方程式，

$$\frac{d\boldsymbol{Y}}{dx} = A\boldsymbol{Y} + \boldsymbol{R} \tag{1.29}$$

と書ける．ベクトル変数の微分 $\boldsymbol{Y}'$ は各成分の微分からなるベクトル $(y_1', y_2', \ldots, y_n')^T$ を意味する．これまでの説明では，ベクトル形式の微分方程式は簡潔に表現するためのものでしかないように思われるが，行列の演算を使って解を求める有効な方法を導ける利点がある．これに関しては後章で述べる．

簡単な例を示す．重力場におかれた質量 m の質点が速度に比例する空気抵抗を受けているとする．鉛直上向き方向の質点の時刻 t での位置 $y(t)$ は，運動方程式，つまり 2 階微分方程式，

$$m\frac{d^2y}{dt^2} = -\gamma \frac{dy}{dt} - mg \tag{1.30}$$

で記述される．ここで，正の定数 γ は抵抗係数である．これを $\ddot{y} = -\frac{\gamma}{m}\dot{y} - g$ と書き換え，$v = \dot{y}$ を導入すると，2 元連立 1 階線形微分方程式，

$$\begin{cases} \dfrac{dy}{dt} = v \\ \dfrac{dv}{dt} = -\dfrac{\gamma}{m} v - g \end{cases} \tag{1.31}$$

を得る．ベクトル形式の微分方程式 (1.29) で表すためには，

$$\boldsymbol{Y} = \begin{pmatrix} y \\ v \end{pmatrix}, \quad A = \begin{pmatrix} 0 & 1 \\ 0 & -\dfrac{\gamma}{m} \end{pmatrix}, \quad \boldsymbol{R} = \begin{pmatrix} 0 \\ -g \end{pmatrix} \tag{1.32}$$

とおけばよい．

<hr>

例　題

<hr>

以下の高階微分方程式を連立 1 階微分方程式に書き直せ．ただし，a, b は定数である．

(1) $y'' - a\sin y = 0$
(2) $y'' + ay' + by = 0$
(3) $y'' - a(1-y^2)y' + y = 0$
(4) $x^2 y''' + 2xy'' - 3y = 0$

解答

$y_1 = y, y_2 = y', y_3 = y''$ とする．

(1) $\begin{cases} y_1' = y_2 \\ y_2' = a\sin y_1 \end{cases}$
(2) $\begin{cases} y_1' = y_2 \\ y_2' = -ay_2 - by_1 \end{cases}$

(3) $\begin{cases} y_1' = y_2 \\ y_2' = a(1-y_1^2)y_2 - y_1 \end{cases}$
(4) $\begin{cases} y_1' = y_2 \\ y_2' = y_3 \\ y_3' = -\dfrac{2}{x}y_3 + \dfrac{3}{x^2}y_1 \end{cases}$

<hr>

1.4　一般解と特解

一般的にいえば，微分方程式の解を求めるのは難しい．ここで解を求めるといっているのは，解を指数関数，対数関数，三角関数などの初等関数，場合によってはベッセル関数などの特殊関数で表せる場合を指す．このような解を，しばしば**解析解**と呼ぶ．非線形微分方程式の場合，その解を求める一般的な方法はなく，コンピュータによる数値計算に頼ることが多い．しかし，線形微分方程式には，一般的な条件のもとで解を求める手順が存在し，その応用範囲も広い．

ある関数が微分方程式を満足するとき，その関数を**解**，あるいは**積分**という．また，解をグラフとして描いたものを**解曲線**，あるいは**積分曲線**という．微分方程式の解を求めることが本来の問題であるが，ここでは先に関数を与えてそれがどのような微分方程式を満たすかを調べることで，微分方程式とその解の性質を探求しよう．

簡単な例から始める．C を任意の定数として，

$$y = Ce^{-x} \tag{1.33}$$

なる関数を考える．微分すると $y' = -Ce^{-x}$ となるが，この右辺は $-y$ に等し

いので，

$$\frac{dy}{dx} = -y \tag{1.34}$$

を得る．つまり，式 (1.33) で与えた関数は 1 階線形微分方程式 (1.34) の解である．ここで，C がどのような値であっても，式 (1.33) は解になるので，C は任意の値をとれる定数である．特に $C = 0$ でも構わないことは，$y = 0$ が微分方程式 (1.34) を満たすことから確かめられる．次に，

$$y = \frac{1}{1 + Ce^{-x}} \tag{1.35}$$

なる関数を考える．微分すると，$y' = \dfrac{Ce^{-x}}{(1+Ce^{-x})^2} = \dfrac{1}{1+Ce^{-x}} - \dfrac{1}{(1+Ce^{-x})^2}$
となるが，この右辺は $y - y^2$ に等しいので，

$$\frac{dy}{dx} = y - y^2 \tag{1.36}$$

を得る．つまり，式 (1.35) で与えた関数は 1 階非線形微分方程式 (1.36) の解である．C は任意に定数であるが，特に $C = 0$ として得られる $y = 1$ も，微分方程式 (1.36) の解である．

任意の定数 C_1, C_2 の 2 個を含む関数，

$$y = C_1 \sin(\omega x) + C_2 \cos(\omega x) \tag{1.37}$$

を考える．ただし，ω は定数とする．微分すると，$y' = C_1 \omega \cos(\omega x) - C_2 \omega \sin(\omega x)$ となる．さらにもう 1 回微分すると，$y'' = -C_1 \omega^2 \sin(\omega x) - C_2 \omega^2 \cos(\omega x)$ を得る．この式の右辺はちょうど $-\omega^2 y$ に等しいので，y は

$$\frac{d^2y}{dx^2} = -\omega^2 y \tag{1.38}$$

を満たすことが分かる．つまり，式 (1.37) で与えた関数は 2 階線形微分方程式 (1.38) の解である．

式 (1.33) や式 (1.35) が示すように，これらは C がどのような値であっても 1 階微分方程式 $F(x, y, y') = 0$ の解になっている．このような解を**一般解**といい，任意の定数 C を**積分定数**という（本書では主に積分定数を「C」あるいは「K」で表わす）．また，式 (1.37) から，2 階微分方程式 $F(x, y, y', y'') = 0$ の一般解には二つの積分定数 C_1, C_2 が含まれる．以上のことから分かるように，n 階微分方程式の一般解には n 個の積分定数 $C_1, C_2, \ldots, C_n$ が現れるので，積

分定数の数は微分方程式の階数に等しく，逆に，微分方程式の階数に等しい積分定数が解に現れればその解は一般解といえる．同様に，n 元 1 階微分方程式の一般解には n 個の積分定数が現れる．

積分定数は任意の値をとることができるので，微分方程式の解は無数にある．無数にある一般解のうち，積分定数をある特定の値に設定した解を**特解**という．たとえば，式 (1.33) で考えると，$y = 1.3e^{-x}$ も $y = -2.5e^{-x}$ も，$y' = -y$ の特解である．

積分定数は，一般解にある条件を課せば決まる．たとえば，$x = 0$ で $y(0) = 1$ という条件を課せば，$1 = Ce^{-0} = C$ から $C = 1$ が得られるので，$y = e^{-x}$ は $y(0) = 1$ を満たす $y' = -y$ の特解である．1 階微分方程式には積分定数が 1 個あるので，一つの条件を課すとその解は唯一つ決まる．このような条件のことを**初期条件**，その値を**初期値**という．そして，初期条件を満たす微分方程式の解のことを**初期値問題の解**という．同様に，2 階微分方程式には積分定数が 2 個あるので，二つの条件，$y(0)$ と $y'(0)$，さらに，n 階微分方程式では n 個の条件，$y(0),\ldots,y^{(n-1)}(0)$ を与えると積分定数が決まり，したがって特解も決まる．

式 (1.33) で表される一般解に対し，初期条件を $y(0) = y_{init}$ とすると，$C = y_{init}$ から，初期値問題の解は $y = y_{init}e^{-x}$ と表せる．図 1.1 には，$y_{init} = 2$（上方の曲線）と $y_{init} = -2$（下方の曲線）の二通りの初期値に対して求めた解曲線を示す．横軸は x，縦軸は y である．解曲線を描くと，どのような複雑な関数であっても，どのように変化するかが一目で分かる．微分方程式の解を求めれば，初期条件を与えてその解曲線を描くように心がけたい．

同様に，$\omega = 1$ として，式 (1.37) で表される一般解を考える．積分定数が 2 個あるので，初期値問題の解を求めるためには，初期条件を二つ与えなければならない．たとえば，$y(0) = y_{init}$，$y'(0) = 0$ とすると，式 (1.37) から $C_2 = y_{init}$，$y' = C_1\omega\cos(\omega x) - C_2\omega\sin(\omega x)$ から $C_1 = 0$ を得る．したがって，特解は $y = y_{init}\cos x$ となる．図 1.2 に，$y_{init} = 1$（振幅の小さな曲線）と $y_{init} = 2$（振幅の大きな曲線）の二通りの初期値に対し

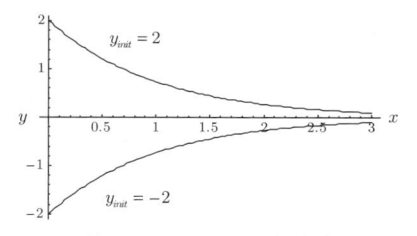

図 1.1 $y' = -y$ の解曲線

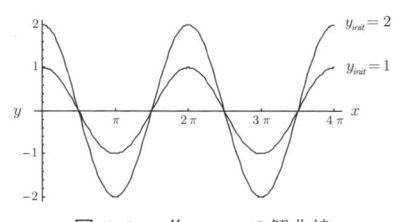

図 1.2 $y'' = -y$ の解曲線

て，$0 \leq x \leq 4\pi$ の範囲で描いた解曲線を示す．いずれの場合にも，周期的に変動する様子が見られる．

例　題

一般解が $y = C_1 \sin(\omega x) + C_2 \cos(\omega x)$ と与えられているとする．
(1) 初期条件を $y(0) = a, y'(0) = b$ として，積分定数を求めよ．
(2) $\omega = 1, a = 1, b = 2$ として解曲線を描け．

解答
(1) y を微分すると，$y' = C_1 \omega \cos(\omega x) - C_2 \omega \sin(\omega x)$．$C_2 = a, C_1 \omega = b$ から，$C_1 = \dfrac{b}{\omega}, C_2 = a$．
(2) 初期値問題の解は $y = 2\sin x + \cos x$．$0 \leq x \leq 4\pi$ の範囲で描いた解曲線は右図．

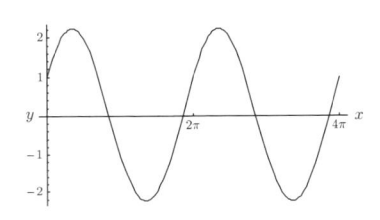

以上に示した例では，積分定数の数に等しい階数だけ微分すると，その関数が満たす微分方程式は直ちに見出せたが，一般的には与えられた関数が一般解となるような微分方程式を見出すためには，少々計算を要する．

C_1, C_2 を任意の定数として，一般解が，

$$y = C_1 e^{-2x} + C_2 e^{-3x} \tag{1.39}$$

と表せたとする．積分定数が 2 個あるので，y の満たす方程式は 2 階微分方程式（あるいは，2 元連立 1 階微分方程式）である．式 (1.39) を微分すると，$y' = -2C_1 e^{-2x} - 3C_2 e^{-3x}$，さらにもう 1 回微分すると，$y'' = 4C_1 e^{-2x} + 9C_2 e^{-3x}$ を得る．これらの式をもとの微分方程式とともに並べると，

$$\begin{cases} y = C_1 e^{-2x} + C_2 e^{-3x} \\ y' = -2C_1 e^{-2x} - 3C_2 e^{-3x} \\ y'' = 4C_1 e^{-2x} + 9C_2 e^{-3x} \end{cases} \tag{1.40}$$

となる．これらの方程式から C_1, C_2 を消去すれば，2 階微分方程式になるはずなので，それを，

$$\frac{d^2 y}{dx^2} + a \frac{dy}{dx} + by = 0 \tag{1.41}$$

とおけば，問題は a, b を決めることになる．式 (1.41) の左辺に式 (1.40) を代

入すると，

$$4C_1e^{-2x}+9C_2e^{-3x}+a(-2C_1e^{-2x}-3C_2e^{-3x})+b(C_1e^{-2x}+C_2e^{-3x})=0 \quad (1.42)$$

となる．これを整理すれば，

$$(4-2a+b)C_1e^{-2x}+(9-3a+b)C_2e^{-3x}=0 \quad (1.43)$$

となるが，これが任意の C_1, C_2 に対して成り立つためには，a, b は

$$\begin{cases} 4-2a+b=0 \\ 9-3a+b=0 \end{cases} \quad (1.44)$$

を満たさなければならない．この連立方程式を解くと，$a=5, b=6$ を得る．したがって，微分方程式は，

$$\frac{d^2y}{dx^2}+5\frac{dy}{dx}+6y=0 \quad (1.45)$$

であることが分かる．こうして，式 (1.39) は微分方程式 (1.45) の一般解であることが確かめられる．a, b を決める連立方程式 (1.44) を導く過程から分かるように，C_1, C_2 は任意であることを前提にしているので，式 (1.39) を「一般」解と呼ぶ理由が明らかになったと思う．以上のことから，微分方程式の階数に等しい任意の定数を含む関数は一般解になる．

一般的にいえば，式 (1.41) のような微分方程式が得られる保証はないが，ある程度経験を積むと，一般解 (1.39) に対する微分方程式が式 (1.41) のような形になることが予想できるようになる．微分方程式を解くには，なにより経験を積むことが不可欠である．与えられた関数が満たす微分方程式を見出すことは実際にはあまり必要ではないが，式 (1.40) を組み合わせて式 (1.45) を導く過程は，ぜひ習熟しておきたい．

もう一つ例を述べる．平面において，原点を中心とする半径 $\sqrt{C}$ の円は，

$$x^2+y^2=C \quad (1.46)$$

と表せる（図 1.3 には，いろいろな C に対する円を描いた）．y を x の関数と見

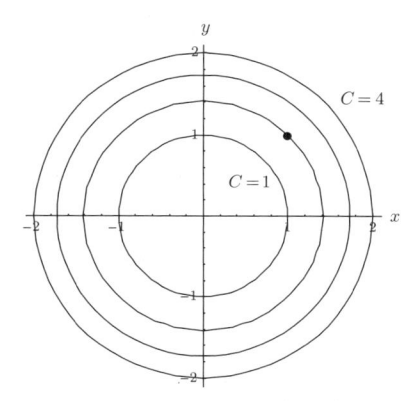

図 1.3 $yy'=-x$ の解曲線

なして，上式の両辺を x で微分すると，1階非線形微分方程式，

$$y\frac{dy}{dx} = -x \tag{1.47}$$

を得る．C は任意の定数で1個あり，微分方程式の階数1に一致するので，式 (1.46) は式 (1.47) の一般解である．また，図 1.3 において黒点で示した点 $(1,1)$ は $y(1)=1$ を表すが，これを初期条件と考えれば，その点を通る特解は，$C=1+1=2$ より，$x^2+y^2=2$ である．

ところで，微分方程式 (1.47) には，一般解以外に特殊な解があるように思える．なぜならば，$y=0$ とおくと，左辺は $yy'=0$ となり，微分方程式でなくなるからである．実際，$y=0$ とおくと，$x=0$ となる．これが一般解で表せることは，式 (1.46) で $C=0$ とおくと，$x=y=0$ となることから分かる．また，$y=K$ と一定値とすると，やはり $yy'=0$ となり，$x=0$ を得る．$x=0$ を式 (1.46) に代入すると，$y^2=C$ となるので，$K^2=C$ とすれば，やはり一般解で表せる．以上のことから，微分方程式 (1.47) の解は式 (1.46) で表す一般解以外には存在しないことが分かる．

なぜ，このような検討をしたかというと，一般解以外に特殊な解が存在する場合があり，しかもその場合，その特殊な解が重要な意味をもつことがしばしば見られるからである（式 (1.16) がその典型的な例である）．なお，線形微分方程式には特殊な解は存在しないが，後で述べるように，非正規型微分方程式には特殊な解があるので注意が必要である．

例 題

(1) $y = C_1 e^x + C_2 e^{2x} + x$ は $y'' - 3y' + 2y = 2x - 3$ の一般解であることを示せ．

(2) $(C,0)$ を中心とする半径 a の円は $(x-C)^2 + y^2 = a^2$ と表せる．これが $y^2 y'^2 + y^2 = a^2$ の一般解になっていることを示せ．ただし，a は定数とする．

(3) $y = C_1 e^{-x} + C_2 x e^{-x}$ の満たす微分方程式を導け．

解答

(1) $y = C_1 e^x + C_2 e^{2x} + x$ を微分すると $y' = C_1 e^x + 2C_2 e^{2x} + 1$，さらにもう1回微分すると $y'' = C_1 e^x + 4C_2 e^{2x}$ となる．したがって，$y'' - 3y' + 2y = C_1 e^x + 4C_2 e^{2x} - 3(C_1 e^x + 2C_2 e^{2x} + 1) + 2(C_1 e^x + C_2 e^{2x} + x) = 2x - 3$ である．任意の定数が2個あり，微分方程式の階数2に等しいので，$y = C_1 e^x + C_2 e^{2x} + x$ は一般解．

(2) $(x-C)^2 + y^2 = a^2$ の両辺を微分すると $(x-C) + yy' = 0$. 両式から C を消去すると, $y^2 y'^2 + y^2 = a^2$. 任意の定数が1個あり, 微分方程式の階数1に一致するので, $(x-C)^2 + y^2 = a^2$ は一般解.

(3) $y = C_1 e^{-x} + C_2 x e^{-x}$ を微分すると $y' = -C_1 e^{-x} + C_2 e^{-x} - C_2 x e^{-x}$, $y'' = C_1 e^{-x} - C_2 e^{-x} - C_2 e^{-x} + C_2 x e^{-x}$. 微分方程式を $y'' + ay' + by = 0$ とおくと, $e^{-x}((1-a+b)C_1 + (a-2+(1-a+b)x)C_2) = 0$. これが任意の C_1, C_2 に対して成り立つためには, $1-a+b=0, a-2=1-a+b=0$ を満たさなければならないので $a=2, b=1$. 微分方程式は $y'' + 2y' + y = 0$.

1.5 非正規型微分方程式の特異解

線形微分方程式のすべての解は一般解で表せ, それ以外の解は存在しない. しかし, **非正規型微分方程式**の中には, 一般解として表せない特殊な解が存在することがある. しかも, それが物理的, 幾何学的に重要な性質をもつことがある.

(A) 特異解と包絡線

簡単な例から始めよう. 1階2次微分方程式,

$$\left(\frac{dy}{dx}\right)^2 - 4y = 0 \tag{1.48}$$

を考える. 1階であるが2次 (y'^2) になっているので, 非正規型微分方程式である. y' について解くと, $y' = \pm 2\sqrt{y}$ となり, その一般解は $y = \left(\pm x - \dfrac{C}{2}\right)^2$ と表せる. 実際, 微分すると $y' = \pm 2\left(\pm x - \dfrac{C}{2}\right) = \pm 2\sqrt{y}$ となり, 任意の定数を1個含むので, 一般解であることが確認できる. ただし, これで微分方程式のすべての解が表せたというわけではない. 実際, 式 (1.48) を眺めると, $y=0$ が解であることはすぐ分かる. $y=0$ が, C をどのようにとっても一般解で表せないことは明らかである. このような解を**特異解**という (特解ではない!). 以上から, 微分方程式 (1.48) の解は3個あり,

$$\begin{cases} y = \left(\pm x - \dfrac{C}{2}\right)^2 \\ y = 0 \end{cases} \tag{1.49}$$

となる．

1階線形微分方程式には特異解が存在しないが，上記の例のように，非正規型微分方程式には特異解があり得るので十分注意しなければならない．ただし，いつも存在するとは限らない．

特異解が一定値では対象の性質を調べる上であまり意味をもたないように思えるが，幾何学的にたいへん重要な意味をもっている．実は，上記の例でも，特異解 $y=0$ が幾何学的に重要な意味を示すが，以下ではもう少し分かりやすい例をとり上げることにする．

一般解が，
$$y = Cx + 2C^2 \tag{1.50}$$
と与えられているとする．微分すると，
$$y' = C \tag{1.51}$$
となるので，式 (1.50) と式 (1.51) 式から C を消去すると，y の満たす微分方程式は，1階2次で，
$$2\left(\frac{dy}{dx}\right)^2 + x\frac{dy}{dx} - y = 0 \tag{1.52}$$
である．これは非正規型微分方程式である（一般解に C^2 の項があるので，微分方程式が2次になる）．式 (1.50) に任意の定数が1個あるので，式 (1.50) は1階微分方程式の一般解である．ところが，
$$y = -\frac{1}{8}x^2 \tag{1.53}$$
も解であることは，これを式 (1.52) に代入すれば直ちに分かる．一般解 (1.50) は x の1次式なので，どのように C を選んでも2次式である式 (1.53) は表せない．したがって，式 (1.53) は特異解である．以上のことから，微分方程式 (1.52) の解は，式 (1.50) と式 (1.53) で与えられる．

特異解の幾何学的な意味を考える前に，その求め方を示しておく．注目すべき点は，特異解は一般解では表せないにも関わらず，一般解から導けることである．式 (1.50) と式 (1.52) に，式 (1.51) の $p \equiv y' = C$ を代入した式はそれぞれ，

$$\begin{cases} 2\left(C + \dfrac{1}{4}x\right)^2 - y - \dfrac{1}{8}x^2 = 0 \\ 2\left(p + \dfrac{1}{4}x\right)^2 - y - \dfrac{1}{8}x^2 = 0 \end{cases} \tag{1.54}$$

と書けることに注意しよう．C あるいは p の関数と見なせば，両方程式は同じ形の 2 次方程式である．特異解は，

(1) 一般解 $y = Cx + 2C^2$ を C の 2 次方程式と見なして，それが重解をもつ，つまり**判別式** $D = x^2 + 8y$ が 0 になる

あるいは，

(2) 微分方程式を p の 2 次方程式 $y = px + 2p^2$ と見なして，それが重解をもつ，つまり判別式 $D = x^2 + 8y$ が 0 となる

場合に与えられる．両条件とも特異解 $y = -\dfrac{1}{8}x^2$ を与えるが，式 (1.51) の $p = y' = C$ を用いれば，同じことをいっているにすぎない．ただし，一般解が与えられていなければ，条件 (2) を使えばよい．以上のように，一般解として表されない特異解が一般解から導かれることは，特異解は一般解と無関係に決まるのではなく，何らかの関係があることを示唆する．

グラフを描いて特異解と一般解の関係を幾何学的に調べると，重解をもつという上記の条件が，どのような意味をもつかが明確になる．図 1.4 に，C を -2 から 2 まで変えたときの一般解 $y = Cx + 2C^2$（直線）と，特異解 $y = -\dfrac{1}{8}x^2$（破線）のグラフを示す．図から分かるように，特異解は一般解に接するようなグラフになっている．

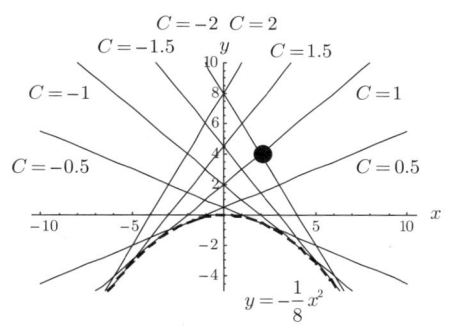

図 1.4　$2y'^2 + xy' - y = 0$ の一般解（実線）と特異解（破線で表した包絡線）の関係

特異解のグラフ上にない点 (X, Y) を与えたとき，$2C^2 + XC - Y = 0$ を C の 2 次方程式と見なせば，解として $C = \dfrac{-X \pm \sqrt{X^2 + 8Y}}{4}$ と 2 個求まる．つまり，その点を通る解曲線（この場合は直線である）は常に 2 個存在する．たとえば，図の黒点で示した位置 $(2, 4)$ を通る解は $C = 1$ とした $y = x + 2$ と，$C = -2$ とした $y = -2x + 8$ の二つある．いずれの直線も，図から分かるように，$y = -\dfrac{1}{8}x^2$ に接している．しかし，点 (X, Y) が特異解のグラフの上にのっていると，$X^2 + 8Y = 0$ であるので，$C = \dfrac{-X \pm \sqrt{X^2 + 8Y}}{4} = -\dfrac{X}{4}$ となって解曲線は一つだけになる．このことはまさしく，特異解は，$2C^2 + xC - y = 0$ が重解をもつという条件から導かれることを示している．以上のことから，$2C^2 + xC - y = 0$ が重解をもつ，つまり判別式が $D = x^2 + 8y = 0$ となるような (x, y) が，特異解を与えることが分かる．

傾きの異なる直線群に接する曲線は**包絡線**と呼ばれている．こうして，特異解は一般解に接するようなグラフで，包絡線になっていることが分かった．これが，特異解の幾何学的な意味である．

もう一つの例として，1 階 3 次の非正規型微分方程式，

$$\left(\frac{dy}{dx}\right)^3 + x\frac{dy}{dx} - y = 0 \tag{1.55}$$

の特異解を求めよう．一般解が与えられていないが，上式を $p = y'$ と関数と見なして，p の 3 次方程式，

$$p^3 + xp - y = 0 \tag{1.56}$$

を考える．一般の 3 次方程式 $ap^3 + bp^2 + cp + d = 0\ (a \neq 0)$ の判別式は，

$$D = b^2c^2 + 18abcd - 4ac^3 - 4b^3d - 27a^2d^2 \tag{1.57}$$

で与えられる（次ページの例題を参照）．式 (1.56) の場合，$a = 1, b = 0, c = x, d = -y$ で，判別式が 0 となるのは $-4x^3 - 27y^2 = 0$ の場合で，特異解は，

$$y = \pm\sqrt{-\frac{4}{27}x^3} \tag{1.58}$$

と表せる（ただし，$x \leq 0$ でのみ存在する）．特異解が解であることは，微分方程式に代入すれば確かめられる．

この例でも，特異解が一般解の包絡線になっていることが示せる．そのために，まず一般解を求めておく．式 (1.52) と同様に考えれば，$p \equiv y' = C$ とおいて，これを式 (1.55) に代入すれば，一般解が，

$$y = Cx + C^3 \tag{1.59}$$

と表せる．実際，上式と $y' = C$ を式 (1.55) に代入すれば，容易に確かめられる．図 1.5 に，C を -3 から 3 まで変えた時の一般解で表される解曲線を実線で，また，特異解を破線で示した．負の x 軸上の点 $(X, 0)$ を通る一般解は，$CX + C^3 = 0$ から，$C = 0$ とした $y = 0$, $C = \pm\sqrt{-X}\ (X \leq 0)$

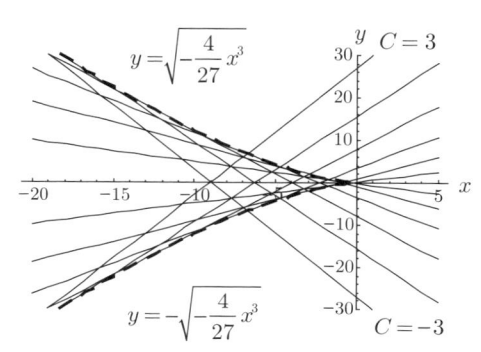

図 1.5 $y'^3 + xy' - y = 0$ の一般解（実線）と特異解（破線で表した包絡線）の関係

とした $y = \pm\sqrt{-X}(x-X)$ の三つである. $y = -\sqrt{-X}(x-X)$ と $y = 0$ の包絡線が $y = \sqrt{-\frac{4}{27}x^3}$ を与え, また, $y = \sqrt{-X}(x-X)$ と $y = 0$ の包絡線が $y = -\sqrt{-\frac{4}{27}x^3}$ を与える.

例題

2次方程式 $ap^2 + bp + c = 0$ $(a \neq 0)$ の判別式は, 以下のようにして求められる. 重解をもてば, $2ap^* + b = 0$ から $p^* = -\frac{b}{2a}$ である. これを2次方程式に代入して, $ap^{*2} + bp^* + c = \frac{b^2}{4a} - \frac{b^2}{2a} + c = -\frac{1}{4a}(b^2 - 4ac) = 0$ となれば重解をもつので, 判別式を $D = b^2 - 4ac$ と定義できる. 以上のことを参考にすると, 3次方程式 $g(p) \equiv ap^3 + bp^2 + cp + d = 0$ が重解をもつ条件は, $g'(p^*) = 0, g(p^*) = 0$ の両式を満たす条件から導けることが分かる. ここで, $g'(p) = 3ap^2 + 2bp + c$ である. 以下の問いに答えよ.

(1) 重解をもつとして, そのときの p^* を求めよ.
(2) $g(p^*) = ap^{*3} + bp^{*2} + cp^* + d$ の値を求めよ.
(3) 重解をもてば, (2)で求めた値が0になる. これから, 3次方程式 $ap^3 + bp^2 + cp + d = 0$ の判別式が式 (1.57) で与えられることを示せ.

解答

(1) $g'(p) = 0$ より, $p^* = \frac{1}{3a}(-b \pm \sqrt{b^2 - 3ac})$.
(2) $g(p^*) = \frac{1}{27a^2}(2b^3 - 9abc + 27a^2d \pm (2b^2 - 6ac)\sqrt{b^2 - 3ac})$.
(3) (2) で求めた式が0となればよいので, $(2b^3 - 9abc + 27a^2d)^2 = (\mp(2b^2 - 6ac)\sqrt{b^2 - 3ac})^2$ として, これを整理すると $27a^2(b^2c^2 + 18abcd - 4ac^3 - 4b^3d - 27a^2d^2) = 0$. これから, 判別式は $D = b^2c^2 + 18abcd - 4ac^3 - 4b^3d - 27a^2d^2$.

(B) クレロー方程式

これまで述べた非正規型微分方程式を, 一般解, 特異解とともに並べると,

非正規型微分方程式	一般解	特異解
$y = xp + 2p^2$	$y = xC + 2C^2$	$x^2 + 8y = 0$
$y = xp + p^3$	$y = xC + C^3$	$27y^2 + 4x^3 = 0$

となるが, 微分方程式の形と解に関係があることは一目瞭然である. 特異解は,

すでに述べたように，一般解を C の方程式と見なしたときの判別式，あるいは微分方程式を $p=y'$ の方程式と見なしたときの判別式から決まる．一方，一般解は微分方程式で $p=C$ とおくだけで得られ，一般解も特異解も機械的に決定できる．なぜ，このような関係が存在するのであろうか．実は，非正規型微分方程式であっても，ある特定の形になっていることが必要なのである．

$f(p)$ を $p=y'$ の任意の関数とすると，以上の非正規型微分方程式の一般的な形は，

$$y = xp + f(p) \tag{1.60}$$

である．これを**クレロー方程式**と呼んでいる．一般解は，$p=C$ とおいた

$$y = xC + f(C) \tag{1.61}$$

で与えられ，特異解は，

$$\begin{cases} x = -\dfrac{df(p)}{dp} \\ y = -p\dfrac{df(p)}{dp} + f(p) \end{cases} \tag{1.62}$$

から決まる．p をパラメータと考え，式 (1.62) の両式から p を消去すれば，x の関数として特異解が求まる．つまり，式 (1.62) は特異解の**パラメータ表示**と見なせる．

（C） 一般解と特異解の求め方

判別式によって特異解を見出す方法を示したが，任意の関数 $f(p)$ をもつクレロー方程式や高次の非正規型微分方程式にも適用できる上記の方法を説明する．

クレロー方程式の一般解 (1.61) と特異解 (1.62) を導く．微分方程式 (1.60) を x で微分すると，$y' = p + xp' + \dfrac{df(p)}{dp}\dfrac{dp}{dx}$ を得る．これに $p=y'$ を代入すると，

$$p'\left(x + \frac{df(p)}{dp}\right) = 0 \tag{1.63}$$

となるので，

$$p' = 0 \tag{1.64}$$

$$x = -\frac{df(p)}{dp} \tag{1.65}$$

を得る．

式 (1.64) から，任意の定数を C とすると，$p = C$ となるので，式 (1.60) に代入するだけで一般解 (1.61) が得られる．式 (1.65) は，$y = xp + f(p)$ を p に関する方程式と見なしたときの重解 p^* をもつ条件で，p^* は $x = -\dfrac{df(p)}{dp}$ から求まる（式 (1.62) の第 1 式）．これを式 (1.60) に代入すると，式 (1.62) の第 2 式に示した $y = -p\dfrac{df(p)}{dp} + f(p)$ を得る．両式から p を消去すれば特異解が決まる．

なお，3 次方程式の判別式を導いた p.19 の例題を参考にすると，以上の方法は判別式によって特異解を見出す方法と等しいことが分かる．実際，$g(p) = f(p) + xp - y$ とおくと，$g'(p) = 0$ が $x = -\dfrac{df(p)}{dp}$，$g(p) = 0$ が $y = -p\dfrac{df(p)}{dp} + f(p)$ を与える．

一般解を求める別の方法を述べておく．$y' = C$ を微分方程式と見なせば，$y = xC + K$ はその解である．これを微分方程式 (1.60) に代入すると，$xC + K = xC + f(C)$ となるので，$K = f(C)$ を得る．したがって，$y = xC + f(C)$ が一般解となる．

例　題

クレロー方程式 $y = xy' + \dfrac{1}{2}y'^2$ に関して，以下の問いに答えよ．
(1) 一般解と特異解を求めよ．
(2) 特異解が一般解の包絡線になっていることをグラフを描いて示せ．

解答

(1) $f(p) = \dfrac{1}{2}p^2$ で，一般解は式 (1.61) から $y = xC + \dfrac{1}{2}C^2$．一方，式 (1.62) は $x = -p$ と $y = -p^2 + \dfrac{1}{2}p^2 = -\dfrac{1}{2}p^2$ を与えるので，両者から p を消去すれば，特異解 $y = -\dfrac{1}{2}x^2$ を得る．

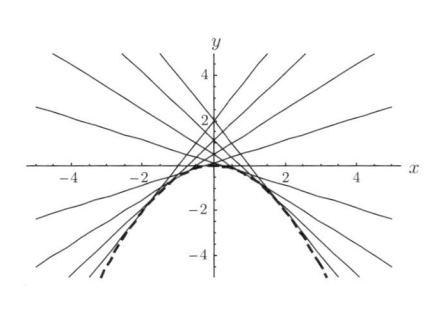

(2) 右図．

特異解は 判別式 = 0 から得られ，また 判別式 = 0 が実は式 (1.62) と等価であることを示した．幾何学的な観点から，この関係を特異解が一般解の包絡線

になっていることと併せて，以下に説明する．

クレロー方程式の一般解を，積分定数 C をパラメータとする曲線群 $f(x,y;C)=0$ で表す．図 1.6 に示すように，包絡線は C をいろいろ変えて描いた曲線群の接線である．包絡線上の点 P の座標を (X,Y) とすると，P は曲線上の点なので，

$$f(X,Y;C)=0 \qquad (1.66)$$

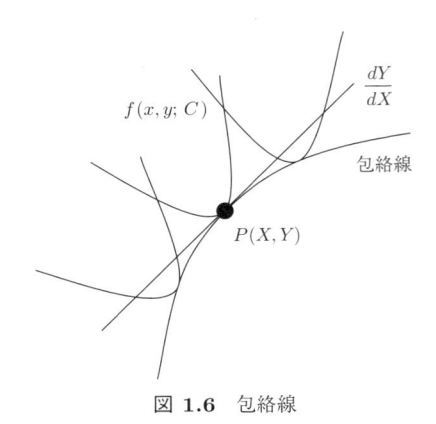

図 **1.6** 包絡線

が成り立つ．しかも，包絡線は点 P で曲線 $f(x,y(x);C)=0$ に接しているので，接線の勾配は，

$$\left.\frac{\partial f}{\partial x}\right|_{x=X,y=Y} + \left.\frac{\partial f}{\partial y}\right|_{x=X,y=Y}\frac{dY}{dX} = 0 \qquad (1.67)$$

を満たす．X,Y は C に依存するので，C の関数として $X=X(C), Y=Y(C)$ と書くと，接線の勾配は，

$$\frac{dY}{dX} = \frac{\dfrac{dY}{dC}}{\dfrac{dX}{dC}} \qquad (1.68)$$

と表せる．これを用いると，式 (1.67) は，

$$\left.\frac{\partial f}{\partial x}\right|_{x=X,y=Y}\frac{dX}{dC} + \left.\frac{\partial f}{\partial y}\right|_{x=X,y=Y}\frac{dY}{dC} = 0 \qquad (1.69)$$

となる．一方，式 (1.66) を C で微分すると，

$$\frac{d}{dC}f(X,Y;C) = \frac{\partial f}{\partial C} + \left.\frac{\partial f}{\partial x}\right|_{x=X,y=Y}\frac{dX}{dC} + \left.\frac{\partial f}{\partial y}\right|_{x=X,y=Y}\frac{dY}{dC} = 0 \qquad (1.70)$$

となるが，これに式 (1.69) を代入すると，

$$\frac{\partial f}{\partial C} = 0 \qquad (1.71)$$

を得る．

以上から，包絡線は連立方程式，

$$\begin{cases} f(X,Y;C) = 0 \\ \dfrac{\partial}{\partial C} f(X,Y;C) = 0 \end{cases} \tag{1.72}$$

から C を消去すれば得られる．これは，C に関する方程式が重解をもつ条件，つまり 判別式 $= 0$ に他ならなく，また，特異解を与える式 (1.62) に等価である．こうして，式 (1.72) の両方程式から C を消去すれば，特異解が求められる．

再度，$2y'^2 + xy' - y = 0$ をとり上げる．一般解は $y = Cx + 2C^2$ であった．この場合，式 (1.72) は，

$$\begin{cases} 2C^2 + Cx - y = 0 \\ 4C + x = 0 \end{cases} \tag{1.73}$$

となる．これから C を消去すると，$y = -\dfrac{1}{8}x^2$ を得る．C の 2 次式であるこの例から，式 (1.73) は重解をもつ条件で，判別式が 0 となる条件に等しいことが確認できる．

なお，これまでクレロー方程式の特異解について述べてきたが，もとの微分方程式を x について微分して得られる式 (1.63) から一般解と特異解を求める手法は，クレロー方程式以外にも応用できる．以下の例題を参考にされたい．

例 題

以下の微分方程式の一般解と特異解を求めよ．
(1) $y = xy' - e^{y'}$ (2) $yy'^2 - 2xy' + y = 0$
(3) $6y^2 y'^2 + 3xy' - y = 0$

解答

(1) $f(p) = -e^p$ のクレロー方程式である．一般解は式 (1.61) から $y = Cx - e^C$．特異解は式 (1.62) から $x = e^p$, $y = pe^p - e^p$ の両式から p を消去して，$y = x(\log x - 1)$．

(2) $p = y'$ の関数と見なし，p の 2 次方程式 $p^2 - 2\dfrac{x}{y}p + 1 = 0$ を考える．判別式 $= 0$ による特異解の求め方：$\dfrac{x^2}{y^2} - 1 = 0$ から特異解は $y = \pm x$．特異解が実際に解であることは，微分方程式に代入すると確かめられる．微分による方法：x で微分しても上手くいかないので，$x = \dfrac{p^2 + 1}{2} \dfrac{y}{p}$ と変形して，y で微分．$(1 - p^2)\left(\dfrac{dp}{dy} + \dfrac{p}{y}\right) = 0$ となるので，$p^2 = 1$, $\dfrac{dp}{dy} + \dfrac{p}{y} = 0$. $p^2 = 1$ と $yp^2 - 2xp + y = 0$ から p を消去すると，特異解は $y = \pm x$．一方，

$\dfrac{dp}{dy} + \dfrac{p}{y} = 0$ から得られる $p = \dfrac{C}{y}$ をもとの微分方程式に代入すると, 一般解は $y^2 = 2Cx - C^2$. 右図から $y = \pm x$ は $y^2 = 2Cx - C^2$ の包絡線.

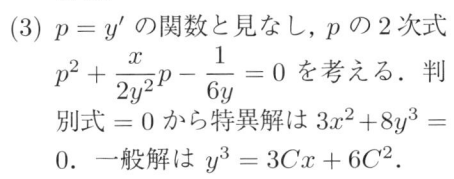

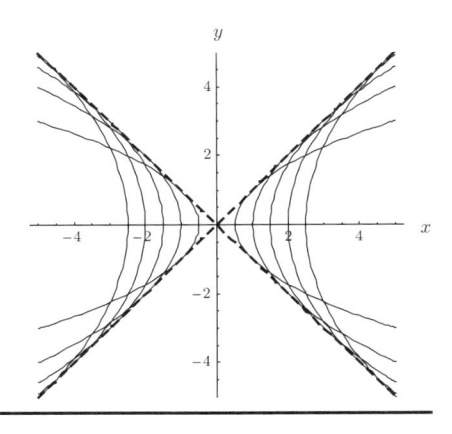

(3) $p = y'$ の関数と見なし, p の2次式 $p^2 + \dfrac{x}{2y^2}p - \dfrac{1}{6y} = 0$ を考える. 判別式 $= 0$ から特異解は $3x^2 + 8y^3 = 0$. 一般解は $y^3 = 3Cx + 6C^2$.

先に述べたように, 非正規型微分方程式に必ず包絡線で表される特異解が存在するとは限らない. 例として,

$$2y = \left(\dfrac{dy}{dx}\right)^2 + 4x\dfrac{dy}{dx} \tag{1.74}$$

を調べよう. $p = y'$ とおいた $2y = p^2 + 4xp$ の判別式から, 特異解は $2x^2 + y = 0$ である. 一方, 微分による方法では, $x = \dfrac{y}{2p} - \dfrac{p}{4}$ と書き直して, y で微分すると, $\left(\dfrac{y}{2p^2} + \dfrac{1}{4}\right)\dfrac{dp}{dy} - \dfrac{1}{2p} = 0$ となる. これは一般解 $(4x^3 + 3xy + C)^2 = 2(2x^2 + y)^3$ を与えるが, 特異解を与えない. 両方法の結果が一致せず, どうもこれまでの例と違う. 実際, 判別式から得られた $y = -2x^2$ を微分方程式に代入すると, 解でないことが分かる. 図 1.7 に示すように, 破線で示した $y = -2x^2$ は一般解の包絡線ではなく, **尖点** (y の負の部分) を結んだ曲線になっている.

図 **1.7** $2y = p^2 + 4xp$ の解

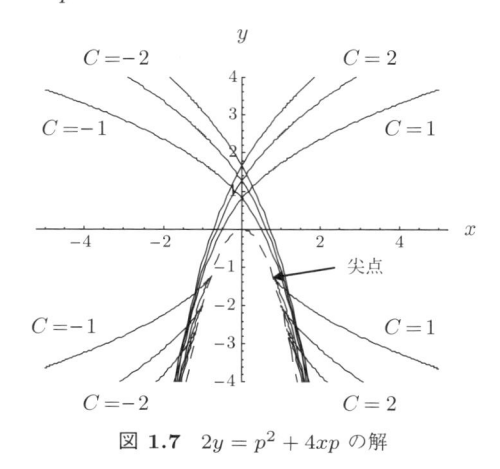

(D) 解の一意性

クレロー方程式に代表される非正規型微分方程式の注意すべき性質に, 解の一意性が成立しないことがある. **解の一意性**とは, 初期値を決めれば解は唯一つ決まるということである. 解の一意性がないと, 初期値を決めても解は複

1.5 非正規型微分方程式の特異解

数存在することになるので，時間的な変動の場合，将来が決まらない困った状況になる．通常の物理法則などから導かれる微分方程式は，このような状況にはならないので，非正規型微分方程式を扱うことは稀である．

解の一意性が成立しない微分方程式は，

$$\frac{dy}{dx} = \sqrt{y} \tag{1.75}$$

のような場合にも見られる（ただし，$y'^2 = y$ とすれば，これまで述べた非正規型微分方程式になり，以下に述べることがそのまま当てはまる）．一般解が $y = \frac{1}{4}(x-C)^2$ と表せることは，式 (1.75) に代入すれば確かめられる．初期条件を $y(0) = 0$ とすると，積分定数は $C = 0$ となり，初期値問題の解は $y = \frac{1}{4}x^2$ となる．ところが，一般解では表せない特異解 $y = 0$ も解であることは，代入すれば直ちに分かる．すると，初期条件を満たす $y = 0$ も解になるので，初期値問題の解は複数個存在することになる．こうして，解が一意に決まらない．さらに一般化すると，任意の $C > 0$ に対して，$y = 0$ と $y = \frac{1}{4}(x-C)^2$ を接続して作った関数，

$$y = \begin{cases} 0 & ; \ 0 \le x < C \\ \frac{1}{4}(x-C)^2 & ; \ C \le x \end{cases} \tag{1.76}$$

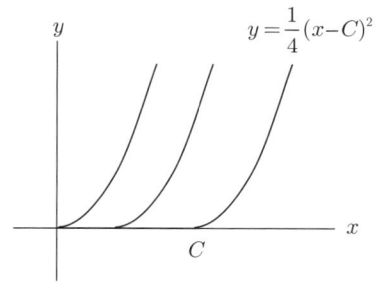

図 **1.8** 初期条件 $y(0) = 0$ を満たす $y' = \sqrt{y}$ の解．C は任意の定数．

も初期値問題の解である．C は任意なので，図 1.8 に示すように，解は無数に存在する．

このように特異解が存在すると，初期条件を決めても解は唯一つだけに決まらなくなる．

例 題

$y'^2 + y^2 = 1$ に関して，以下の問いに答えよ．
(1) 一般解が $y = \cos(x-C)$ と表せることを示せ．
(2) $y = \pm 1$ は特異解であることを示せ．
(3) 右図に示す関数は，$y(0) = 1$ を満たす解であることを示せ．

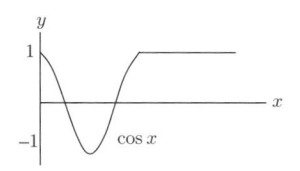

解答

(1) $y' = -\sin(x-C)$ となるので，$y'^2 + y^2 = 1$ が成り立ち，任意の定数を微分方程式の階数に等しい1個だけ含むので一般解．
(2) 代入すれば直ちに分かる．
(3) 初期条件を満たす一般解は $y = \cos x$，特異解は $y = 1$．図に示す関数は両関数をつないだ関数であるので初期値問題の解．

解の一意性が満たされる条件に関して，以下のことが知られている．$f(x,y)$ が (x_0, y_0) を含む領域，$|x-x_0| \leq a, |x-x_0| \leq b$ において連続とする．この領域内において，k を正の定数として，

$$|f(x,y_1) - f(x,y_2)| \leq k|y_1 - y_2| \tag{1.77}$$

が成り立てば，$x = x_0$ の近傍において微分方程式の初期値問題，

$$\frac{dy}{dx} = f(x,y), \quad y(x_0) = y_0 \tag{1.78}$$

の解が唯一つ存在する．条件 (1.77) は**リプシッツ条件**と呼ばれ，解の一意性を保証する．

式 (1.75) は，$y(0) = 0$ の近傍においてリプシッツ条件を満足するかどうか調べよう．この場合，$f(x,y) = \sqrt{y}$ で，$(0,0)$ 近傍で $y_1 = y, y_2 = 0$ とすると，$\sqrt{y} > y$ が成り立つので，リプシッツ条件を満たさない．

1.6 解の挙動と近似

(A) 位相図

微分方程式の解が指数関数や三角関数などの初等関数で表されるとは限らない．しかし，解析解が求められない場合でも，どのような挙動を示すか調べることが可能な場合がある．特に，解が求まりにくい非線形微分方程式では有効である．

簡単な例から始めよう．**ロジスティック方程式**，

$$\frac{dy}{dt} = ay\left(1 - \frac{y}{b}\right) \tag{1.79}$$

の一般解は後章で述べる方法によって求められるが，右辺を $f(y)$ とおき，

$$f(y) = ay\left(1 - \frac{y}{b}\right) \tag{1.80}$$

とする．ここで，$a > 0, b > 0$ とする．$f(y)$ は y の導関数を表しているので，$f(y) > 0$ で y は増加し，逆に $f(y) < 0$ で y は減少する．したがって，0 でないどのような初期値 $y(0) > 0$ から始めても，図 1.9 に示すように，

$$f(y_s) = 0 \tag{1.81}$$

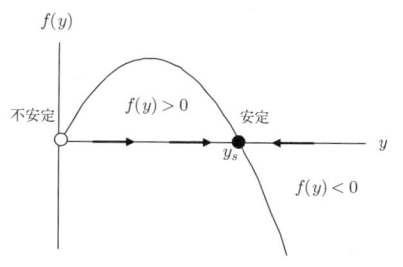

図 1.9 位相図による解の挙動

の解の一つである y_s に収束する．$y = y_s$ では $\dot{y} = 0$ となるが，導関数が 0 となるような解を**平衡点**，平衡点で表される状態を**平衡状態**という．式 (1.79) から，平衡点は $y_s = 0$ と $y_s = b$ である．$y_s = b$ は，その近傍内の任意の初期値から始めても $y_s = b$ に収束するので**安定**であり，一方，$y_s = 0$ は，その近傍内の任意の初期値から始めると $y_s = 0$ から遠ざかるので**不安定**である．主に興味の対象となるのは，安定な平衡点である．

以上のように，解が時間の関数としてどのように表されるかは問わないが，平衡点へ近づく様子および平衡点の安定性に着目することで，微分方程式の重要な特徴をつかむことができる．このような定性的な議論のもとに描いた図 1.9 のような図を，一般に**位相図**と呼んでいる．

次に，

$$f(y) = ay\left(1 - \frac{y^2}{b^2}\right) \tag{1.82}$$

を考えよう．ここで，$a > 0, b > 0$ とする．この場合，$f(y_s) = 0$ の解である平衡点は $0, \pm b$ の 3 ヶ所にある．図 1.10 に示す位相図から，初期値が 0 でない限り，初期値が正の場合は b に，負の場合は $-b$ に近づくことが分かる．

以上の例から分かるように，1 階微分方程式，

$$\frac{dy}{dt} = f(y) \tag{1.83}$$

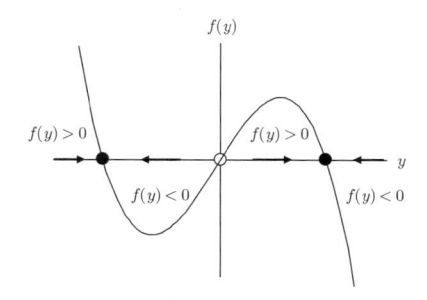

図 1.10 位相図による解の挙動

の挙動は，$f(y)$ がどのような関数であっても，平衡状態へ収束していく様子が定性的に把握できる．ただし，解が時間の関数としてどのように表されるかは，具体的に解を求めなければならない．式 (1.83) は，微分方程式としては簡単そうに見えるが，解析解が常に導けるとは限らない．

（B） 方向場

1階微分方程式，
$$\frac{dy}{dx} = f(x,y) \tag{1.84}$$

の一般解を表す解曲線は，積分定数を変えれば無数のグラフとして表示される．解曲線上の任意の点 (x,y) における接線の方向は $f(x,y)$ で表され，そのような方向が示されている領域を**方向場**という．図 1.11 の左図に示すように，x 方向の大きさを ε とすると，y 方向の大きさは $\varepsilon f(x,y)$ となるので，点 (x,y) における解曲線の方向を表す**方向ベクトル**は，$\varepsilon(1, f(x,y))^T$ と表される．ただし，図を描くときには，ε の大きさを適切にとって見易くする工夫が必要である．また，方向場は解曲線と決して交わらないが，ε を大きくしすぎると交わるので注意しよう．

具体的に考えるために，
$$\frac{dy}{dx} = x - 2y \tag{1.85}$$

をとり上げる．初期値を $y(0) = y_{init}$ とした特解は，

$$y = \frac{1}{4}(e^{-2x} - 1 + 2x + 4y_{init} e^{-2x}) \tag{1.86}$$

である．なぜなら，$y' + 2y = \frac{1}{4}(-2e^{-2x} + 2 - 8y_{init}e^{-2x}) + \frac{2}{4}(e^{-2x} - 1 + 2x + 4y_{init}e^{-2x}) = x$ となるからである．この特解の特徴は，$x \to \infty$ とすると $y \to \frac{1}{2}x$ に近づき，初期値に依存しなくなることである．つまり，どのような初期値から始めても，x が大きくなると，y の漸近値

$$y_{asympt} = \frac{1}{2}x \tag{1.87}$$

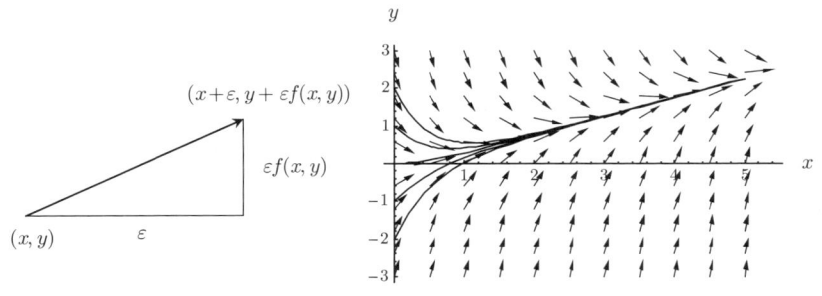

図 **1.11** 方向場の定義とその例

に近づく．

　点 (x,y) における方向ベクトルは $\varepsilon(1, x-2y)^T$ となるので，微分方程式 (1.85) の方向場を描くと，図 1.11 の右図のようになる．たとえば，$(5,0)$ では方向ベクトルは $\varepsilon(1,5)^T$ となるので，近似的に y 軸に平行になる．方向場はある直線に沿って流れるように向いている様子が見え，その直線が $y_{asympt} = \dfrac{1}{2}x$ であることが分かる．同図に，初期値を $y_{init} = -2, -1, 0, 1, 2$ として求めた解曲線を実線で示した．いずれの解曲線も $y_{asympt} = \dfrac{1}{2}x$ に近づいている．この例から推察されるように，方向場を微分方程式の図的な解析手法として用いることができる．

　方向場によって，解曲線がどのようなグラフになるかをある程度予想できるので，図的な解析手法を一歩進めれば，数値的な解法の基礎を与えられる．特に非線形微分方程式を扱う場合，その解析解が求まらない場合には有効である．ただし，解自体を決める手段としてはあくまでも近似的である．

　方向場についてもう少し詳しく調べておく．(x,y) 平面において，点 (x,y) での傾きは $f(x,y)$ であるが，それを

$$f(x,y) = c \tag{1.88}$$

としてパラメータ付ける．c を与えると，同じ傾きを与える点 (x,y) で構成される曲線が得られる．c を変えれば異なる曲線が得られるが，方向場が決まると，それに接するような曲線が解曲線となる．

　具体的な例として，式 (1.85) の $y' = x - 2y$ を使って説明する．式 (1.88) は $x - 2y = c$ となるので，方向場は，c をパラメータとした直線，

$$y = \frac{x-c}{2} \tag{1.89}$$

で表される．図 1.11 の右図を見ると，初期値 $y(0)$ を変えて描いた解曲線は，x が大きくなれば，方向場に沿うようにある直線に近づく．その直線を m, a を定数として，

$$y_{asympt} = mx + a \tag{1.90}$$

とおこう．これを $x - 2y = y'$ に代入すると，$x - 2y_{asympt} = (1-2m)x - 2a = m$ を得る．両辺を比較すると，$m = \dfrac{1}{2}, a = -\dfrac{1}{4}$ となるので，式 (1.90) は，

$$y_{asympt} = \frac{1}{2}x - \frac{1}{4} \tag{1.91}$$

となる.これと式 (1.89) を比べると,$c = \frac{1}{2}$ とした方向場が解曲線の漸近的な曲線になっていることが分かる.なお,式 (1.91) は式 (1.87) と定数項が異なるが,x が大きいところを見ている限り,両者は同じものと見なせる.

例　題

$y' = -xy + x^3$ の一般解は $y = Ce^{-\frac{1}{2}x^2} - 2 + x^2$ であることを示し,方向場と,初期値をいろいろ変えて描いた解曲線を図示せよ.また,x が大きいところで漸近的な曲線はどのように表されるか.

解答

$y' + xy = -xCe^{-\frac{1}{2}x^2} + 2x + x(Ce^{-\frac{1}{2}x^2} - 2 + x^2) = x^3$ となり,積分定数が 1 個あるので一般解.初期値を $y(0) = y_{init}$ とすると,積分定数は $C = y_{init} + 2$.図には,方向場および $y_{init} = -2, -1, 0, 1, 2$ とした 5 個の解曲線を示す.x が大きいところでの漸近曲線は,一般解から $y_{asympt} = x^2 - 2$ である.図から分かるように,いずれの解曲線も漸近曲線に近づく.

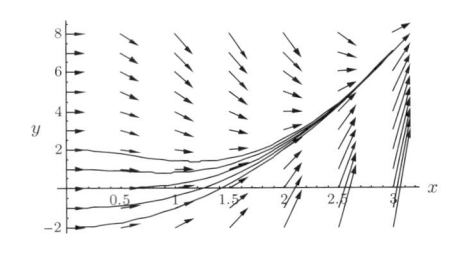

(C) 数値解析

微分方程式の解は方向場に沿った方向に変化することを利用すると,数値的に微分方程式 (1.84) を解く**数値解析**が導かれる.数値解析は数値的な解を求める手段で,一般解ではなく特解が対象になる.

いま,$x = x_n$ において,$y = y_n$ が解であったとする.図 1.11 の左図を参考にすると,x を刻み幅 h(図では ε)だけ進めた y の位置は,方向場に沿った $y_n + hf(x_n, y_n)$ である.このことから,y_n の次の値を y_{n+1} とすれば,

$$y_{n+1} = y_n + hf(x_n, y_n) \tag{1.92}$$

となる.あるいは,以下のように考えることもできる.区間 $[x_n, x_{n+1}]$ ($x_{n+1} = x_n + h$) に対する積分 $\int_{y_n}^{y_{n+1}} dy = \int_{x_n}^{x_{n+1}} f(x, y)dx$ を用いると,微分方程式 (1.84) は,

$$y_{n+1} = y_n + \int_{x_n}^{x_{n+1}} f(x, y)dx \tag{1.93}$$

と表すことができる．ここで，x_{n+1} が x_n に近いとしているので，右辺第 2 項を $\int_{x_n}^{x_{n+1}} f(x,y)dx \cong (x_{n+1} - x_n)f(x_n, y_n) = hf(x_n, y_n)$ と近似できる．これが式 (1.92) を与える．

初期条件が，$x_0 = 0$ において $y(x_0) = y_0$ と与えられているとする．刻み幅 h を適当な値に決め，$x_1 = x_0 + h, x_2 = x_1 + h = x_0 + 2h$ などとして，

$$\begin{cases} y_1 = y_0 + hf(x_0, y_0) \\ y_2 = y_1 + hf(x_1, y_1) \\ y_3 = y_2 + hf(x_2, y_2) \\ \vdots \end{cases} \quad (1.94)$$

を繰り返して，y_1, y_2, y_3 などを求める．このようにして数値的に解を求める方法を**オイラー法**という．

数値的に解を求めるというのは近似的に解を求めることであり，特に刻み幅 h によって，解の精度が決まる．精度とは，正確な解 ($h \to 0$) と近似的な解との差である誤差の大きさを指す．オイラー法の精度が $O(h^2)$ （記号 $O(z)$ は z に比例することを意味する）であることを，以下に示す．h が小さいとしてテイラー展開すると，

$$\begin{aligned} y_{n+1} = y(x_{n+1}) &= y(x_n + h) \\ &= y(x_n) + hy'(x_n) + \frac{1}{2}h^2 y''(x_n) + \cdots \\ &= y_n + hf(x_n, y_n) + \frac{1}{2}h^2 y''(x_n) + \cdots \end{aligned} \quad (1.95)$$

となる．これと式 (1.92) と比べると，誤差は $\frac{1}{2}h^2 y''(x_n)$ と表されるので，精度は $O(h^2)$ である．

数値例を示す．微分方程式，

$$\frac{dy}{dx} = y \sin x \quad (1.96)$$

の初期条件を $y(0) = 1$ とする特解は $y = e^{1-\cos x}$ である．初期条件を $x_0 = 0$ で $y_0 = 1$ として，解を求める x の区間を $[0, 4\pi]$ とする．刻み幅を $h = 0.1$ として，オイラー法で数値解を求めると，

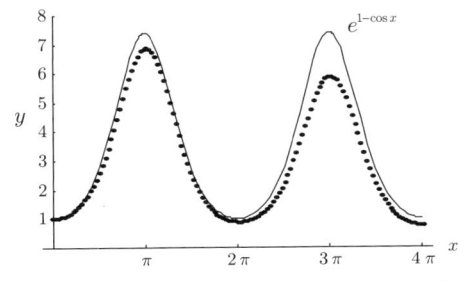

32   第1章 微分方程式と解

h	誤差
0.1	0.115
0.05	0.0322
0.01	0.00143
0.005	0.000361
0.001	0.0000146
0.0005	0.00000365

図 **1.12** オイラー法による数値解析

$$\begin{aligned}
y_1 &= 1 + 0.1 \times 0 \times \sin 0 = 1 \\
y_2 &= 1 + 0.1 \times 1 \times \sin(0.1) = 1.00998 \\
y_3 &= 1.00998 + 0.1 \times 1.00998 \times \sin(0.2) = 1.03005 \\
y_4 &= 1.03005 + 0.1 \times 1.03005 \times \sin(0.3) = 1.06049 \\
&\vdots
\end{aligned} \qquad (1.97)$$

のようになる．結果は図 1.12 の左図に示す．実線が厳密な解 ($y = e^{1-\cos x}$)，黒点はオイラー法による数値解を示す．図から分かるように，誤差が大きく 0.115 であった．誤差は，$N_{\max}$ ($1 \leq n \leq N_{\max}$) を最大ステップ数として，

$$e = \sqrt{\frac{1}{N_{\max}} \sum_{n=1}^{N_{\max}} (y_n - y(x_n))^2} \qquad (1.98)$$

で定義した．ここで，$h = 0.1$ としているので，$N_{\max} = \dfrac{4\pi}{0.1} \cong 125$ である．

h をいろいろ変えて誤差を求めたのが図 1.12 の右に示した表である．誤差の h 依存性を調べると，予想通り，

$$e = 10.7 h^{1.94} \qquad (1.99)$$

となって，ほぼ h^2 に比例することが確かめられる．近似精度を高めるためには，h を小さくしなければならない．

オイラー法に限らないが，いかなる数値解析も，近似的に解を求める手段である．このため，比較的簡単な微分方程式であっても，解の一意性を満たされなければ，注意して使わないと誤った解を導くことがある．そのような例として，

$$\frac{dy}{dx} = 3xy^{\frac{1}{3}} \qquad (1.100)$$

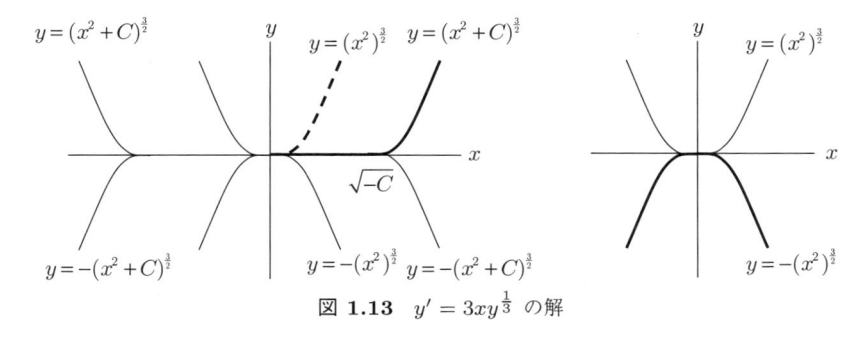

図 1.13 $y' = 3xy^{\frac{1}{3}}$ の解

をとり上げる．解は 3 個あり，そのうちの二つは一般解で，

$$y = \pm(x^2 + C)^{\frac{3}{2}} \tag{1.101}$$

と表される．実際，$y' = \pm 3x(x^2 + C)^{\frac{1}{2}} = 3xy^{\frac{1}{3}}$ となる．3 番目の解は

$$y = 0 \tag{1.102}$$

で，包絡線を表す特異解であることは，式 (1.100) に代入すれば直ちに分かる．初期条件を $y(0) = 0$ とすると，明らかに $y = 0$ は特解であり，また $C = 0$ とした $y = x^3$（図 1.13 の太い破線）も一つの特解になる．さらに，図 1.13 の左図に示すように，任意の $C < 0$ に対して，

$$y = \begin{cases} 0 & ; \ 0 \leq x \leq \sqrt{-C} \\ (x^2 + C)^{\frac{3}{2}} & ; \ \sqrt{-C} \leq x \end{cases} \tag{1.103}$$

となる関数（太い実線）も初期条件を満たす一つの解である．このように，リフシッツ条件を満たさないため，初期条件を満たす解は無数にあり，一意に決まらない（式 (1.76) も参考にしよう）．

初期条件を $y(-1) = -1$ とすると，解の候補は $y = -(x^2 + C)^{\frac{3}{2}}$ である．$-1 = -(1 + C)^{\frac{3}{2}}$ から，積分定数は $C = 0$ となり，初期条件を満たす解は図 1.13 の右図の太い実線に示す $y = -(x^2)^{\frac{3}{2}}$ である．$-1 \leq x \leq 0$ では，これが解である．ところが，$x = 0$ において，式 (1.103) に示したように，$y = \pm(x^2)^{\frac{3}{2}}$，$y = 0$ に接続した関数も解になるので，図 1.13 の左図に示すように，$x = 0$ を超えて延長した解を唯一つ決めることはできなくなる．

この例のように，非正規型微分方程式では無数に解がでてくる可能性があり，その場合，数値的に求めた解がどの解になっているのか，十分に注意を払う必要がある．以下で，オイラー法を用いてこのことを確かめよう．

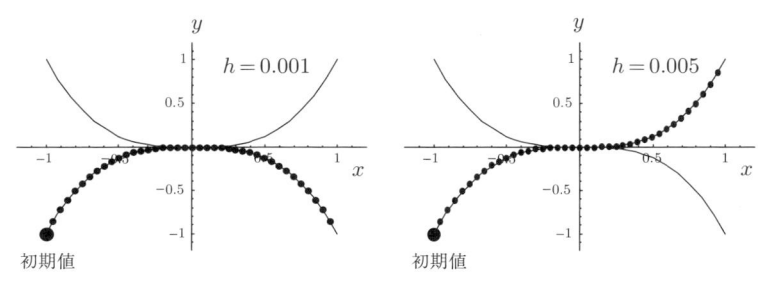

図 **1.14** 数値解析における一意性の問題

初期条件を $y(-1) = -1$ とする．$h = 0.001$ としたときの解を図 1.14 の左図に示す．実線で示した $y = -(x^2)^{\frac{3}{2}}$ の上に黒点で示した数値解がのる．ところが，刻み幅を $h = 0.005$ と大きくすると，右図に示すように，$-1 \leq x \leq 0$ では同じであるが，$0 < x \leq 1$ では $y = (x^2)^{\frac{3}{2}}$ の方に移ってしまう．h の大きさは解の精度を決めるだけではなく，解自体も変えてしまう恐れがある．これが上記に示した特異解の存在による問題である．

この種の問題は実際にはあまり出会うことがないが，数値解析を行う場合は，常に気に留めておく必要があろう．

演習問題

[1] 以下に示す一般解が右の微分方程式を満たすことを示せ．ただし，a, b, ω は定数とする．

(1) $y = C_1 x^2 + C_2 x + C_3$, $y^{(3)} = 0$

(2) $y = C_1 e^{ax} + C_2 e^{-ax}$, $y'' = a^2 y$

(3) $y = C_1 e^x + C_2 x e^x$, $y'' - 2y' + y = 0$

(4) $y = C_1 x + C_2 e^x$, $(x-1)y'' - xy' + y = 0$

(5) $y = C_1 e^x + C_2 e^{2x}$, $y'' - 3y' + 2y = 0$

(6) $y = C_1 e^x + C_2 e^{-x} + x - 4$, $y'' - y = 4 - x$

(7) $y = C_1 e^x + C_2 e^{2x} + x^2 e^x$, $y'' - 3y' + 2y = 2e^x(1-x)$

(8) $y = C_1 \sin(\omega x + C_2)$, $y'' + \omega^2 y = 0$

(9) $y = C e^{\cos x}$, $y' + y \sin x = 0$

(10) $y = \sin^{-1}(e^{-x+C})$, $y' + \tan y = 0$
ヒント：$\sin y = e^{-x+C}$ の両辺を微分

(11) $y = \dfrac{\cos x}{C - x}$, $(\cos x)y' + y \sin x = y^2$

(12) $y = \pm \dfrac{b}{\sqrt{1 + Ce^{-2ax}}}$, $y' = ay\left(1 - \dfrac{y^2}{b^2}\right)$

[2] 以下に示す一般解が右の連立 1 階微分方程式を満たすことを示せ．

(1) $\begin{cases} y_1 = C_1(\cos x + \sin x) - C_2 \sin x \\ y_2 = 2C_1 \sin x + C_2(\cos x - \sin x) \end{cases}$ $\begin{cases} y_1' = y_1 - y_2 \\ y_2' = 2y_1 - y_2 \end{cases}$

(2) $\begin{cases} y_1 = C_1 \cosh(\sqrt{2}x) + \dfrac{C_1 + C_2}{\sqrt{2}} \sinh(\sqrt{2}x) \\ y_2 = C_2 \cosh(\sqrt{2}x) + \dfrac{C_1 - C_2}{\sqrt{2}} \sinh(\sqrt{2}x) \end{cases}$ $\begin{cases} y_1' = y_1 + y_2 \\ y_2' = y_1 - y_2 \end{cases}$

(3) $\begin{cases} y_1 = \dfrac{3}{8}e^{-3x} + \dfrac{1}{2}(C_1 - C_2)e^x + \dfrac{1}{2}(C_1 + C_2)e^{-5x} \\ y_2 = \dfrac{1}{8}e^{-3x} - \dfrac{1}{2}(C_1 - C_2)e^x + \dfrac{1}{2}(C_1 + C_2)e^{-5x} \end{cases}$

$\begin{cases} y_1' = -2y_1 - 3y_2 \\ y_2' = -3y_1 - 2y_2 + e^{-3x} \end{cases}$

[3] 以下に示す解が右の微分方程式を満たすことを示せ．ただし，a, b, c, ω は定数，n は正の整数，$f(t)$ は任意の関数とする．

(1) $y = Ce^{-at} + e^{-at}\displaystyle\int_0^t e^{a\tau}f(\tau)d\tau \qquad \dot{y} + ay = f(t)$

(2) $y = C_1 x^{\frac{1}{2}(1-a+\sqrt{(1-a)^2-4b})} + C_2 x^{\frac{1}{2}(1-a-\sqrt{(1-a)^2-4b})}$

$$x^2 y'' + axy' + by = 0$$

(3) $y = \begin{cases} \dfrac{1}{2a}\left(-b - \sqrt{b^2-4ac}\tanh\left(-\dfrac{\sqrt{b^2-4ac}(x-C)}{2}\right)\right) & ; b^2 > 4ac \\ \dfrac{2c}{b^2}\left(-b + \dfrac{2}{x-4cC}\right) & ; b^2 = 4ac \\ \dfrac{1}{2a}\left(-b - \sqrt{4ac-b^2}\tan\left(\dfrac{\sqrt{4ac-b^2}(x-C)}{2}\right)\right) & ; b^2 < 4ac \end{cases}$

$$y' + ay^2 + by + c = 0$$

(4) $y = C_1 \cos(\omega x) + C_2 \sin(\omega x) - \dfrac{x\cos(\omega x)}{2\omega} \qquad y'' + \omega^2 y = \sin(\omega x)$

(5) $y = 2^{-n}x^n\left(\dfrac{1}{n!} - \dfrac{2^{-2}}{(n+1)!}x^2 + \dfrac{2^{-5}}{(n+2)!}x^4 - \cdots\right)$

$$x^2 y'' + xy' + (x^2 - n^2)y = 0$$

[4] 以下の問いに答えよ．
(1) 一般解が $y = C_1 e^{-2x} + C_2 e^{-3x}$ と表される微分方程式を導け．初期条件 $y(0) = 1, y'(0) = 0$ を満たすように積分定数を定め，解曲線を描け．
(2) 一般解が $y = C_1 \sin(2x + C_2)$ と表される微分方程式を導け．初期条件 $y(0) = 1$, $y'(0) = 0$ を満たすように積分定数を定め，解曲線を描け．
(3) 一般解が $y = C_1 x + C_2 x \log x$ と表される微分方程式を導け．初期条件 $y(1) = 1$, $y'(1) = -1$ を満たすように積分定数を定め，解曲線を描け．

[5] 以下の問いに答えよ．

(1) $yy'^2 - 2xy' + y = 0$ の一般解は $y^2 = -C^2 + 2Cx$ と表せることを示せ．次に，特異解を求め，それが一般解の包絡線であることをグラフを描いて確かめよ．

(2) $4xy'^2 - (3x-1)^2 = 0$ の一般解は $(y+C)^2 = x(x-1)^2$ と表せることを示せ．特異解を求め，それが一般解の包絡線であることをグラフを描いて確かめよ．ヒント：一般解を C の2次方程式と見なしたときの判別式から $x(x-1)^2 = 0$ を，また微分方程式を $p = y'$ の2次方程式と見なしたときの判別式から $x(3x-1)^2 = 0$ を得る．両方程式に共通する解 $x = 0$ は特異解であるが，$x = \dfrac{1}{3}$ は特異解といえるだろうか．

[6] 以下の問いに答えよ．

(1) $y' = -y^2 + x$ の一般解は初等関数では表せないが，x が大きい所では，$y_{asympt} = \pm\sqrt{x}$ となることが予想される．$y > 0$ として，方向場および解を描いて確かめよ．

(2) $y' = y - y^3$ の一般解は $y^2 = \dfrac{1}{1 - Ce^{-2x}}$ となることを示せ．x が大きい所では，$y_{asympt} = \pm 1$ となることが予想される．方向場および解を描いて確かめよ．

応用問題

【1】時刻 t における銀行預金 $M(t)$ が満たす微分方程式は，金利を r とすると $\dot{M} = rM$ と表せる．

(1) 一般解は $M = Ce^{rt}$ であることを示せ．
(2) 初期条件を $M(0) = M_0$ とした場合の特解を求めよ．
(3) 銀行預金が M_0 の2倍になる時刻を求めよ．

【2】a, b を定数として，$\dot{x} = -ax + b$ に関して以下の問いに答えよ．

(1) 一般解が $x = \dfrac{b}{a} + Ce^{-at}$ と表せることを示せ．
(2) $t \to \infty$ としたときの x を求め，$\dot{x} = 0$ を満たすことを示せ．
(3) 初期条件を $x(0) = 1$ としたときの特解を求めよ．
(4) $a = 1, b = 2$ とする．初期条件を $x(0) = 1$ とする特解と方向場を描け．

【3】a, b を正の定数として，$\dot{y} = ay\left(1 - \dfrac{y}{b}\right)$ に関して以下の問いに答えよ．

(1) 一般解が $y = \dfrac{b}{1 + Ce^{-at}}$ と表せることを示せ．
(2) 初期値を $y(0) = y_{init}$ とする．$0 < y_{init} < b$ として，y のグラフと方向場の概略を描き，b がどのような意味をもっているかを述べよ．
(3) y の増加率は $\dot{y}$ であるが，増加率が減少に転じる時刻 t_m を y_{init}, b を用いて表せ．
(4) $a = 0.5, b = 2, y(0) = 0.1$ として，t_m を求めよ．

【4】ω を正の定数，$f(x)$ を任意の関数とする．$y'' + \omega^2 y = f(x)$ に関して以下の問い

に答えよ．

(1) 一般解が $y = C_1 \cos(\omega x) + C_2 \sin(\omega x) - \frac{1}{\omega} \int \sin \omega(\xi - x) f(\xi) d\xi$ と表せることを示せ．
(2) 初期条件を $y(x_{init}) = y_{init}, y'(x_{init}) = v_{init}$ とする．初期値問題の解を求めよ．
(3) $f(x) = e^{-x}$ として，$\int_0^x \sin \omega(\xi - x) f(\xi) d\xi$ を求めよ．
(4) $\omega = 1, x_{init} = 0, y_{init} = 1, v_{init} = 0$ とする．$f(x)$ が (3) と同じ場合，解曲線を描け．

【5】図に示すように，コンデンサ C，抵抗 R，インダクタンス L からなる電気回路を考える．時刻 t においてコンデンサに蓄積される電荷を $q(t)$ とすると，回路に流れる電流は，$i(t) = \dot{q}(t)$ と表される．コンデンサの両端にかかる電圧は $\frac{q}{C}$，抵抗の両端にかかる電圧は $Ri = R\dot{q}$，コイルの両端にかかる電圧は $L\dot{i} = L\ddot{q}$ と表されるで，q の満たす微分方程式は $L\ddot{q} + R\dot{q} + \frac{1}{C}q = 0$ となる．

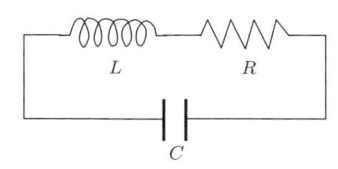

(1) 上記微分方程式の一般解は，
$$q_0(t) = \begin{cases} C_1 e^{(-\alpha+\beta)t} + C_2 e^{(-\alpha-\beta)t} & ; 4L < R^2 C \\ C_1 e^{-\alpha t} + C_2 t e^{-\alpha t} & ; 4L = R^2 C \\ e^{-\alpha t}(C_1 \cos(\beta t) + C_2 \sin(\beta t)) & ; 4L > R^2 C \end{cases}$$

と表せることを示せ．ただし，$\alpha = \frac{R}{2L}, \beta = \frac{R}{2L}\sqrt{\left|1 - \frac{4L}{R^2 C}\right|}$ である．

(2) $L = 0.1$（ヘンリー），$R = 20$（オーム），$C = 25 \times 10^{-6}$（ファラッド）とする．初期値を $q_0(0) = 0.05$（クーロン），$q'_0(0) = 0$（$i_0(0) = 0$ アンペア）として，積分定数を決め，その解曲線を描け．

ヒント：$4L = 0.4, R^2 C = 0.01$ となるので，$4L > R^2 C$ である．

回路に電源 $V(t)$ があると，q の満たす微分方程式は $L\ddot{q} + R\dot{q} + \frac{1}{C}q = V(t)$ と表せる．

(3) 直流電源 $V(t) = V_0$ の場合，一般解は $q = q_0(t) + CV_0$ と表せることを示せ．
(4) 交流電源 $V(t) = V_0 \sin(\omega t)$ の場合，一般解は
$$q = q_0(t) + \frac{-C^2 R\omega \cos(\omega t) + (1 - LC\omega^2)C\sin(\omega t)}{(1 - LC\omega^2)^2 + R^2 C^2 \omega^2} V_0$$
と表せることを示せ．ただし，$R \neq 0$ かつ $LC\omega^2 \neq 1$ とする．

【6】反射鏡は，パラボラアンテナや自動車のヘッドライトなどの設計に利用されている．次の図に示すように，固定した光源から発した光が，点 $P(x, y)$ で反射鏡に反射して平行線（x 軸に平行）になったとする．

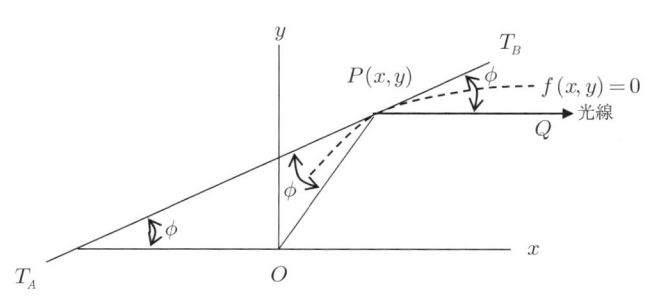

(1) 反射鏡の形状はクレロー型の微分方程式 $y'^2 + 2\dfrac{x}{y}y' - 1 = 0$ で表せることを導け．
(2) 一般解は $y^2 = 2Cx + C^2$ と表せることを示せ．また，解曲線を描け．
(3) 特異解を調べよ．

ヒント：反射鏡の形状を $f(x,y) = 0$ とする（立体的に考えれば，$f(x,y) = 0$ を x 軸の周りに回転させたものが反射鏡になる）．図に示すように，光源を原点 O に固定し，反射光線は x 軸に平行になるようにとる．点 $P(x,y)$ における接線を $T_A T_B$ とすると，入射光線の角度と反射線の角度は等しいので，$\angle OPT_A = \angle QPT_B = \phi$ である．これから，$P(x,y)$ での接線の傾きは $y' = \tan\angle QPT_B = \tan\phi$ と表せる．

【7】$y' = 3y^{\frac{2}{3}}$ に関して以下の問いに答えよ．
(1) 一般解が $y = \pm(x+C)^3$，特異解が $y = 0$ と表されることを示せ．
(2) $y = 0$ は一般解の包絡線であることを示せ．
(3) 初期条件を $y(0) = 0$ として，オイラー法によって解を求めよ．

第2章

微分方程式の導き方と応用

　変化を伴う現象を調べるとき，何らかの原理から微分方程式を導き，その微分方程式を解いて未知の変動を解明する．微分方程式を導くことをモデル化と呼ぶが，それには，経験，対象に対する洞察などの技巧が要求される．モデル化は，微分方程式を解くのと同様に，あるいはそれ以上に重要な過程である．微分方程式を導くための統一された手段はないが，それでも以下の例に示すように何に着目するかによってある程度分類される．

2.1　基本的な方法

(A)　変化に着目

　対象を表す物理量などの変化に着目すると，その変化を表す微分方程式が対象に関する考察から導かれる場合が多い．以下ではそのような例を示す．

　最も簡単な例が**化学反応**である．図 2.1 に示すように，物質 A が物質 B に変化する化学反応は，

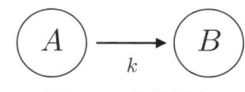

$$A \to B$$

図 2.1　化学反応

のように記述する．化学反応をモデル化するための原理は，「反応が進行する割合は反応物質の濃度に比例する」というものである．この原理が，反応にともなって物質の濃度がどのように変化するかを表す微分方程式を導く．

　時刻 t における物質 A の濃度を $N(t)$ とする．微小な Δt 時間内において，化学反応がどのように進むかを調べるためには，A の濃度の変化の割合に着目すればよい（微小量を表わす記号として，δt を使うこともある）．Δt 時間内において，A の濃度の増加量は $\Delta N(t) = N(t+\Delta t) - N(t)$ で表されるので，これを Δt で割った

$$-\frac{\Delta N(t)}{\Delta t} \tag{2.1}$$

は濃度の変化の割合を表す．ここで，濃度の変化を正にとるためマイナスを付けた．なぜなら，A の濃度は A が B に変化することによって減少するので，$\Delta N(t) < 0$ となるからである．式 (2.1) は，$\Delta t \to 0$ の極限では，N の導関数，

$$\lim_{\Delta t \to 0} -\frac{\Delta N(t)}{\Delta t} = -\frac{dN(t)}{dt} \tag{2.2}$$

として表せる．原理にしたがえば，これが物質 A の濃度 N に比例するので，N の変化を表す 1 階線形微分方程式は，符号を変えて，

$$\frac{dN}{dt} = -kN \tag{2.3}$$

と表せる．ここで，正の比例定数 k を**速度定数**と呼ぶ．再度述べておくが，式 (2.3) は，A が B に変化することで，A の濃度 N が単位時間当たり，$-kN$ の割合で増加（つまり，kN の割合で減少）することを表す．

式 (2.3) を，$\frac{\dot{N}}{N} = -k$ と書き換える．左辺は単位時間の変化量 $\dot{N}$ を N で割った値であるので，この式は単位濃度当たりの単位時間の変化量が $-k$ であることを意味している．

以上の方法によると，微小だが有限な時間 Δt 内で生じる変化に着目することで，$\Delta N(t)$ がどのように表せるかを導き，最後に $\Delta t \to 0$ とすれば，機械的に微分方程式が導かれる．正確にいうと，導関数が定義されるためには，$N(t)$ が t の連続関数であることが要求されるが，$N(t)$ が 1, 2, 3 などのような整数で表される場合でも，大きな範囲の領域を扱うのであれば，近似的であるがほとんど問題なく使える．たいへん単純であるが，この方法はいろいろな分野で使われている微分方程式の基本的な導き方である．

図 2.2 に示すように，物質 A と物質 B があり，A から B へ変化すると同時に，B から A へも変化する化学反応を考える．このような反応を可逆であるといい，

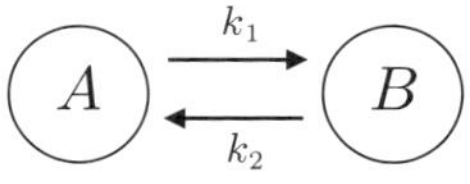

図 2.2 可逆な化学反応

$$A \rightleftarrows B$$

のように記述する．時刻 t での物質 A と物質 B の濃度をそれぞれ，$N_A(t)$, $N_B(t)$ とする．速度定数 k_1 で A が B に変化し，同時に速度定数 k_2 で B が A に変化するので，各濃度の変化は式 (2.3) を参考にすると，2 元連立 1 階線形微分方程式，

$$\begin{cases} \dfrac{dN_A}{dt} = -k_1 N_A + k_2 N_B \\ \dfrac{dN_B}{dt} = k_1 N_A - k_2 N_B \end{cases} \quad (2.4)$$

で表せる．第 1 式は A の増加する割合を表しているが，第 1 式の右辺第 1 項は A が B に変化することで，A が $k_1 N_A$ の割合で減少することを，第 2 項は B が A に変化することで，A が $k_2 N_B$ の割合で増加することを意味する．第 2 式は B の増加する割合を表しているが，その式の意味は第 1 式と同じである．

微分方程式を導出すると，次になすべきことはその解を求めることである．しかし，具体的な解を知らなくても，解に関するいくつかの性質が微分方程式から直接導ける場合も少なくない．式 (2.4) について，どのような性質が導けるか調べよう．両方程式の辺々を足し合わせると，

$$\frac{d}{dt}(N_A + N_B) = 0 \quad (2.5)$$

となるが，これは，両物質の濃度の合計 $N_A + N_B$ が時間によらず一定であることを示している．初期時刻における各物質の濃度を $N_A(0), N_B(0)$ とすると，

$$N_A(t) + N_B(t) = N_A(0) + N_B(0) \quad (2.6)$$

と書けるので，$N_A(t)$ が分かれば，自動的に $N_B(t)$ が決まる．これは化学反応が可逆であることを考えれば当然の結果であろう．

次に，図 2.3 に示す物質の冷却をとり上げる．**ニュートンの冷却法則**によれば，空気中におかれた高温の物質が冷却される速度は，その物質と空気の温度差に比例するという．物質の表面積を A，空気の温度を T_A，時刻 t における物質の温度を $T(t)$，物体の表面から失われる熱量を $Q(t)$ とする．Δt 時間内において物体の表面から失われる熱量の変化

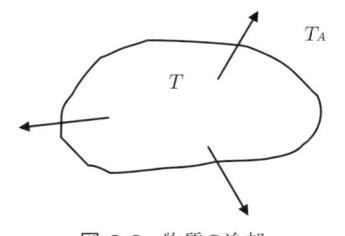

図 2.3 物質の冷却

を $\Delta Q(t) = Q(t+\Delta t) - Q(t)$ とすると，$\Delta Q(t) = -\alpha A(T(t) - T_A)\Delta t$ と表せる．ここで，α は正の定数で，**熱伝導度**と呼ばれている．一方，物体の質量を m，**比熱**を c とすると，物体から放出される熱量の変化を，$\Delta T(t) = T(t+\Delta t) - T(t)$ を用いると，$\Delta Q(t) = mc\Delta T(t)$ と表せる．したがって，$mc\Delta T(t) = -\alpha A(T(t) - T_A)\Delta t$ が成り立つ．これを，$\dfrac{\Delta T}{\Delta t} = -\dfrac{\alpha A}{mc}(T - T_A)$ と書き換え，$\Delta t \to 0$ の極限をとると，T の満たす微分方程式は，

$$\frac{dT}{dt} = -\frac{\alpha A}{mc}(T - T_A) \tag{2.7}$$

となる．ここで，$y(t) = T(t) - T_A$ とおくと，$\dot{T}_A = 0$ であるので，

$$\frac{dy}{dt} = -\frac{\alpha A}{mc}y \tag{2.8}$$

となり，化学反応式を表す1階微分方程式 (2.3) と同じ形になる．

放射性物質の**崩壊過程**も化学反応式と同じ1階微分方程式で表せる．時刻 t における放射性物質の量を $y(t)$ とする．単位時間当たりに崩壊する量 $-\dot{y}$ は，まだ崩壊していない量 y に比例することが知られているので，y の満たす微分方程式は，化学反応と同様に，

$$\frac{dy}{dt} = -by \tag{2.9}$$

と表せる．ここで，正の定数 b は単位時間当たりの崩壊量の割合を表し，**崩壊定数**と呼ばれている．式 (2.9) の一般解は $y = Ce^{-bt}$ と表せる（下記の例題を参考）．初期条件を $y(0) = y_{init}$ とすると，$C = y_{init}$ となり，特解は，

$$y = y_{init}e^{-bt} \tag{2.10}$$

となる．最初にあった放射性物質の量が半分になる時刻を t_L とすると，$\frac{y(t_L)}{y_{init}} = e^{-bt_L} = \frac{1}{2}$ から，

$$t_L = \frac{\log 2}{b} \tag{2.11}$$

となる．この時刻は**半減期**と呼ばれ，年代測定などに利用されている．

図 2.4 に示すように，2種類の放射性物質がある場合の崩壊過程を調べる．時刻 t における Lu（ルテチウム，その量を $x(t)$，崩壊定数を b_L とする）は，アルファ粒子を放出してスーパーマンの嫌いな Kr（クリプトン，その量を $y(t)$，崩壊定数を b_K とする）になり，さらに，Kr は Pb（白鉛，その量を $z(t)$，放射性はなく崩壊しない）に変化する．初めに Lu のみがあるとすると，x の満たす微分方程式は，式 (2.9) から，

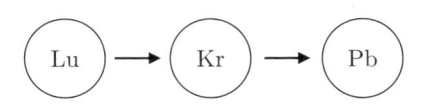

図 2.4 放射性物質の崩壊過程

$$\frac{dx}{dt} = -b_L x \tag{2.12}$$

と表せる．Lu が崩壊すると，単位時間当たり $b_L x$ の Kr が生成されると同時に，Kr 自体は $b_K y$ の割合で崩壊する．したがって，y の満たす微分方程式は，

$$\frac{dy}{dt} = -b_K y + b_L x \tag{2.13}$$

となる．最後に Pb は崩壊せず蓄積されるだけなので，z の満たす微分方程式は，

$$\frac{dz}{dt} = b_K y \tag{2.14}$$

である．

以上の微分方程式を眺めると，x の満たす微分方程式 (2.12) には他の変数が含まれないので，x は独立に解くことができる．y と z の満たす微分方程式 (2.13) と式 (2.14) は連立しているが，式 (2.5) と同様に，解を求めるまでもなく崩壊に関する一つの性質が導ける．式 (2.12) から式 (2.14) までの微分方程式の辺々を足し合わせると，

$$\frac{d}{dt}(x + y + z) = 0 \tag{2.15}$$

となる．これは，物質の合計 $x + y + z$ が時間によらず一定であることを意味し，初めに Lu が崩壊し，続いて Kr が崩壊し，最後は Pb として蓄積される．初めの Lu の量を x_{init} とすると，初期時刻における各物質の量は $x(0) = x_{init}$, $y(0) = 0, z(0) = 0$ である．最後は放射性物質はすべて崩壊して，Pb になるので，その量を z_{final} とすれば，$x(\infty) = 0, y(\infty) = 0, z(\infty) = z_{final}$ である．すると，式 (2.15) より，

$$x(t) + y(t) + z(t) = x_{init} = z_{final} \tag{2.16}$$

が導ける．

最後に，**戦闘**を表す微分方程式を導こう．A 軍および B 軍の各戦闘員の資質，戦闘力は等しいと仮定し，交戦中に戦闘員の補給はないものとすると，各軍の戦闘員の減少数は敵の戦闘員数に比例すると考えられる．したがって，時刻 t における A 軍の戦闘員数を $x(t)$, B 軍の戦闘員数を $y(t)$ とすると，Δt 時間内に生じる A 軍, B 軍の戦闘員数の減少数 $\Delta x = x(t + \Delta t) - x(t)$ および $\Delta y = y(t + \Delta t) - y(t)$ は，それぞれ，

$$\begin{cases} \Delta x = -\alpha y \Delta t \\ \Delta y = -\beta x \Delta t \end{cases} \tag{2.17}$$

と表せる．ここに，α, β は正の定数である．したがって，$\Delta t \to 0$ の極限をと

ると，2元連立1階線形微分方程式,

$$\begin{cases} \dfrac{dx}{dt} = -\alpha y \\ \dfrac{dy}{dt} = -\beta x \end{cases} \tag{2.18}$$

を得る．上式の第1式を1回微分した $\ddot{x} = -\alpha \dot{y}$ に第2式を代入すると，x に対する2階微分方程式,

$$\frac{d^2 x}{dt^2} = \alpha\beta x \tag{2.19}$$

を得る．同様に，式 (2.18) の第2式を1回微分した $\ddot{y} = -\beta \dot{x}$ に第1式に代入し，y に対する方程式を書き下すと，

$$\frac{d^2 y}{dt^2} = \alpha\beta y \tag{2.20}$$

となり，x と同じ2階微分方程式となる．A軍とB軍の各戦闘員が同じ資質，戦闘力であるとしているので，x も y も同じ微分方程式を満たす．

以上の例が示すように，変化に着目して導かれる微分方程式は1階である．ただし，式 (2.18) のように連立微分方程式になると，結果的に高階微分方程式になる．

例　題

(1) 化学反応や放射性物質の崩壊過程などを表す $\dot{y} = -ky$ の一般解は $y = Ce^{-kt}$ と表せることを示せ．
(2) 物質の冷却を表す $\dot{T} = -\dfrac{\alpha A}{mc}(T - T_A)$ の一般解は $T = T_A + Ce^{-\frac{\alpha A}{mc}t}$ と表せることを示せ．また，時間が充分たったときの温度を求めよ．
(3) 微分方程式 (2.12)〜(2.14) の一般解は $b_K \neq b_L$ として，$x = C_1 e^{-b_L t}$, $y = C_2 e^{-b_K t} + \dfrac{C_1 b_L}{b_K - b_L}(e^{-b_L t} - e^{-b_K t})$, $z = C_3 + (1 - C_2 e^{-b_K t}) + \dfrac{C_1}{b_K - b_L}\left((1 - e^{-b_L t})b_K - (1 - e^{-b_K t})b_L\right)$ と表せることを示せ．また，$x + y + z$ は，積分定数のみで表せることを示せ．
(4) 微分方程式 (2.18) の一般解は $x = C_1 \cosh(\sqrt{\alpha\beta}\,t) - C_2 \sqrt{\dfrac{\alpha}{\beta}} \sinh(\sqrt{\alpha\beta}\,t)$, $y = C_2 \cosh(\sqrt{\alpha\beta}\,t) - C_1 \sqrt{\dfrac{\beta}{\alpha}} \sinh(\sqrt{\alpha\beta}\,t)$ と表せることを示せ．

解答

(1) 微分すると $\dot{y} = -kCe^{-kt} = -ky$ となり，積分定数が 1 個で，微分方程式の階数に等しいので一般解．

(2) 微分すると $\dot{T} = -\dfrac{\alpha A}{mc} C e^{-\frac{\alpha}{mc}t} = -\dfrac{\alpha A}{mc}(T - T_A)$ となり，積分定数が 1 個で，微分方程式の階数に等しいので一般解．$t \to \infty$ とすると，C に関係なく $T(\infty) = T_A$ となる．$t \to \infty$ で $\dot{T} = 0$ となることを利用しても導ける．

(3) $x = C_1 e^{-b_L t}$ は明らか．y を微分すると $\dot{y} = -b_K C_2 e^{-b_K t} + \dfrac{C_1 b_K b_L}{b_K - b_L} e^{-b_K t} - \dfrac{C_1 b_L b_L}{b_K - b_L} e^{-b_L t} = -b_K y + b_L x$．また，$z$ を微分すると $\dot{z} = C_2 b_K e^{-b_K t} - \dfrac{C_1 b_K b_L}{b_K - b_L} e^{-b_K t} + \dfrac{C_1 b_K b_L}{b_K - b_L} e^{-b_L t} = b_K y$．一般解を用いると $x + y + z = C_1 + C_2 + C_3$．

(4) x を微分すると，$\dot{x} = \sqrt{\alpha\beta} C_1 \sinh(\sqrt{\alpha\beta} t) - \alpha C_2 \cosh(\sqrt{\alpha\beta} t) = -\alpha y$ となる．y についても同様．積分定数が 2 個あり，微分方程式の階数に等しいので一般解．

(B) 運動方程式

物体の運動を表す基本的な法則はニュートンの**運動方程式**である．質量 m の物体に力ベクトル $\boldsymbol{F}$ が働くと，物体は加速度ベクトル $\boldsymbol{a}$ で運動し，その運動方程式は，

$$m\boldsymbol{a} = \boldsymbol{F} \tag{2.21}$$

と書ける．

図 2.5 に示すように，真空中で質量 m の物体を角度 $\theta_0 \left(0 < \theta_0 < \dfrac{\pi}{2}\right)$ で上方に投げる．時刻 t における物体の水平方向，垂直方向の位置をそれぞれ $x(t), y(t)$ とすると，物体にかかる力は鉛直下向きの重力だけなので，運動方程式は，$m\ddot{x} = 0, m\ddot{y} = -mg$ となる．両式を m で割れば，

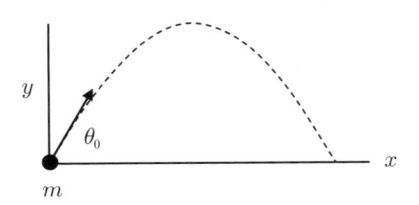

図 2.5 真空中での質点の運動

$$\begin{cases} \dfrac{d^2 x}{dt^2} = 0 \\ \dfrac{d^2 y}{dt^2} = -g \end{cases} \tag{2.22}$$

と書ける．水平方向，垂直方向の速度はそれぞれ，$v_x = \dot{x}, v_y = \dot{y}$ と表せるので，上式は4元連立1階線形微分方程式として，

$$\begin{cases} \dfrac{dx}{dt} = v_x, & \dfrac{dv_x}{dt} = 0 \\ \dfrac{dy}{dt} = v_y, & \dfrac{dv_y}{dt} = -g \end{cases} \tag{2.23}$$

のように書き換えることができる．したがって，初期値問題を解くためには，4個の初期値が必要になる．

真空中におかれた並行平面電極間の電子の運動をとり上げる．図 2.6 に示すように，無限に大きな平面でできた二つの電極があり，その平面に垂直な方向に x 軸をとる．電位を $V(x)$ とする．$x = 0$ で $V(0) = 0$, $x = d$ で $V(d) = V_e$ として，x について線形に変化するとすれば，

$$V(x) = \frac{V_e}{d} x \tag{2.24}$$

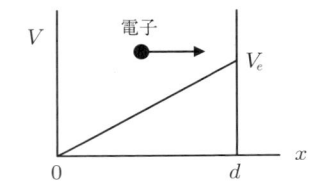

図 2.6 並行平面電極間の電子の運動

と表せる．これから，電界は $E = -\dfrac{dV}{dx} = -\dfrac{V_e}{d}$ と一定になる．したがって，質量 m，電荷 $-e$ の電子には $(-e)\left(-\dfrac{V_e}{d}\right) = e\dfrac{V_e}{d}$ の力が働くので，時刻 t での電子の位置を $x(t)$ とすれば，運動方程式は，

$$m\frac{d^2 x}{dt^2} = e\frac{V_e}{d} \tag{2.25}$$

と表せる．速度 $v = \dot{x}$ を導入すると，上式は2元連立1階線形微分方程式，

$$\begin{cases} \dfrac{dx}{dt} = v \\ \dfrac{dv}{dt} = \dfrac{e}{m}\dfrac{V_e}{d} \end{cases} \tag{2.26}$$

に書き直せる．

以上のことを一般化すると，3次元空間内での電子の運動方程式が導ける．時刻 t における電子の座標をベクトル変数 $\boldsymbol{x}(t)$ で表し，電界ベクトルを $\boldsymbol{E}$ とすれば，

$$m\frac{d^2 \boldsymbol{x}}{dt^2} = -e\boldsymbol{E} \tag{2.27}$$

となる．また，詳細は省略するが，磁界 $\boldsymbol{B}$ が作用する場合の運動方程式は，

$$m\frac{d^2\boldsymbol{x}}{dt^2} = -e\frac{d\boldsymbol{x}}{dt} \times \boldsymbol{B} \tag{2.28}$$

と書ける．ここに，「×」は外積を表す（フレミングの右手の法則）．

図 2.7 に示すように，質量 m のおもりが重さが無視できるばねにつながれ，ぶら下がっている．ばねの自然長を ℓ_0，ばね定数を k，重力の加速度を g とする．ばねの長さが ℓ のときに釣り合っているとすれば，重力 mg はばねによる復元力 $k(\ell - \ell_0)$ と等しいので，

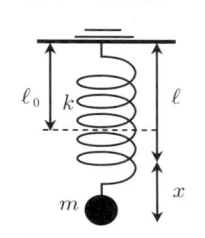

図 **2.7** おもりをぶら下げたばねの運動

$$mg = k(\ell - \ell_0) \tag{2.29}$$

が成り立つ．釣り合いの位置を $x = 0$ として，鉛直下方に x 軸をとり，時刻 t でのおもりの位置を $x(t)$ とする．おもりに働く力は上方向きに $k(\ell + x - \ell_0)$ となるので，運動方程式は，

$$m\frac{d^2x}{dt^2} = mg - k(\ell + x - \ell_0) \tag{2.30}$$

と表せる．これに式 (2.29) を代入すると，2 階線形微分方程式，

$$m\frac{d^2x}{dt^2} = -kx \tag{2.31}$$

を得る．おもりの速度 $v = \dot{x}$ を導入すると，2 元連立 1 階線形微分方程式，

$$\begin{cases} \dfrac{dx}{dt} = v \\ \dfrac{dv}{dt} = -\dfrac{k}{m}x \end{cases} \tag{2.32}$$

に書き直すことができる．

質量 m の質点がばね定数 k のばねにつながれ，摩擦のない水平板上を直線運動する場合の微分方程式も同様に導ける（図 2.8）．ばねの自然長 ℓ_0 からの距離を $x(t)$ とすると，質量に働く力は $-kx$ で，

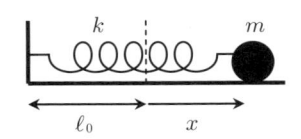

図 **2.8** 摩擦のない水平坂上の質点の運動

$x(t)$ の満たす微分方程式は 2 階線形微分方程式,

$$m\frac{d^2x}{dt^2} = -kx \tag{2.33}$$

で表される. 質点の速度に比例する**摩擦**が働く場合は, 上式は

$$m\frac{d^2x}{dt^2} = -\gamma\frac{dx}{dt} - kx \tag{2.34}$$

と変更される. ここに, 正の定数 γ は**摩擦係数**である. 速度 $v = \dot{x}$ を導入して, 上式を連立 1 階線形微分方程式に書き換えれば,

$$\begin{cases} \dfrac{dx}{dt} = v \\ \dfrac{dv}{dt} = -\dfrac{\gamma}{m}v - \dfrac{k}{m}x \end{cases} \tag{2.35}$$

となる.

摩擦がない場合の運動方程式 (2.33) の一般解は, 三角関数を用いて,

$$x = C_1 \sin\left(\sqrt{\frac{k}{m}}t\right) + C_2 \cos\left(\sqrt{\frac{k}{m}}t\right) \tag{2.36}$$

と表せる (下記の例題を参照). 振動の様子は $\omega = \sqrt{\dfrac{k}{m}}$ で特徴付けられる. この値を**振動数**と呼ぶ. また, **周期** T は, ω を用いて,

$$T = \frac{2\pi}{\omega} = 2\pi\sqrt{\frac{m}{k}} \tag{2.37}$$

と表せる. 周期とは, 任意の t に対して,

$$x(t+T) = x(t) \tag{2.38}$$

となる最小の T である. これから, $x(t+2T) = x(t+T) = x(t)$ などとなり, T ごとに同じ値が繰り返される.

図 2.9 に, $m = k = 1$ と設定し, 初期条件を $x(0) = \pi$, $\dot{x}(0) = 0$ とした場合の特解 $x = \pi\cos t$ の解曲線を示す. この場合, 振動数は $\omega = 1$, 周期は $T = 2\pi$ である.

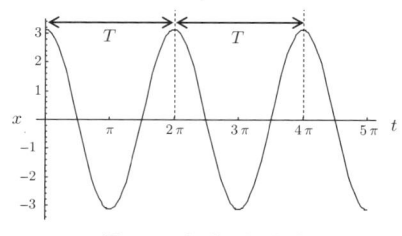

図 **2.9** 振動の解曲線

同種の挙動は，質量の無視できる長さ ℓ の棒の下端に質量 m のおもりを付け，棒の片方を固定して自由に振動させる場合にも見られる．このような振り子を**単振り子**という．おもりに働く力は $-mg$ である．棒が鉛直下方に対してなす角度を θ とすると，軌道の接線方向の成分は，図 2.10 から $-mg\sin\theta$ であり，接線方向の加速度は $\ell\ddot{\theta}$ と表せるので，運動方程式は $m\ell\ddot{\theta} = -mg\sin\theta$ となる．したがって，単振り子の運動は m に関係なく，2 階非線形微分方程式，

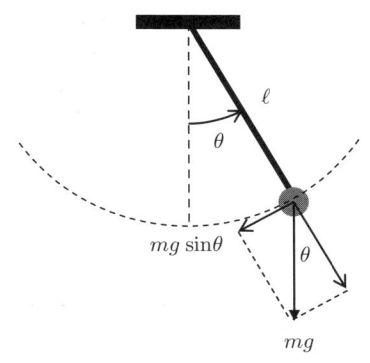

図 2.10 単振り子の運動

$$\frac{d^2\theta}{dt^2} = -\frac{g}{\ell}\sin\theta \tag{2.39}$$

で記述される（$\sin\theta$ が現れるので，非線形である）．ここで，角速度 $\omega = \dot{\theta}$ を導入して，連立 1 階非線形微分方程式に書き直せば，

$$\begin{cases} \dfrac{d\theta}{dt} = \omega \\ \dfrac{d\omega}{dt} = -\dfrac{g}{\ell}\sin\theta \end{cases} \tag{2.40}$$

となる．非線形微分方程式の解は初等関数を用いて表せない．しかし，θ が小さい場合には線形微分方程式となり，一般解は容易に求められる．

θ が小さい場合，

$$\sin\theta = \theta - \frac{1}{6}\theta^3 + \frac{1}{120}\theta^5 - \cdots \tag{2.41}$$

と展開できるので，θ の 1 次の項だけを残せば，$\sin\theta \simeq \theta$ と近似できる．このとき，式 (2.39) は，

$$\ddot{\theta} = -\frac{g}{\ell}\theta \tag{2.42}$$

となる．これは式 (2.33) と同じ形の 2 階線形微分方程式で，その一般解は式 (2.36) と同様に三角関数で表せる．振動数は $\omega = \sqrt{\dfrac{g}{\ell}}$，周期は $T = 2\pi\sqrt{\dfrac{\ell}{g}}$ である．

単振り子が振動する面を一定の角速度 a で回転させると，おもりには**遠心力** $m\ell\sin\theta a^2$ が働き，単振り子と異なった運動が見られる．軌道の接線方向の成分を考えると，図 2.11 の左図に示すように，遠心力の接線方向の成分は

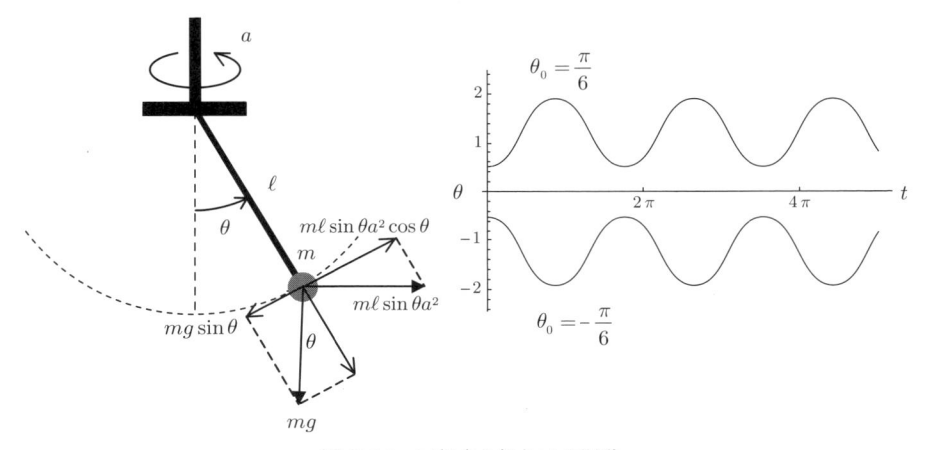

図 2.11 回転する振り子の運動

$m\ell\sin\theta a^2\cos\theta$ となるので，運動方程式は $m\ell\ddot{\theta} = -mg\sin\theta + m\ell\sin\theta a^2\cos\theta$ と表せる．したがって，θ の満たす 2 階微分方程式は，

$$\frac{d^2\theta}{dt^2} = -\frac{g}{\ell}\sin\theta + a^2\sin\theta\cos\theta \tag{2.43}$$

となる．ここで，θ が小さいとして，$\sin\theta \simeq \theta, \cos\theta \simeq 1$ と近似すれば，

$$\frac{d^2\theta}{dt^2} = -\nu\theta \tag{2.44}$$

を得る．ここで，$\nu = \frac{g}{\ell} - a^2$ とおいた．これから，$a^2 < \frac{g}{\ell}$ ($\nu > 0$) ならば，周期が $2\pi\sqrt{\frac{1}{\nu}}$ の周期運動で，これまで述べた単振り子と同じ周期運動になる．ところが a を大きくすると，$a^2 < \frac{g}{\ell}$ ($\nu < 0$) となり，微分方程式は，

$$\frac{d^2\theta}{dt^2} = |\nu|\theta \tag{2.45}$$

となる．一般解は，

$$\theta = C_1 e^{\sqrt{|\nu|}t} + C_2 e^{-\sqrt{|\nu|}t} \tag{2.46}$$

と表せる．実際，$\ddot{\theta} = |\nu|C_1 e^{\sqrt{|\nu|}t} + |\nu|C_2 e^{-\sqrt{|\nu|}t} = |\nu|\theta$ となる．時間とともに解は指数関数的に大きくなるので，θ が小さいという仮定は満たされなくなる．このことは，式 (2.44) が妥当な近似式でないことを示す．

そこで，θ の 2 次の項まで展開した，$\sin\theta \simeq \theta, \cos\theta \simeq 1 - \frac{1}{2}\theta^2$ を用いると，

式 (2.43) はもはや線形ではなく，非線形微分方程式，

$$\frac{d^2\theta}{dt^2} = |\nu|\theta - \frac{a^2}{2}\theta^3 \tag{2.47}$$

となる．一般解は初等関数では表せないので，数値解析（第1章で述べたルンゲクッタ法）を用いる．以下には，$|\nu| = a = 1$ と設定した場合の計算例を示す．初期条件を $\theta(0) = \theta_0, \dot{\theta}(0) = 0$ として，$\theta_0 = \pm\frac{\pi}{6}$ の二通りの場合について求めた解曲線を図 2.11 の右図に示す．三角関数ではないが，周期が 2π よりやや小さい周期関数になっていることが分かる．初期値によって挙動は異なるが，図を見ると時間軸に関して対称になっていることが分かる．これは，式 (2.42) の解が θ ならば，$-\theta$ も解になることによる．

最後の例として，図 2.12 のように，質量 m で半径 r の円柱の形をしたブイが，水面に浮いている状況を考える．ブイを下に軽く押し下げて放すと振動する．ブイが，水面下 ℓ において重力 mg と浮力 $\rho\pi r^2 \ell g$ は釣り合っているとすると，

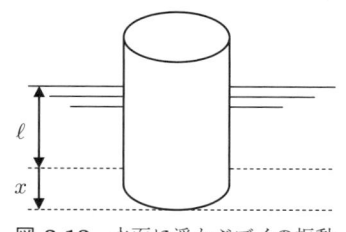

$$mg = \rho\pi r^2 \ell g \tag{2.48}$$

図 2.12 水面に浮かぶブイの振動

が成り立つ．ただし，ρ は水の比重である．釣り合いの位置から下方 x の位置では，運動方程式，

$$m\frac{d^2x}{dt^2} = mg - \rho\pi r^2(\ell + x)g \tag{2.49}$$

が成り立つので，式 (2.48) を代入すると，x の満たす微分方程式は，

$$\frac{d^2x}{dt^2} = -\frac{\rho\pi r^2 g}{m}x \tag{2.50}$$

となる．一般解は周期 $T = 2\pi\sqrt{\dfrac{m}{\rho\pi r^2 g}}$ の三角関数で表せる．たとえば，水の場合，$\rho = 1000\,\mathrm{kg\,m^{-3}}$ であり，ブイの直径を $0.5\,\mathrm{m}$，質量を $100\,\mathrm{kg}$ とすると，$T = 2\pi\sqrt{\dfrac{100}{1000\pi \cdot 0.25 \cdot 9.8}} = 0.716$（秒）である．

例 題

$m\ddot{x} = -kx$ に関して，以下の問いに答えよ．

(1) 一般解は $x = C_1 \sin\left(\sqrt{\dfrac{k}{m}}t\right) + C_2 \cos\left(\sqrt{\dfrac{k}{m}}t\right)$ と表せることを示せ．ま

た，周期は $T = 2\pi\sqrt{\dfrac{m}{k}}$ となることを示せ．

(2) 初期条件を $x(0) = \pi, \dot{x}(0) = 0$ とした特解を求めよ．

解答

(1) 解を2回微分すると $\ddot{x} = -\dfrac{k}{m}C_1 \sin\left(\sqrt{\dfrac{k}{m}}t\right) - \dfrac{k}{m}C_2 \cos\left(\sqrt{\dfrac{k}{m}}t\right) = -\dfrac{k}{m}x$ となり，任意の定数が2個あり，微分方程式の階数に等しいので一般解．また，$x(t+T) = C_1 \sin\left(\sqrt{\dfrac{k}{m}}t + 2\pi\right) + C_2 \cos\left(\sqrt{\dfrac{k}{m}}t + 2\pi\right) = x(t)$ となるので，T は周期．

(2) $x(0) = \pi$ より $C_2 = \pi$，$\dot{x}(0) = 0$ より $C_1 = 0$ で，特解は $x = \pi \cos\left(\sqrt{\dfrac{k}{m}}t\right)$．

(C) ラグランジュの方法

物体の運動を表す微分方程式はニュートンの運動方程式から導くことができるが，変数や働く力が複雑になってくると，エネルギーに基づいた方法が便利である．運動エネルギーを T，ポテンシャルエネルギーを U として，**ラグランジュ関数**を，

$$L = T - U \tag{2.51}$$

と定義する．**一般化座標**を $q_r\ (r = 1, 2, 3, \ldots)$ とすれば，外力 Q_r が働く場合，**ラグランジュの方程式**は，

$$\frac{d}{dt}\left(\frac{\partial L}{\partial \dot{q}_r}\right) - \frac{\partial L}{\partial q_r} = Q_r \tag{2.52}$$

と表せる．また，c を正の定数として，速度に比例する摩擦があれば，**散逸関数**，

$$D = \frac{1}{2}c\dot{q}_r^2 \tag{2.53}$$

を導入して，

$$\frac{d}{dt}\left(\frac{\partial L}{\partial \dot{q}_r}\right) - \frac{\partial L}{\partial q_r} + \frac{\partial D}{\partial \dot{q}_r} = Q_r \tag{2.54}$$

となる．

図 2.13 に示すように，質量の無視できる長さ ℓ の棒の下端に質量 m のおもりを付けた二つの振り子が，上端から h の位置でばね定数 k のばねで結ばれている．各振り子の鉛直から傾いた角度をそれぞれ，$\theta_1(t), \theta_2(t)$ とすると，運動エネルギーは，各振り子の運動エネルギーの和として，

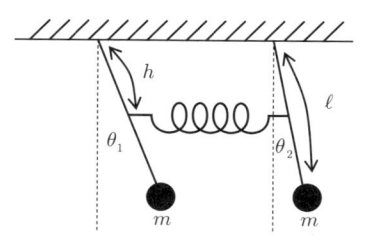

図 2.13 連動した二つの振り子

$$T = \frac{1}{2}m(\ell\dot{\theta}_1)^2 + \frac{1}{2}m(\ell\dot{\theta}_2)^2 \tag{2.55}$$

と表せる．一方，ポテンシャルエネルギーは，θ_1, θ_2 がともに小さいとすれば，

$$L = mg\ell(1-\cos\theta_1) + mg\ell(1-\cos\theta_2) + \frac{1}{2}k(h\sin\theta_1 - h\sin\theta_2)^2$$
$$\simeq \frac{1}{2}mg\ell\theta_1^2 + \frac{1}{2}mg\ell\theta_2^2 + \frac{1}{2}kh^2(\theta_1-\theta_2)^2 \tag{2.56}$$

と近似できる．ここで，$q_1 = \theta_1, q_2 = \theta_2$ とおくと，ラグランジュの方程式は 2 元連立 2 階線形微分方程式，

$$\begin{cases} m\ell^2\dfrac{d^2\theta_1}{dt^2} + mg\ell\theta_1 + kh^2(\theta_1-\theta_2) = 0 \\ m\ell^2\dfrac{d^2\theta_2}{dt^2} + mg\ell\theta_2 + kh^2(\theta_2-\theta_1) = 0 \end{cases} \tag{2.57}$$

を与える．両式の辺々を足し合わせ，整理すると，

$$\frac{d^2}{dt^2}(\theta_1+\theta_2) + \frac{g}{\ell}(\theta_1+\theta_2) = 0 \tag{2.58}$$

となる．これから，$\theta_1 + \theta_2$ は単振り子の運動方程式にしたがい，その変化は式 (2.36) で表される．

固体物理学における原子の運動や，**地震モデル**としてしばしば用いられる，多数のばねをつなげた運動をとり上げる．図 2.14 のように，各質点の平衡点からのずれを $x_i(t)$ $(i=1,2,\ldots,n)$ と表すと，運動エネルギーは各質点の運動エネルギーの和として，

$$T = \frac{1}{2}m\sum_{i=1}^{n}\dot{x}_i^2 \tag{2.59}$$

と表せる．一方，ポテンシャルエネルギーは，

図 2.14 多数のばねをつなげた運動

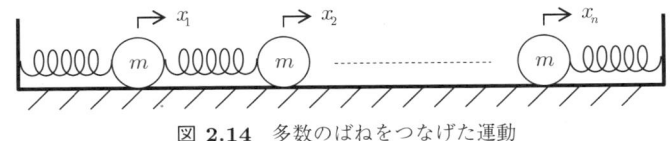

$$U = \frac{1}{2}k\sum_{i=1}^{n}(x_i - x_{i-1})^2 + \frac{1}{2}k\sum_{i=1}^{n}(x_{i+1} - x_i)^2 \tag{2.60}$$

となる．ここで，$i=1$ とおくと x_0 の値が必要になるので，ここでは $x_0 = 0$ とする．同様な理由から $x_{n+1} = 0$ とする．散逸関数は，摩擦係数を c とすると，

$$D = \frac{1}{2}c\sum_{i=1}^{n}\dot{x}_i^2 \tag{2.61}$$

となる．以上の式をラグランジュの方程式に代入すると，運動方程式，

$$m\frac{d^2 x_i}{dt^2} + c\frac{dx_i}{dt} + k(x_{i+1} - 2x_i + x_{i-1}) = 0 \tag{2.62}$$

を得る．

たとえば，$n=4$ とすれば，

$$m\begin{pmatrix}\ddot{x}_1\\\ddot{x}_2\\\ddot{x}_3\\\ddot{x}_4\end{pmatrix} + c\begin{pmatrix}\dot{x}_1\\\dot{x}_2\\\dot{x}_3\\\dot{x}_4\end{pmatrix} + k\begin{pmatrix}-2 & 1 & 0 & 0\\1 & -2 & 1 & 0\\0 & 1 & -2 & 1\\0 & 0 & 1 & -2\end{pmatrix}\begin{pmatrix}x_1\\x_2\\x_3\\x_4\end{pmatrix} = 0 \tag{2.63}$$

である．

(**D**) **電気回路**

図 2.15 の左図に示すように，電圧 E の直流電源，インダクタンス L，抵抗 R からなる**電気回路**（LR 回路）を考える．時刻 t において回路に流れる電流を $i(t)$ とすると，抵抗の両端にかかる電圧は**オームの法則**から Ri，コイルの両端にかかる電圧は $L\dot{i}$ と表される．したがって，**キルヒホッフの法則**を適用すると，$L\dot{i}$ と Ri の和は E に等しいので，i の満たす微分方程式は，

$$L\frac{di}{dt} + Ri = E \tag{2.64}$$

と表せる．一般解は，

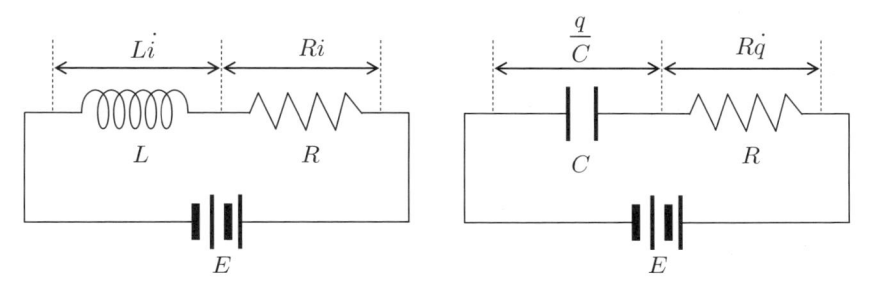

図 2.15 左図：LR 回路，右図：RC 回路

$$i = \frac{E}{R} + Ke^{-\frac{R}{L}t} \tag{2.65}$$

である．実際，$L\dot{i} = -RKe^{-\frac{R}{L}t} = E - Ri$ である．$t \to \infty$ とすると，積分定数 K に関係なく，電流は $i_s = \frac{E}{R}$ となる．あるいは，$t \to \infty$ では i が時間的に変動しないことを利用すると，式 (2.64) で $\dot{i} = 0$ とおくことによって，$i_s = \frac{E}{R}$ を求めることもできる．たとえば，$R = 20$（オーム），$E = 100$（ボルト）とすれば，$i_s = 5$（アンペア）である．

同様に，図 2.15 の右図に示す電圧 E の直流電源，コンデンサ C，抵抗 R からなる電気回路（RC 回路）を考える．時刻 t においてコンデンサに蓄積される電荷を $q(t)$ とすると，回路に流れる電流は $i = \dot{q}$ である．抵抗の両端の電位は $R\dot{q}$，コンデンサの両端の電位は $\frac{q}{C}$ なので，q の満たす微分方程式は

$$R\frac{dq}{dt} + \frac{1}{C}q = E \tag{2.66}$$

と表せる．一般解は，

$$q = CE + Ke^{-\frac{1}{CR}t} \tag{2.67}$$

である．実際，$R\dot{q} = -\frac{1}{C}Ke^{-\frac{1}{CR}t} = -\frac{1}{C}q + E$ である．また，$t \to \infty$ とすると，積分定数 K に関係なく $q_s = CE$ になる．あるいは，$t \to \infty$ では q が時間的に変動しないことを利用すると，式 (2.66) で $\dot{q} = 0$ とおくことによって，$q_s = CE$ を求めることができる．たとえば，$C = 10^{-3}$（ファラッド），$E = 100$（ボルト）とすれば，$q_s = 0.1$（クーロン）である．

交流電源の場合を考えよう．電圧が $E\sin(\omega t)$（E, ω は定数）と表せる場合，抵抗 R，インダクタンス L からなる LR 回路において，回路に流れる電流 $i(t)$ の満たす微分方程式は，

$$L\frac{di}{dt} + Ri = E\sin(\omega t) \tag{2.68}$$

で，その一般解は，

$$i = Ke^{-\frac{R}{L}t} + E\frac{R\sin(\omega t) - L\omega\cos(\omega t)}{R^2 + (\omega L)^2} \tag{2.69}$$

と表せる．実際，$Li = -RKe^{-\frac{R}{L}t} + E\dfrac{\omega RL\cos(\omega t) + (\omega L)^2\sin(\omega t)}{R^2 + (\omega L)^2} = -Ri + E\sin(\omega t)$ となり，積分定数が 1 個で，微分方程式の階数に等しいので一般解である．時間が充分たったときの電流は，K に関係なく，

$$i_s = E\frac{R\sin(\omega t) - L\omega\cos(\omega t)}{R^2 + (\omega L)^2} \tag{2.70}$$

となる．i_s の周期は交流電源の周期に等しい．なお，式 (2.68) で $\dot{i} = 0$ とおいても i_s は得られないことに注意．

例 題

(1) 交流電源の電圧が $E\sin(\omega t)$ (E, ω は定数) と表せる場合，RC 回路において，コンデンサに蓄積される電荷 $q(t)$ の満たす微分方程式 $R\dot{q} + \dfrac{1}{C}q = E\sin(\omega t)$ の一般解は，$q = Ke^{-\frac{1}{CR}t} + CE\dfrac{\sin(\omega t) - \omega CR\cos(\omega t)}{1 + (\omega CR)^2}$ と表せることを示せ．

(2) 時間が充分たったときの電流 i_s を求めよ．

解答

(1) 微分すると，$R\dot{q} = -\dfrac{1}{C}Ke^{-\frac{1}{CR}t} + E\dfrac{\omega RC\cos(\omega t) + (\omega CR)^2\sin(\omega t)}{1 + (\omega CR)^2} = -\dfrac{1}{C}q + E\sin(\omega t)$ となる．積分定数が 1 個で，微分方程式の階数に等しいので一般解．

(2) $t \to \infty$ とすると，K に関係なく $i_s = CE\dfrac{\sin(\omega t) - \omega CR\cos(\omega t)}{1 + (\omega CR)^2}$．

（E） 幾何学

幾何学への微分方程式の応用として，以下の問題を考えよう．図 2.16 に示すように，曲線上の任意の点 $P(x, y)$ における接線が，原点 O と P を結ぶ線分 OP に直交するような曲線を求める．点 P における接線の傾きは y' である．線分 OP の傾きは，図から，$\dfrac{y}{x}$ となるので，

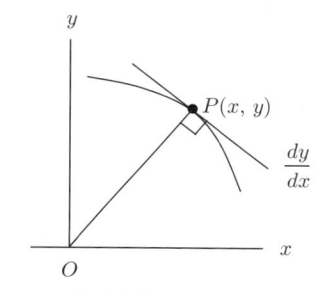

図 2.16 接線が線分 OP と直交する曲線

$$\frac{dy}{dx}\frac{y}{x} = -1 \tag{2.71}$$

が，接線が線分 OP と直交する曲線が満たすべき微分方程式である．一般解は，

$$x^2 + y^2 = C^2 \tag{2.72}$$

と表される．なぜならば，独立変数を x，従属変数を $y(x)$ と考え，両辺を x で微分すれば，$x + yy' = 0$ となるからである．式 (2.72) は，原点を中心として半径が C の円を表す．

サイクロイドと呼ばれる曲線がある．それは，円が摩擦のない直線に沿って転がるとき，その円の円周上の点が描く軌跡で，図 2.17 の上図に示す（図では $r = 1$ とした）．その曲線は，θ をパラメータとして，

$$\begin{cases} x = r(\theta - \sin\theta) \\ y = r(1 - \cos\theta) \end{cases} \tag{2.73}$$

で与えられる．図 2.17 の下図に示すように，水平方向に x 軸を，鉛直下向きに y 軸をとり，摩擦のないサイクロイド曲線上（もとのサイクロイド曲線を逆さまにする）での質点の運動を考える．

初期時刻における質点の y 座標を y_0 とすると，θ の初期値は $y_0 = r(1-\cos\theta_0)$ となるような θ_0 である．時刻 t での位置を $y(t) = r(1 - \cos\theta(t))$ とする．質点の速度は，エネルギーの保存則から，

$$\frac{1}{2}mv^2 = mgr(\cos\theta_0 - \cos\theta) \tag{2.74}$$

と表せるので，$v = \sqrt{2gr(\cos\theta_0 - \cos\theta)}$ となる．鉛直下方向に y 軸をとっているので，原点から曲線に沿った距離を s とすると，s の時間的な変化は，

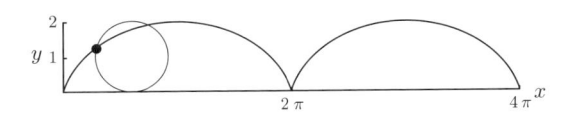

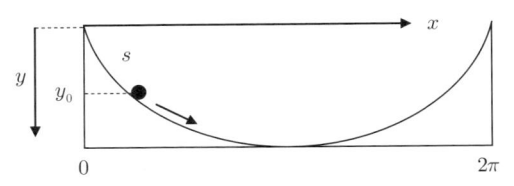

図 2.17 サイクロイドとサイクロイド曲線上の振り子

$$\frac{ds}{dt} = \sqrt{2gr(\cos\theta_0 - \cos\theta)} \tag{2.75}$$

と表せる．一方，曲線はサイクロイドなので，式 (2.73) から，$ds = \sqrt{dx^2 + dy^2} = r\sqrt{(1-\cos\theta)^2 + \sin^2\theta}\,d\theta$ と表わせるので，

$$s = r\int_0^\theta \sqrt{2(1-\cos\theta)}\,d\theta = 8r\sin^2\left(\frac{\theta}{4}\right) \tag{2.76}$$

が成り立ち，$ds = 2r\sin\left(\dfrac{\theta}{2}\right)d\theta$ を得る．ここで，$\cos\theta = 2\cos^2\left(\dfrac{\theta}{2}\right) - 1$ を用いた．これを式 (2.75) に代入すると，

$$\frac{dt}{d\theta} = \frac{2r\sin\left(\dfrac{\theta}{2}\right)}{\sqrt{2gr(\cos\theta_0 - \cos\theta)}} \tag{2.77}$$

となる．この式では，t を θ の関数と見なしている．

質点が θ_0 からサイクロイドの下端 $\theta = \pi$（このとき，質点の座標は $x = r\pi$, $y = 2r$ である）まで到達する時刻 T を求めよう．式 (2.77) を区間 $[\theta_0, \pi]$ で積分すると，

$$T = \int_{\theta_0}^\pi \frac{2r\sin\left(\dfrac{\theta}{2}\right)}{2\sqrt{gr\left(\cos^2\left(\dfrac{\theta_0}{2}\right) - \cos^2\left(\dfrac{\theta}{2}\right)\right)}}\,d\theta \tag{2.78}$$

と表せる．ここで，$z = \cos\left(\dfrac{\theta}{2}\right)$ と変換すると，$dz = -\dfrac{1}{2}\sin\left(\dfrac{\theta}{2}\right)d\theta$ となり，

また，$z_0 = \cos\left(\dfrac{\theta_0}{2}\right)$ とすると，

$$T = -\int_{z_0}^{0} \frac{2r\,dz}{\sqrt{gr(z_0^2 - z^2)}} = 2\sqrt{\frac{r}{g}} \int_0^1 \frac{dz}{\sqrt{(1-z^2)}}$$
$$= \pi\sqrt{\frac{r}{g}} \tag{2.79}$$

が導ける．定積分が z_0 に依存しないので，質点の初期値に依存しない．このことは，サイクロイド曲線上の運動は，単振り子と違って振れの大きさに関係なく，周期が常に一定に保たれることを意味し，正確な時を刻む．

（F） 経済

　経済学においてもいろいろな微分方程式が用いられている．初めに，銀行に預けた預金がどのように増加していくかを表すモデルを，微分方程式を使って表そう．金利を r として，時刻 t における**銀行預金**を $M(t)$ とすると，時刻 t から Δt 時間後（年単位で表すと，$\Delta t = 1/12$ あるいは $\Delta t = 1/365$ など）の預金 $M(t + \Delta t)$ は，

$$M(t + \Delta t) = M(t) + rM(t)\Delta t \tag{2.80}$$

となる．これを Δt で割って，

$$\frac{M(t + \Delta t) - M(t)}{\Delta t} = rM(t) \tag{2.81}$$

と書き改め，$\Delta t \to 0$ の極限をとると，1階線形微分方程式，

$$\frac{dM}{dt} = rM \tag{2.82}$$

を得る．これまでの例と異なるのは，$\Delta t \to 0$ の極限をとる前提である $M(t)$ の連続性がないことである．正確にはこの極限はとれないが，銀行預金は通常最小単位（1円）に比べれば大きく，近似的に連続と見なしても問題は起こらない．

　次に，**広告**が売上高に及ぼす効果について考える．時刻 t におけるある商品の売上高を $S(t)$ とする．広告をしなければ，売り上げが高くなるほどだんだん売れ行きが鈍くなるだろう．つまり，販売速度は S が大きいほど減少するので，

$$\frac{dS}{dt} = -kS \tag{2.83}$$

と表せる．ここで，k は正の比例係数である．どのような商品でも売り上げに限界がある．その値を S_m とすると，まだこの商品を買っていない人に対して広告が購買を促すと仮定し，λ を広告による普及率を表す正の係数とすれば，広告は $\lambda(S_m - S)$ だけ売上高に寄与するものと考えられる．以上の考察から，広告をすると，S の満たす微分方程式は 1 階で，

$$\frac{dS}{dt} = -kS + \lambda(S_m - S) \tag{2.84}$$

と表せる．これが，広告が売上高に及ぼす効果を表すモデルであるが，これ以外のモデルも考えられる．

商品の価格は需要と供給のバランスによって決まることは承知のことであろう．時刻 t におけるある商品の価格を $p(t)$ とすると，需要 Q_d と供給 Q_s を p の線形関数で近似すれば，それぞれ，

$$\begin{cases} Q_d = a - bp \\ Q_s = -c + dp \end{cases} \tag{2.85}$$

と表せる．ここで a, b, c, d は正の定数である．特に，b, d を正としたのは，価格が上昇すれば需要が減り，供給が増えるという一般的な傾向を反映させたからである．需要と供給のバランスがとれた状況では，$Q_d = Q_s$ を満たす**均衡価格**として，

$$p_s = \frac{a+c}{b+d} \tag{2.86}$$

が得られる．任意の初期状態から均衡価格に至る価格の時間変化を表すモデルは，以下のように導ける．商品の価格の時間変化は需要と供給の差によって決まると仮定すると，p は，

$$\frac{dp}{dt} = \alpha(Q_d - Q_s) \tag{2.87}$$

にしたがって変化するだろう．ここで α は正の定数である．これに式 (2.85) を代入すると，1 階線形微分方程式，

$$\frac{dp}{dt} + \alpha(b+d)p = \alpha(a+c) \tag{2.88}$$

が導かれる．ここで，$t \to \infty$ とした定常状態は，均衡価格 (2.86) を与える．

式 (2.85) に示すように，需要と供給は同時刻の商品価格で決まると仮定したが，それらは将来の価格に何らかの期待をもっているはずである．つまり，需要と供給は現時点のみならず将来の商品価格の関数と考えられる．そこで，需

要と供給は p のみならず $\dot{p}$ の関数と考え，式 (2.85) に代わり，

$$\begin{cases} Q_d = a - bp - k_d \dot{p} \\ Q_s = -c + dp - k_s \dot{p} \end{cases} \tag{2.89}$$

を採用する．ここで，在庫量 $L(t)$ を考慮すると，商品の価格の変化は，L_0 を正の定数として，

$$\frac{dp}{dt} = -\alpha(L - L_0) \tag{2.90}$$

で表せる．L の変化は，需要と供給の差として，

$$\frac{dL}{dt} = Q_s - Q_d \tag{2.91}$$

と決まるだろう．式 (2.90) を微分し，式 (2.91) を代入すると，$\ddot{p} = -\alpha \dot{L} = -\alpha(Q_d - Q_s)$ を得る．さらに，これに式 (2.89) を代入すれば，p の満たす微分方程式は，

$$\frac{d^2 p}{dt^2} + \alpha(k_d - k_s)\frac{dp}{dt} + \alpha(b+d)p = \alpha(a+c) \tag{2.92}$$

となる．

経済の成長を表すモデルとして，**ドーマーの成長モデル**がある．1 年当たりの投資率を $y(t)$ とする．投資は所得のみならず生産能力に影響を与える．投資率は所得を引き上げるので，貯蓄率を s とすると，所得 $I(t)$ のうち，sI が貯蓄されることになる．したがって，投資率は，

$$\frac{dy}{dt} = s\frac{dI}{dt} \tag{2.93}$$

と表せる．一方，投資の生産能力への影響は次のように考えられる．生産能力 Q （生産関数という）は資本 K に比例するとして，$Q = \rho K$ （ρ は正の定数）と仮定する．資本の増加率は投資率になるので，$\dot{Q} = \rho \dot{K} = \rho y$ となる．均衡状態では総所得と生産量が等しいので，$I = Q$ とおける．これから，

$$\frac{dI}{dt} = \rho y \tag{2.94}$$

を得る．式 (2.93) と式 (2.94) から，y の満たす微分方程式は，

$$\frac{dy}{dt} = \rho s y \tag{2.95}$$

となる．

例 題

(1) $\dot{S} = -kS + \lambda(S_m - S)$ の一般解は $S = Ce^{-(k+\lambda)t} + \dfrac{S_m \lambda}{k+\lambda}$ となることを示せ．

(2) $\dot{p} + \alpha(b+d)p = \alpha(a+c)$ の一般解は $p = Ce^{-\alpha(b+d)t} + \dfrac{a+c}{b+d}$ となることを示せ．

(3) $\ddot{p} + \alpha k \dot{p} + \alpha(b+d)p = \alpha(a+c)$ の一般解は，$\alpha k^2 > 4(b+d)$ の場合，$p = C_1 e^{-\frac{1}{2}t\left(k\alpha + \sqrt{\alpha^2 k^2 - 4\alpha(b+d)}\right)} + C_2 e^{-\frac{1}{2}t\left(k\alpha - \sqrt{\alpha^2 k^2 - 4\alpha(b+d)}\right)} + \dfrac{a+c}{b+d}$ となることを示せ．

(4) $\dot{y} = \rho s y$ の一般解は $y = Ce^{\rho s t}$ となることを示せ．

解答

(1) 一般解を微分すると $\dot{S} = -(k+\lambda)Ce^{-(k+\lambda)t}$，また右辺に代入すると $-kS + \lambda(S_m - S) = -(k+\lambda)S + \lambda S_m = -(k+\lambda)Ce^{-(k+\lambda)t}$ となって左辺に等しい．任意の定数を 1 個含み，微分方程式の階数 1 に等しいので一般解．

(2) 一般解の導関数を左辺に代入すると，$\dot{p} + \alpha(b+d)p = -\alpha(b+d)Ce^{-\alpha(b+d)t} + \alpha(b+d)\left(Ce^{-\alpha(b+d)t} + \dfrac{a+c}{b+d}\right) = \alpha(a+c)$ となり右辺に一致する．

(3) $a_1 = k\alpha + \sqrt{\alpha^2 k^2 - 4\alpha(b+d)}$，$a_2 = k\alpha - \sqrt{\alpha^2 k^2 - 4\alpha(b+d)}$ とおくと，a_1, a_2 は $a^2 - 2\alpha k a + 4\alpha(b+d) = 0$ の解．一般解を微分すると $\dot{p} = -\dfrac{1}{2}a_1 C_1 e^{-\frac{1}{2}ta_1} - \dfrac{1}{2}a_2 C_2 e^{-\frac{1}{2}ta_2}$，$\ddot{p} = \dfrac{1}{4}a_1^2 C_1 e^{-\frac{1}{2}ta_1} + \dfrac{1}{4}a_2^2 C_2 e^{-\frac{1}{2}ta_2}$ となるので，微分方程式の左辺は，

$$\begin{aligned}
\ddot{p} + \alpha k \dot{p} + \alpha(b+d)p &= \dfrac{1}{4}a_1^2 C_1 e^{-\frac{1}{2}ta_1} + \dfrac{1}{4}a_2^2 C_2 e^{-\frac{1}{2}ta_2} \\
&\quad + \alpha k \left(-\dfrac{1}{2}a_1 C_1 e^{-\frac{1}{2}ta_1} - \dfrac{1}{2}a_2 C_2 e^{-\frac{1}{2}ta_2}\right) \\
&\quad + \alpha(b+d)\left(C_1 e^{-\frac{1}{2}ta_1} + C_2 e^{-\frac{1}{2}ta_2} + \dfrac{a+c}{b+d}\right) \\
&= \alpha(a+c)
\end{aligned}$$

となって右辺に等しい．任意の定数を 2 個含み，微分方程式の階数 2 に等しいので一般解．

(4) $\dot{y} = \rho s C e^{\rho s t} = \rho s y$．

これまで述べてきた例が示しているように，物理法則，経済法則を指導原理

として，対象の変化を表す微分方程式が導かれた．しかし，微分方程式は自然法則とは直接関係のない目的にも利用することがある．

2.2　実用的な微分方程式

微分方程式の導き方を習得することは，初めて微分方程式を学ぶ学生には避けて通ることのできない重要なものであるが，以下に示す微分方程式は基本的であり，実際の場で用いられている複雑な微分方程式に比べれば簡単である．しかし，どのような複雑な対象であっても，微分方程式の導き方の基本は同じで，必要なことは対象に対する知識である．さらに，以下に示すいくつかの例で見るように，基本的な微分方程式であっても実際に役立つことが多い．

（A）　打球

真空中に角度 θ_0，速度 v_0 で投げた質量 m の物体の軌道を考える．時刻 t における物体の水平方向，垂直方向の位置をそれぞれ，$x(t), y(t)$ とすると，各変数の満たす微分方程式は，式 (2.22) から，

$$\begin{cases} \dfrac{d^2x}{dt^2} = 0 \\ \dfrac{d^2y}{dt^2} = -g \end{cases} \tag{2.96}$$

であった．水平方向は等速度，鉛直方向は等加速度運動である．上式の各微分方程式を時間について 2 回積分すれば，

$$\begin{cases} x = (v_0 \cos\theta_0)t \\ y = (v_0 \sin\theta_0)t - \dfrac{1}{2}gt^2 \end{cases} \tag{2.97}$$

を得る．物体の落下地点 x_g は，$y=0$ となる時刻が

$$t = \frac{2v_0 \sin\theta_0}{g} \tag{2.98}$$

となることを用いると，

$$x_g = \frac{v_0^2 \sin(2\theta_0)}{g} \tag{2.99}$$

と求まる（$2\sin\theta_0 \cos\theta_0 = \sin(2\theta_0)$）．よって，$x_g$ の最大値は $\theta_0 = \dfrac{\pi}{4}$ で達成さ

れ，その最大値を x_m とすると，

$$x_m = \frac{v_0^2}{g} \tag{2.100}$$

となる．この結果は実際の軌道をどの程度正確に表しているだろうか．

たとえば現在（2008 年），ニューヨークヤンキースで活躍している松井秀喜選手のバットスイング速度は時速 159 km くらいだそうである．ボールの初速度をこの値に等しい（完全弾性衝突を仮定）とすると，式 (2.100) で飛距離を計算すると 199 m にもなる．打ち損ねない限り，打てば必ずホームランになる．過大に評価している理由は，ボールに働く**抗力**と**揚力**を考慮していないからである．

図 2.18 に示すように，座標系として，ボールが運動する面を x-y 座標，それに直交する紙面に垂直な方向を z 座標にとる．ボールには，重力以外に抗力 F_D と揚力 F_L が働く．揚力はボールの回転によって生じる力である．ボールの速度ベクトルを $\boldsymbol{v} = (\dot{x}, \dot{y})^T$，$z$ 方向の角速度をベクトル $\boldsymbol{\omega}$ とすると，揚力は x-y

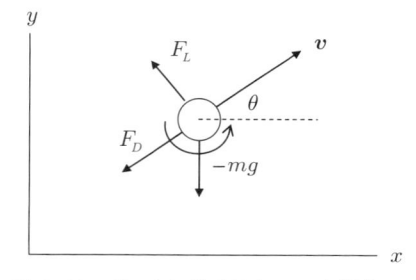

図 2.18 ボールに働く抗力 F_D と揚力 F_L

面で生じ，$\boldsymbol{\omega} \times \boldsymbol{v}$ と表される．ここで，ボールの回転は，x-y 面に垂直な z 方向のみで起こると仮定している．ボールの下端部を適度に叩くとバックスピン（逆回転）し，飛距離が伸びるが，強く叩き過ぎると伸びない．ボールの上端部を叩いてトップスピン（順回転）させると飛距離は短い．大リーグで使われている牛革製の公式ボールには 108 個の縫い目があり，0.5 mm の高さのでこぼこができる．ボールはこのように正確な球ではないので空気による抗力が発生するが，抗力に関する詳細な現象は実のところ十分には調べられていない．ただし，0.5 mm の高さは抗力を発生するのに十分である．抗力係数の球速依存性に関してはいろいろな議論があるが，以下の計算では一定として簡略化する．

以上の仮定のもとで，ボールの x および y 方向の運動方程式は，

$$\begin{cases} m\dfrac{d^2x}{dt^2} = -F_D \cos\theta - F_L \sin\theta \\ m\dfrac{d^2y}{dt^2} = -F_D \sin\theta + F_L \cos\theta - mg \end{cases} \tag{2.101}$$

と書ける．ここで，θ はボールの進む方向と水平軸がなす角度である．上式の

第1式から分かるように，抗力，揚力はともに飛距離を短くする．抗力，揚力は，通常の定義にしたがうと，それぞれ，

$$\begin{cases} F_D = \dfrac{1}{2}\rho C_D A v^2 \\ F_L = \dfrac{1}{2}\rho C_L A v^2 \end{cases} \tag{2.102}$$

と表せる．ここで，ρ は空気の密度，C_D, C_L は無次元化した抗力係数と揚力係数，A はボールの断面積 πr^2 (r は半径)，$v = |\boldsymbol{v}| = \sqrt{\dot{x}^2 + \dot{y}^2}$ はボールの速さである．揚力係数 C_L は，実験から，

$$C_L = \frac{r\omega}{v} \tag{2.103}$$

と表せることが知られている．ここで，ω はボールの回転角速度 $\boldsymbol{\omega}$ の大きさである．さらに，軌道と速度の関係から，

$$\begin{cases} \cos\theta = \dfrac{1}{v}\dfrac{dx}{dt} \\ \sin\theta = \dfrac{1}{v}\dfrac{dy}{dt} \end{cases} \tag{2.104}$$

が成り立つ．以上の関係式を運動方程式 (2.101) に代入すると，

$$\begin{cases} \dfrac{d^2 x}{dt^2} = -\dfrac{1}{2}\dfrac{\rho}{m}C_D \pi r^2 \sqrt{\dot{x}^2+\dot{y}^2}\dfrac{dx}{dt} - \dfrac{1}{2}\dfrac{\rho}{m}\pi r^3 \omega \dfrac{dy}{dt} \\ \dfrac{d^2 y}{dt^2} = -\dfrac{1}{2}\dfrac{\rho}{m}C_D \pi r^2 \sqrt{\dot{x}^2+\dot{y}^2}\dfrac{dy}{dt} + \dfrac{1}{2}\dfrac{\rho}{m}\pi r^3 \omega \dfrac{dx}{dt} - g \end{cases} \tag{2.105}$$

を得る．$\omega = 0$ はボールが回転しない場合であり，揚力が消え，ボールには重力と抗力のみが働く．$\omega > 0$ (バックスピン) では揚力が働き，ボールは $\omega = 0$ の場合の軌道より「浮く」．

抗力と揚力を考慮した式 (2.105) は式 (2.96) よりも複雑になり，数値的に解析するしか手はない．以下では参考のため，ルンゲクッタ法を用いて数値的に解いた結果を述べる．

バットとの衝突直後のボールの速度を $v_0 = 41.7\,\mathrm{m/sec}$ ($150\,\mathrm{km/hour}$)，水平軸となす角度を $\theta_0 = 30°$ とする．重力の加速度は $g = 9.8\,\mathrm{m/sec^2}$，空気の密度は $\rho = 117.8\,\mathrm{g/m^3}$ ($26.7°\mathrm{C}$)，抗力係数は一定で $C_D = 0.5$ とする．ボールの物理量に関しては，$r = 3.69\,\mathrm{cm}$ (大リーグ規則より，円周を $23.5\,\mathrm{cm}$ とする)，$m = 145\,\mathrm{g}$ とする．図 2.19 に，ω を $-6000\,\mathrm{rpm}$ から $6000\,\mathrm{rpm}$ まで，いろいろ変えてボールの軌道をプロットした．この4通りの計算例では，$\omega = 4000\,\mathrm{rpm}$

(バックスピン) で飛距離が最も伸び，約 110 m になる．これ以上にバックスピンをかけると，ボールが高く上がりすぎ，失速して飛距離は伸びない．

最後に，初速度が時速 159 km ($v_0 = 44.2$ m/sec) である松井秀喜選手の飛距離を求めておく．$\omega = 3700$ rpm とすると $\theta_0 = 22°$ で飛距離が最大になり，その飛距離は 120 m である．

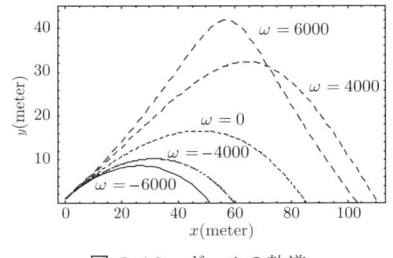

図 2.19 ボールの軌道

(B) 贋作を見破った微分方程式

洋の東西を問わず，「なんでも鑑定団」のような番組で真贋鑑定に一喜一憂する有様は微笑ましい限りである．しかし，国宝級の美術品ともなれば，笑い事ではすまない．実際，歴史に残る**贋作事件**は数々あるが，その中でも特に有名なのが，レンブラントと並び 17 世紀のオランダを代表する画家，ヨハネス・フェルメール (1632〜1675) の事件である．絵画に興味のない者にとっても，フェルメールの作品の価格を聞けば，どれほど価値があるものか納得させられる．2004 年 7 月 7 日，ロンドンで「ヴァージナルの前に座る若い女性」が，所有者の死去によって約 80 年ぶりにオークションに出品された．その落札価格が 1620 万ポンド（約 32 億円）であった．

贋作事件の経過は以下のようにまとめられる．第 2 次大戦後，ベルギーが解放され，オランダ警察はナチス・ドイツへの協力者を逮捕し始めた．捜査の過程で，ある企業が多数の絵画をナチスへ売却したことが発覚し，ヒトラーの側近で空軍総司令官であったヘルマン・ゲーリングの家からフェルメールの「キリストと悔恨の女」が押収された．捜査の中，1945 年に画家のファン・メーヘレンがオランダの国宝級の絵画を売り渡した罪で逮捕された．メーヘレンは，罪を逃れるため，「キリストと悔恨の女」は贋作と告白し，法廷で自分がいかに優れて作品を描きあげる能力があるかということを見せようとした．多数のフェルメールの贋作を描いたが，その中にフェルメールの傑作とされていた「エマオのキリスト」が含まれていたので，大騒ぎとなった．「エマオのキリスト」は，1938 年にロッテルダムのボイマンス美術館がオランダ絵画の購入価格としては最高の 54 万ギルダーで購入したもので，現在でもなお展示されているそうである．贋作ならナチスへの協力の罪で逮捕されることはないが，次第に偽造の罪へと変わってくると，今度は絵を描くことをためらうようになった．このような渦中，メーヘレンは 1947 年，獄中で死亡した．

メーヘレンが古い絵画に見せるためにとった手段は，価値のない古い絵画から顔料をはぎ落としてそれを使ったことである．それでも完璧ではなく，1967年になってようやく贋作であると断定された．その理由は，一部の新しい顔料が17世紀に制作されたものではないことが明らかになったことによる．その根拠となったのが**放射性元素**の崩壊で，その**崩壊過程**を記述する1階線形微分方程式が鍵であった．以下では，計測データを用いて，贋作と判断された過程を再現してみよう．

放射性元素の崩壊を利用して贋作かどうかを判断するために，まず放射性元素の半減期が必要である．

ラジウム ^{226}Ra：1600 年

白鉛 ^{210}Pb：22 年

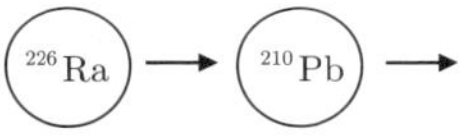

ほとんどの絵で使われている顔料には，^{210}Pb が含まれている．顔料の製造過程で，^{226}Ra およびそれが崩壊して生成されるラドン ^{222}Rn などは除かれ，残った ^{210}Pb は崩壊し始める．時刻 t における ^{226}Ra の量を $x(t)$，^{210}Pb の量を $y(t)$ とすると，図 2.20 に示すように，単位時間当たり $\lambda_{\text{Ra}}x$ の ^{226}Ra が崩壊して ^{210}Pb が生成されるのと同時に，^{210}Pb は $\lambda_{\text{Pb}}y$ 崩壊するので，y の満たす1階線形微分方程式は，

$$\frac{dy}{dt} = -\lambda_{\text{Pb}}y + \lambda_{\text{Ra}}x \tag{2.106}$$

図 2.20 ^{226}Ra と ^{210}Pb の崩壊過程

と書ける（式 (2.13) などを参照）．時間が充分経過した平衡状態では $\dot{y} = 0$ であるから，単位時間当たりに崩壊する ^{226}Ra の総量は ^{210}Pb の総量に等しい．したがって，

$$\lambda_{\text{Pb}}y = \lambda_{\text{Ra}}x \tag{2.107}$$

が成り立てば，絵が制作されてから充分時間がたっていることを意味し，この等式が成立しなければ最近制作された絵ということになる．こうして，式 (2.107) が，贋作かどうかを判定する基本的な式となる．

フェルメールが活躍していた17世紀から今日に至るまでに描かれた絵画では，^{226}Ra の半減期が1600年なので，崩壊数 $\lambda_{\text{Ra}}x$ は変化していないと考えられる．それを $r = \lambda_{\text{Ra}}x$ とおき，微分方程式 (2.106) を，

$$\frac{dy}{dt} = -\lambda_{\text{Pb}}y + r \tag{2.108}$$

と表そう．ここに，^{210}Pb の半減期は22年なので，崩壊定数は $\lambda_{\text{Pb}} = \dfrac{\log 2}{22} =$

0.0315 である．初期条件を顔料の製造時刻 t_0 として $y(t_0) = y_0$ とすると，特解は，

$$y = \frac{r}{\lambda_{\rm Pb}} + \left(y_0 - \frac{r}{\lambda_{\rm Pb}}\right) e^{-\lambda_{\rm Pb}(t-t_0)} \tag{2.109}$$

である．実際，$\dot{y} = -(\lambda_{\rm Pb} y_0 - r) e^{-\lambda_{\rm Pb}(t-t_0)} = -\lambda_{\rm Pb} y + r$ である．上式において，今日でも測定できる量は y と r である．

顔料が製造されたときの鉱石に含まれる ^{210}Pb の量は ^{226}Ra と平衡状態にあったと考えられるので，式 (2.108) から，

$$\lambda_{\rm Pb} y_0 = r \tag{2.110}$$

が成り立つ．鉛 1 g に含まれる ^{226}Ra の 1 分間の崩壊数とすると，r は 0～200 の範囲にある．仮に，「エマオのキリスト」が 300 年前に描かれたとして，$t - t_0 = 300$ とすれば，式 (2.109) を $\lambda_{\rm Pb} y = r + (\lambda_{\rm Pb} y_0 - r) e^{-300\lambda_{\rm Pb}}$ と書き直すと，

$$\lambda_{\rm Pb} y_0 = r + (\lambda_{\rm Pb} y - r) e^{300\lambda_{\rm Pb}} \tag{2.111}$$

となる．したがって，右辺の値を求めて，それが 200 以上であれば 300 年前に描かれたのではなく，最近描かれた贋作といえる．「エマオのキリスト」において計測された値は $\lambda_{\rm Pb} y = 8.5$ ($y = 270$) であった（ただし，測定の問題から，^{210}Pb ではなく，半減期が 138 日の ^{210}Po を用いた）．また，$r = 0.8$ であったので，式 (2.111) は，

$$\lambda_{\rm Pb} y_0 = 97900 \tag{2.112}$$

を与える．200 よりも大きい．

以上の結果から，「エマオのキリスト」は 17 世紀の作品ではなく，最近製作された贋作であると断定された．

(C) ランチェスターの法則と硫黄島

近代戦は集団対集団の闘争であって，戦闘能力が戦闘要員数に比例するといった単純なものではない．一点に攻撃することで，要員数が多い敵に対しても壊滅的な打撃を与えることが可能で，これは**ランチェスターの法則**と呼ばれている．このことを，微分方程式としてどのようにモデル化できるだろうか．時刻 t における A 軍の戦闘員数を $x(t)$，B 軍の戦闘員数を $y(t)$ とすると，式 (2.18) に示したように，2 元連立 1 階線形微分方程式，

$$\begin{cases} \dfrac{dx}{dt} = -\alpha y \\ \dfrac{dy}{dt} = -\beta x \end{cases} \tag{2.113}$$

が成り立つ．第1式に βx，第2式に αy をかけて辺々を引くと，$\beta x\dot{x} - \alpha y\dot{y} = 0$ となるので，

$$\frac{d}{dt}(\beta x^2 - \alpha y^2) = 0 \tag{2.114}$$

を得る．これを積分すれば，$\beta x^2 - \alpha y^2 = C$ となる．初期条件を $x(0) = x_{init}$，$y(0) = y_{init}$ とすれば，積分定数は $C = \beta x_{init}^2 - \alpha y_{init}^2$ と決まる．したがって，

$$\beta(x_{init}^2 - x^2) = \alpha(y_{init}^2 - y^2) \tag{2.115}$$

を得る．x, y は各軍の生存者数なので，この式は戦死者数が x^2, y^2 の割合で減少していることを示す．つまり，戦闘能力は生存者数の2乗に比例すると見なせる．交換比 $E = \dfrac{\alpha}{\beta}$ を導入して，式 (2.115) を書き直すと，

$$x_{init}^2 - x^2 = E(y_{init}^2 - y^2) \tag{2.116}$$

となるが，これが数式で表したランチェスターの法則である．

数値例として，最初B軍の規模が小さいとして，$x_{init} = 100$，$y_{init} = 50$ とする．図 2.21 に，横軸を x，縦軸を y にとって，いろいろな E に対して描いたグラフを示す．このグラフは初期値 (x_{init}, y_{init}) から時間とともに $(x(t), y(t))$ がどのように変化

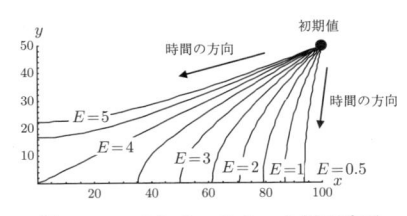

図 2.21 ランチェスターの第二法則

するかを表している（このような図を相平面という）．$E \leq 4$ では β が大きく，$y(t)$ が $x(t)$ よりも早く減少し，B軍の戦闘員数 $y(t)$ は 0 になったとしても，まだ A軍の戦闘員数 $x(t)$ は 0 でなく，最終的に A軍が勝利する．しかし，$E > 4$ となると，α が大きく，$x(t)$ が $y(t)$ よりも早く減少し，最初 B 軍の規模が小さい場合にも最終的に B 軍が勝利する．

1891年，日本の領土となった**硫黄島**は 1968 年にアメリカから返還されるまで，太平洋戦争中，アメリカ空軍の長距離爆撃機 B-29 の重要な基地であった．硫黄島に配備されていた，栗林忠道中将を師団長とする小笠原兵団の日本軍が，洞窟にたてこもり壮烈な戦いをしたことは，1949 年のアラン・ドワン監督による「硫黄島の砂」や，最近では 2006 年のクリント・イーストウッド監督による

2部作「父親たちの星条旗」,「硫黄島からの手紙」でもよく知られている．1945年2月16日に，アメリカ軍は硫黄島近海において艦砲射撃を開始したが，実質的な戦闘は2月19日から3月26日までのわずか36日間である．26日，栗林大将他数百名の残存部隊がアメリカ軍陣地へ最後の攻撃をかけた．栗林大将は階級章を外していたため，戦闘後の海兵隊の探索では遺体が見つからなかったそうである．こうして戦闘は終結した．23日午前10時15分，第5海兵師団は摺鉢山の頂上へ到達し星条旗を掲揚した．午後12時15分に改めて2倍の大きさの星条旗を掲げた瞬間がAP通信の写真家ジョー・ローゼンタールによって撮られた．この写真は同年のピューリッツァー賞（写真部門）を受賞し，そしてこれがアメリカ海兵隊戦争記念碑の素材になったが，実は日本軍が反撃し星条旗を引きずり下ろして日章旗を掲げ，米軍が再び星条旗を掲げ直すという争奪戦が二度あったそうである．

アメリカ軍および日本軍の戦闘員数が時間とともにどのように変化していったかは，資料で確かめられる．時刻 t（日単位で，$t = 0, 1, 2, \ldots$）におけるアメリカ軍の戦闘員数を $x(t)$ 人，日本軍の戦闘員数を $y(t)$ 人とし，戦闘が始まった2月19日を基準として，$t = 0$ とする．戦闘開始時に硫黄島にいたのは日本軍のみで，$x(0) = 0$, $y(0) = 21500$ であった．戦闘が始まるとアメリカ軍は，戦闘員数を1日目に54000人，2日目に6000人，5日目に13000人補給している．つまり，アメリカ軍が投入した戦闘員の総数は73000人である．この間，日本軍の戦闘員の補給はなかった．なお，ここで用いた数値はEngelによるもの（p.74に示した文献参照）で，防衛研修所戦史室『戦史叢書 中部太平洋陸軍作戦 (2) ペリリュー・アンガウル・硫黄島』(1968) に載っている値とは多少異なっている．

アメリカ軍の戦闘員の補給人数を $p(t)$ とする．その値は $p(1) = 54000$, $p(2) = 6000$, $p(5) = 13000$ である（他の t に対しては $p(t) = 0$）．こうして，x, y の満たす微分方程式 (2.113) を拡張すると，

$$\begin{cases} \dfrac{dx}{dt} = -\alpha y + p(t) \\ \dfrac{dy}{dt} = -\beta x \end{cases} \tag{2.117}$$

と表せる．ただし，36日間で終わっているので，t は0から36までの整数で，t の連続な変数と見なすには少々無理があるように思える．しかし，後で示す結果を見る限り大きな問題にはならない．上式において，α, β は正の定数であり，この値が小さい軍は，戦闘員を減らさないで戦っていることになる．もし，$\alpha < \beta$ ($E < 1$) ならば，アメリカ軍は少ない犠牲で戦うことを意味する．勝利

2.2 実用的な微分方程式

したのはアメリカ軍なのだから，$\alpha < \beta$ となることが予想されるであろうが，実際にはそうでないことが以下に示すように明らかになる．

連立微分方程式 (2.117) の斉次方程式は式 (2.113) である（斉次方程式については第 4 章で詳しく述べる）．式 (2.113) の解を x_0, y_0 とすると，x_0 のみで表した 2 階微分方程式は，

$$\frac{d^2 x_0}{dt^2} - \alpha\beta x_0 = 0 \tag{2.118}$$

である（式 (2.19) を参照．上式の一般解は，$e^{\sqrt{\alpha\beta}t}$ と $e^{-\sqrt{\alpha\beta}t}$ の組合せで表される．これを $\cosh(\sqrt{\alpha\beta}t) = \dfrac{e^{\sqrt{\alpha\beta}t} + e^{-\sqrt{\alpha\beta}t}}{2}$, $\sinh(\sqrt{\alpha\beta}t) = \dfrac{e^{\sqrt{\alpha\beta}t} - e^{-\sqrt{\alpha\beta}t}}{2}$ を用いて表すと，一般解は，C_1, C_2 を任意の定数として，

$$\begin{cases} x_0 = C_1 \cosh(\sqrt{\alpha\beta}t) - C_2 \sqrt{\dfrac{\alpha}{\beta}} \sinh(\sqrt{\alpha\beta}t) \\ y_0 = C_2 \cosh(\sqrt{\alpha\beta}t) - C_1 \sqrt{\dfrac{\beta}{\alpha}} \sinh(\sqrt{\alpha\beta}t) \end{cases} \tag{2.119}$$

となる．なぜならば，$\dot{x}_0 = \sqrt{\alpha\beta} C_1 \sinh(\sqrt{\alpha\beta}t) - \alpha C_2 \cosh(\sqrt{\alpha\beta}t) = -\alpha y_0$（$y_0$ についても同様）となるからである．

x_0, y_0 を用いると，式 (2.117) の一般解は，

$$\begin{cases} x = C_1 \cosh(\sqrt{\alpha\beta}t) - C_2 \sqrt{\dfrac{\alpha}{\beta}} \sinh(\sqrt{\alpha\beta}t) + \displaystyle\int_0^t \cosh(\sqrt{\alpha\beta}(t-s))p(s)dt \\ y = C_2 \cosh(\sqrt{\alpha\beta}t) - C_1 \sqrt{\dfrac{\beta}{\alpha}} \sinh(\sqrt{\alpha\beta}t) - \sqrt{\dfrac{\beta}{\alpha}} \displaystyle\int_0^t \sinh(\sqrt{\alpha\beta}(t-s))p(s)dt \end{cases} \tag{2.120}$$

と表せる．上式が一般解であることは，

$$\begin{aligned}\dot{x} &= \sqrt{\alpha\beta} C_1 \sinh(\sqrt{\alpha\beta}t) - \alpha C_2 \cosh(\sqrt{\alpha\beta}t) \\ &\quad + \sqrt{\alpha\beta} \int_0^t \sinh(\sqrt{\alpha\beta}(t-s))p(s)dt + p(t) \\ &= -\alpha y + p(t)\end{aligned}$$

（y についても同様）から分かる．初期条件は $x(0) = 0$, $y(0) = y_{init}$（$y_{init} = 21500$）であった．これらを式 (2.120) に代入すると $C_1 = 0, C_2 = y_{init}$ となるので，特解は，

$$\begin{cases} x = -y_{init} \sqrt{\dfrac{\alpha}{\beta}} \sinh(\sqrt{\alpha\beta}t) + \displaystyle\int_0^t \cosh(\sqrt{\alpha\beta}(t-s))p(s)ds \\ y = y_{init} \cosh(\sqrt{\alpha\beta}t) - \sqrt{\dfrac{\beta}{\alpha}} \displaystyle\int_0^t \sinh(\sqrt{\alpha\beta}(t-s))p(s)ds \end{cases} \tag{2.121}$$

となる．

次になすべきことは，α, β の推定である．式 (2.117) の第 2 式を 0 から T まで積分すると，$y(T) - y_{init} = -\beta \int_0^T x dt$ が導かれる．ここで，$\int_0^T x dt \simeq \sum_{t=0}^T x(t)$ と近似すると，β は，

$$\beta = \frac{y_{init} - y(T)}{\displaystyle\sum_{t=0}^{T} x(t)} \tag{2.122}$$

から決めることができる．実際のデータでは，$T = 36$, $y_{init} = 21500$, $y(T) = 0$, $\sum_{t=0}^{36} x(t) = 2037000$ となるので，式 (2.122) から $\beta = 0.0106$ を得る．同様にして，$\alpha = 0.0544$ が得られる（資料によっては，$\sum_{t=0}^{36} x(t)$ の数値が若干異なっているが，α, β の値はほとんど変わらない）．したがって，交換比 $E = \dfrac{\alpha}{\beta}$ は，

$$E = 5.13 \tag{2.123}$$

となる．$E > 1$ ($\alpha > \beta$) となっているので，日本軍の戦闘員の減少する割合はアメリカ軍のそれより小さい．予想に反し，アメリカ軍に比べ圧倒的に小さな兵力，劣性な武器しかもたなかったにもかかわらず，日本軍は巧みな戦略で効果的な戦闘を展開していたことになる．

図 2.22 に，$E = 5.13$ として，横軸を x（アメリカ軍），縦軸を y（日本軍）にとって描いたグラフを示す．このグラフは以下に示す微分方程式の解を用いて，初期値から，時間とともに $(x(t), y(t))$ がどのように変化するかを示している．

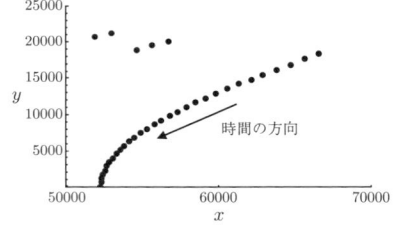

図 2.22 硫黄島の戦闘における $(x(t), y(t))$ の変化

解曲線をプロットするために，t が整数であることを考慮し，$x(t+1), y(t+1)$ を $x(t), y(t), p(t)$ を用いて表そう．$t+1$ では，式 (2.121) の第 1 式は，

$$x(t+1) = -y_{init}\sqrt{\frac{\alpha}{\beta}}\sinh(\sqrt{\alpha\beta}(t+1)) + \int_0^{t+1} \cosh(\sqrt{\alpha\beta}(t+1-s))p(s)ds \tag{2.124}$$

と書ける．ここで，上式の右辺の第 2 項を，

$$\int_0^{t+1} \cosh(\sqrt{\alpha\beta}(t+1-s))p(s)ds$$
$$= \int_0^{t} \cosh(\sqrt{\alpha\beta}(t+1-s))p(s)ds + \int_t^{t+1} \cosh(\sqrt{\alpha\beta}(t+1-s))p(s)ds \tag{2.125}$$

2.2 実用的な微分方程式

とする．上式の右辺に現れる2項は，$\cosh(a+b) = \cosh a \cosh b + \sinh a \sinh b$ を利用すると，それぞれ，

$$\int_0^t \cosh(\sqrt{\alpha\beta}(t+1-s))p(s)ds$$
$$= \cosh(\sqrt{\alpha\beta}) \int_0^t \cosh(\sqrt{\alpha\beta}(t-s))p(s)ds$$
$$+ \sinh(\sqrt{\alpha\beta}) \int_0^t \sinh(\sqrt{\alpha\beta}(t-s))p(s)ds$$

$$\int_t^{t+1} \cosh(\sqrt{\alpha\beta}(t+1-s))p(s)ds = p(t) \int_t^{t+1} \cosh(\sqrt{\alpha\beta}(t+1-s))ds$$
$$= p(t) \left. \frac{-\sinh(\sqrt{\alpha\beta}(t+1-s))}{\sqrt{\alpha\beta}} \right|_t^{t+1} = p(t) \frac{\sinh(\sqrt{\alpha\beta})}{\sqrt{\alpha\beta}} \quad (2.126)$$

となる．これらを用いると，式 (2.124) は，

$$x(t+1) = \cosh(\sqrt{\alpha\beta}) \left(-y_{init} \sqrt{\frac{\alpha}{\beta}} \sinh(\sqrt{\alpha\beta}t) \right.$$
$$\left. + \int_0^t \cosh(\sqrt{\alpha\beta}(t-s))p(s)ds \right)$$
$$- \sqrt{\frac{\alpha}{\beta}} \sinh(\sqrt{\alpha\beta}) \left(y_{init} \cosh(\sqrt{\alpha\beta}t) \right.$$
$$\left. - \sqrt{\frac{\beta}{\alpha}} \int_0^t \sinh(\sqrt{\alpha\beta}(t-s))p(s)ds - \frac{p(t)}{\alpha} \right) \quad (2.127)$$

となる．$y(t+1)$ についても，同様な式が導ける．これらの式に式 (2.121) を代入して，整理すると，

$$\begin{cases} x(t+1) = \cosh(\sqrt{\alpha\beta})x(t) - \sqrt{\frac{\alpha}{\beta}} \sinh(\sqrt{\alpha\beta}) \left(y(t) - \frac{p(t)}{\alpha} \right) \\ y(t+1) = -\sqrt{\frac{\beta}{\alpha}} \sinh(\sqrt{\alpha\beta})x(t) + \cosh(\sqrt{\alpha\beta}) \left(y(t) - \frac{p(t)}{\alpha} \right) + \frac{p(t)}{\alpha} \end{cases}$$
$$(2.128)$$

を得る．これが，t が整数であることを考慮した場合の微分方程式の解である．
推定した α, β を式 (2.128) に代入すると，

$$\begin{cases} x(t+1) = 1.00 x(t) - 0.0546 y(t) + 1.00 p(t) \\ y(t+1) = -0.0106 x(t) + 1.00 y(t) - 0.00533 p(t) \end{cases} \quad (2.129)$$

となる．$x(0) = 0, y(0) = 21500$ および $p(t)$ の値を与えて，$x(t), y(t)$ の値を求めると，図 2.23 に示すグラフになる．実際のデータをプロットしていないが，実際のアメリカ軍の戦闘員数もこの実線とほぼ同じに変化することが知られている (J. H. Engel, A verification of Lanchester's, *Operational Research*, Vol. 2, 163–171, 1954)．ただし，日本軍のデータは消失して現存しないので比較ができない．シミュレーション結果から分かるように，日本軍の戦闘員数は戦闘開始から 36 日でほぼ直線的に 0 になっている．

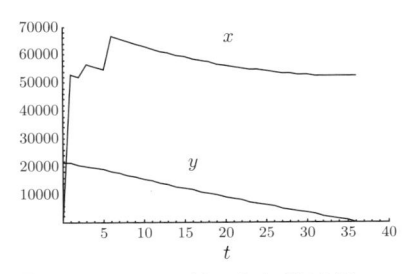

図 2.23 アメリカ軍 x および日本軍 y の戦闘員数の変化

演習問題

[1] ある国の時刻 t における人口を $N(t)$ とし，単位時間の 1 人当たり出生数を α，単位時間の 1 人当たりの死亡数を β とする．$N(t)$ の満たす微分方程式を導け．

[2] ある商品が，潜在的な購買者 N 人のうち，x 人だけに知られていたとする．この商品についての情報は消費者間の接触によって広がるものとする．テレビなどによって商品を広告すると，商品を知る人数の増加率はその商品について知っている人数とまだ知らない人数に比例する．x の満たす微分方程式を導け．

[3] 記憶は時間が経つと忘却する．強い感情を伴い記憶した出来事が鮮明かつ詳細に思い出すことができ，永久に記憶されるものもある一方，すぐに消滅するものもある．前者の例として，アメリカの被験者 80 人に，ケネディ大統領の暗殺から 14 年後に暗殺のニュースを聞いたとき何をしていたかを聞いたところ，80 人中 79 人が詳しく思い出すことができたことが挙げられる．ある物事をどの程度記憶しているかを保持率という．最初 $m(0) = m_{init}$ であった保持率が，t 時間経過したときに $m(t)$ になったとする．また，$t \to \infty$ として永久に保持される割合を $m(\infty) = m_{\infty}$ とする．$-\dot{m}$ で表される忘却する割合は，永久記憶を除いた保持している記憶に比例する．m の満たす微分方程式を導け．

[4] 記憶には短期記憶と長期記憶がある．長期記憶はいわばデータベースのようなもので，永久的に保存される記憶である．このような膨大な記憶の中から，特定の単語を取り出すためには時間を要する．いま，「『上』で始まる単語を告げよ」というような想起実験をしよう．実験を開始してから t 時間後において，想起された単語数を $n(t)$ とする．時間が充分経過したときに想起される単語数を n_{∞} とすると，時刻 t で想起される単語数の割合はまだ想起されていない単語数に比例する．n の満たす微分方程式を導け．

[5] 質量の無視できる長さ ℓ の棒の下端に質量 m のボールを付け重力の加速度を g, 抵抗力を $m\gamma\dot{\theta}$ (γ は正の定数) として, 鉛直からの角度 θ が満たす微分方程式を導け. また, その微分方程式を連立 1 階微分方程式として表せ.

[6] パラシュートで降下している質量 m の人は降下速度 v の 2 乗に比例する空気抵抗を受けると仮定する (比例係数を k とする). このとき, v の満たす微分方程式を導け. ただし, 重力の加速度は g とする. また, $t \to \infty$ の場合の速度を求めよ.

[7] 図のように, 両端を壁に固定した自然の長さ ℓ, ばね定数 k の 2 個の等しいばねに質量 m のおもりをつなぎ, 水平で滑らかな台の上におく. 壁から質点までの距離が a で釣り合っているものとする. ただし, $a > \ell$ とする.

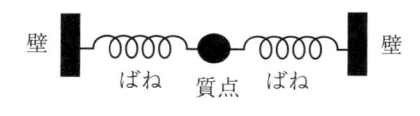

(1) おもりを釣り合いの位置から x 軸の正の方向に微小な $x(t)$ ($|x| \ll \ell$) だけずらして離したとき, $m\ddot{x} = -2kx$ が成り立つこと, また, 一般解が $x = C_1 \cos\left(\sqrt{\frac{2k}{m}}t\right) + C_2 \cos\left(\sqrt{\frac{2k}{m}}t\right)$ と表せることを示せ. さらに, 周期 T は $T = 2\pi\sqrt{\frac{m}{2k}}$ となることを示せ.

(2) 初期条件を $x(0) = x_{init}, \dot{x}(0) = 0$ とすると, $x = x_{init}\cos\left(\sqrt{\frac{2k}{m}}t\right)$ と表せることを示せ. このとき, x と速度 v から時刻 t を消去した関係式を求め, 横軸を x, 縦軸を v とし, そのグラフの概略を描け.

応用問題

【1】ある細菌の培養で, 細菌の増加率は存在する細菌数に比例するという. 時刻 t での細菌の数を $N(t)$ とする.

(1) N の満たす微分方程式が $\dot{N} = kN$ で表せることを示せ. また, 係数 k の意味を述べよ.

(2) 一般解が $N = Ce^{kt}$ と表せることを示せ. また, 初期条件が $t = 0$ で $N(0) = N_0$ と与えられているとして, 積分定数 C を定めよ.

(3) 細菌が 4 時間後に 2 倍になるとすると, 12 時間後には何倍になるか.
ヒント: まず, 比例係数 k を求めよ.

【2】フランスにある有名なラスコー洞窟画で使われていた木炭は, 1950 年において, 炭素 ^{14}C が 1g 当たり 1 分間に平均して 0.97 個崩壊することが観測された. 一方, 生きている木の崩壊数は 6.68 である. 木炭が伐採された年代を推定して, ラスコー洞窟画が描かれた年代を計算せよ. なお, 炭素 ^{14}C の半減期は 5568 年である. 問題とは直接関係ないが, 炭素による年代測定の基準に 1950 年が選ばれている理由を調べてみよう.

【3】Lu（ルテチウム，崩壊定数を b_L）$x(t)$ は半減期 t_L で，アルファ粒子を放出してスーパーマンの嫌いな Kr（クリプトン，崩壊定数を b_K）$y(t)$ になる．また，Kr は半減期 t_K で Pb（白鉛）$z(t)$ になる．スーパーマンの関心事は，いつクリプトンの量が最大になるかである．

(1) x, y, z の満たす微分方程式を導け．
(2) 初め Lu のみあるとする．$x(t)$ の初期条件 $x(0) = 1$ として，特解を求めよ．
(3) Kr が最大になる時刻を b_L, b_K を用いて表せ．

ヒント：Lu の半減期を t_L とすると，$\dfrac{x(t_L)}{x(0)} = e^{-b_L t_L} = \dfrac{1}{2}$ から，$b_L = \dfrac{\log 2}{t_L}$ である．Kr の半減期 t_K についても同様である．また，題意より，$y(t)$ および $z(t)$ の初期値は $y(0) = 0, z(0) = 0$ である．

【4】積荷を載せた質量 m のソリが，氷上で，力 F で引かれている．氷がソリに及ぼす抵抗は無視できるが，空気による抵抗はソリの速度に比例（比例係数を k とする）すると仮定する．時刻 t でのソリの速度を $v(t)$ とする．

(1) v の満たす微分方程式を導け．
(2) 一般解が $v = \dfrac{F}{k} + Ce^{-\frac{k}{m}t}$ となることを示せ．
(3) 初期条件を $v(0) = 0$ として，積分定数を定めよ．
(4) ソリの位置の初期値を $x(0) = 0$ として，$x(t) = \int_0^t v dt$ から $x(t)$ を求めよ．

【5】下左図のように，両端を壁に固定した自然の長さ ℓ，ばね定数 k の 2 個の等しいばねに質量 m のおもりをつなぎ，水平で滑らかな台の上においた．壁から質点までの距離が a で釣り合っているものとする．おもりを釣り合いの位置から x 軸の正の方向に微小な x ($|x| \ll \ell$) だけずらして離したときの運動を考える．ただし，$a > \ell$ とする．

(1) x の初期値を A，初期位相を 0 とすると，ばねの変位は $x = A\cos(\omega t)$ と表わせる．このとき，ω を求め，さらに x と速度 v から時刻 t を消去した関係式を求め，横軸を x，縦軸を v とし，そのグラフの概略を描け．
(2) 位置 x におけるばねの弾性エネルギーを x, a, ℓ, k を用いて表わし，(1) の結果を用いて力学的エネルギーが保存されることを示せ．
(3) 下右図のように，おもりを釣り合いの位置からばねに垂直な y 方向に微小な y ($|y| \ll \ell$) だけずらして離したときの周期 T を m, k で表わせ．

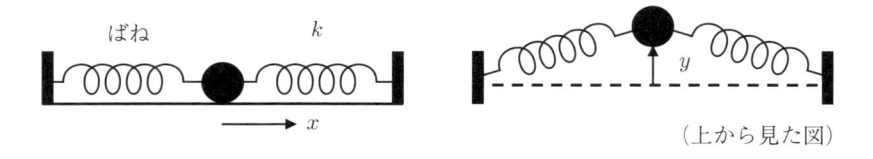

（上から見た図）

第3章

微分方程式の基本的な解法

本章では微分方程式の解を求める基本的な方法を述べる．変数分離法はその中でもっとも重要で，しかも応用範囲が広い．確実に習得しておきたい方法である．

3.1 変数分離法と変数分離型微分方程式

変数分離法が適用できる微分方程式は1階で，線形，非線形にかかわらず，

$$\frac{dy}{dx} = f(x)g(y) \tag{3.1}$$

のように，右辺が独立変数 x と従属変数 $y(x)$ に分離している形の**変数分離型微分方程式**である．ここに，$f(x)$ は x の任意の関数，$g(y)$ は y の任意の関数である．これまでも，変数分離型微分方程式が何度もでてきたが，本章は具体的に解く方法を与える．

式 (3.1) の特別な型として，$g(y) = 1$ とした $y' = f(x)$，あるいは，$f(x) = 1$ とした $y' = g(y)$ も，変数分離型微分方程式の範疇に入る．

まず注目すべきことは，式 (3.1) はその本質を変えずに，扱いが便利な形式に変更できる点である．dx, dy を変数のように扱い，導関数 y' を，dy を dx で割った値と見なすと，$dy = f(x)g(y)dx$ と表現できる．これは，導関数の定義である，$\dfrac{dy}{dx} = \lim_{\Delta x \to 0} \dfrac{y(x+\Delta x) - y(x)}{\Delta x}$ を思い起こせば理解できるだろう．そこで，式 (3.1) を，

$$\frac{1}{g(y)} dy = f(x) dx \tag{3.2}$$

と書き換えると，微分方程式の一般解は，両辺を積分することで簡単に求められる．つまり，

$$\int \frac{1}{g(y)} dy = \int f(x) dx + C \tag{3.3}$$

である．任意の定数 C が 1 個で，微分方程式の階数 1 に等しいので，上式は一般解を与える．具体的な解，つまり，y を x の関数として表すために必要なことは，$\frac{1}{g(y)}$ と $f(x)$ の不定積分を実行することである．ただし，不定積分が初等関数で表せない場合は，特殊関数や数値計算に頼ることになる．

簡単な例から始めよう．化学反応，放射性物質の崩壊過程など，1 階線形微分方程式，

$$\frac{dy}{dx} = -ky \tag{3.4}$$

で記述される現象は多い．ただし，k は正の定数とする．これは，式 (3.1) と比べると，$f(x) = -k$, $g(y) = y$（あるいは，$f(x) = 1$, $g(y) = -ky$）とした変数分離型微分方程式である．$\int (-k) dx = -kx$, $\int \frac{1}{y} dy = \log|y|$ に注意すると，一般解は，C' を任意の定数とすれば，

$$\log|y| = -kx + C' \tag{3.5}$$

と表せる．あるいは，$|y| = e^{-kx} e^{C'}$ とすれば，

$$|ye^{kx}| = C \tag{3.6}$$

と書ける．ここで，$C = e^{C'}$ と改めて，積分定数とした．

式 (3.6) は，どのような x に対しても ye^{kx} が一定であることを示しているので，絶対値を取り去って，$ye^{kx} = \pm C$ とはできない．これが可能だとすると，$ye^{kx} = C$ と $ye^{kx} = -C$ の二つの解が存在することを意味するが，そのようなことは決して起こらない．たとえば，$C = 1$ として，ある x において $y(x)e^{kx} = 1$ であったとすると，どのような x においても $y(x)e^{kx} = -1$ となることはない．こうして，式 (3.4) の一般解は，

$$y = Ce^{-kx} \tag{3.7}$$

と表せる（C は任意なので，$y = -Ce^{-kx}$ と書いても構わない）．C は任意の定数で，正にも負にもなり得る．その値は初期条件を与えると決まる．

初期条件が，$x = x_{init}$ において $y(x_{init}) = y_{init}$ と与えられているとする．通常，$x_{init} = 0$ とする場合が多いが，0 でないところで初期条件を与えることもある．式 (3.7) を $x = x_{init}$ で評価すると，$y_{init} = Ce^{-kx_{init}}$ となるので，積分定数は $C = y_{init} e^{kx_{init}}$ と決まる．これを式 (3.7) に代入すると，

$$y = y_{init} e^{-k(x-x_{init})} \tag{3.8}$$

となる．このように初期条件によって積分定数を決めると，もはや任意の定数がなく，特解になる．

図 3.1 に，$k=1$ として，初期条件を $y(0)=1$ とした特解の解曲線を示す．

人口の変化，虫の繁殖，細胞分裂による菌の増殖など，**ロジスティック方程式**と呼ばれる 1 階微分方程式，

$$\frac{dy}{dt} = ay\left(1 - \frac{y}{b}\right) \tag{3.9}$$

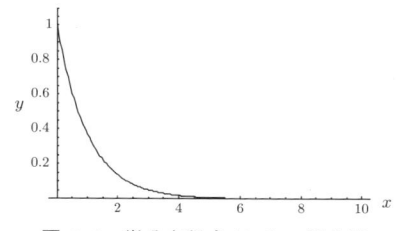

図 3.1 微分方程式 (3.4) の解曲線

で記述される例はたいへん多い．ただし，a,b は正の定数である．右辺には y^2 が含まれているので非線形微分方程式であるが，y のみの関数になっているので，変数分離法が適用できる．変数分離して，不定積分で表すと，

$$\int \frac{1}{y\left(1-\dfrac{y}{b}\right)} dy = \int a\,dt + C' \tag{3.10}$$

となる．左辺の不定積分は，

$$\frac{1}{y\left(1-\dfrac{y}{b}\right)} = \frac{1}{y} - \frac{1}{y-b} \tag{3.11}$$

と変形すると，$\int \left(\dfrac{1}{y} - \dfrac{1}{y-b}\right) dy = \log|y| - \log|y-b|$ となる．これを用いると，式 (3.10) は，

$$\log\left|\frac{y}{y-b}\right| = at + C' \tag{3.12}$$

となる．これを $\log\left|\dfrac{y}{y-b}e^{-at}\right| = C'$，さらに，$\left|\dfrac{y-b}{y}e^{at}\right| = e^{-C'}$ と変形する．$e^{at} > 0$ であり，$\dfrac{y-b}{y}$ は $0 < y < b$ では負，$y < 0$ あるいは $y > b$ では正である．いずれの場合も，任意の定数を $C = e^{-C'}$ と改めれば，$\dfrac{y-b}{y}e^{at} = -C$ と表せる（C ではなく $-C$ としたのは便宜上である）．こうして，一般解として，

$$y = \frac{b}{1 + Ce^{-at}} \tag{3.13}$$

が得られる．

一般解の表し方として，$y = \dfrac{b}{1+e^{-C'}e^{-at}}$ でも構わないが，以上の例から分かるように，$C = e^{-C'}$ とする，あるいは，符号を変えるなどしてなるべく見やすくなるように変形しておこう．

さて，式 (3.12) の左辺の分母が 0 になったら，どうすればよいだろうか．このようなときには，もとの微分方程式 (3.9) に戻って考える．$y = b$ では $\dot{y} = 0$ となるので，$y = b$ は解である．同様に，$y = 0$ でも $\dot{y} = 0$ となるので，$y = 0$ も解である．ただし，これらの解は一般解 (3.13) において，$C = 0, C = \infty$ とすれば得られるので，実は特別に考える必要はなかった．つまり，一般解 (3.13) 以外の解はない．

初期条件が $t = 0$ で $y(0) = y_{init}$ と与えられた場合の特解を求めよう．$t = 0$ で一般解 (3.13) を評価すると，$y_{init} = \dfrac{b}{1+C}$ となるので，積分定数は $C = \dfrac{b - y_{init}}{y_{init}}$ と決まる．これを式 (3.13) に代入すると，初期条件を満たす特解は，

$$y = \frac{b}{1 + \dfrac{b - y_{init}}{y_{init}} e^{-at}} \tag{3.14}$$

となる．

図 3.2 に，$a = 1, b = 2$ で，初期値を $y_{init} = 1, 3$ とした二つの解曲線を示した．いずれの場合も，t が大きくなると y は 2 に近づく．

$t \to \infty$ の極限をとると，初期値に依らず $y = b$ に収束することは，位相図を描けば容易に分かる．式 (3.9) を，

$$\frac{\dot{y}}{y} = a\left(1 - \frac{y}{b}\right) \tag{3.15}$$

と書き直す．図 3.3 に，横軸を y，縦軸を $\dfrac{\dot{y}}{y}$ にとった位相図を示す．$0 < y < b$ では，$\dfrac{\dot{y}}{y} > 0$ となるので y は増加し，$y > b$ では $\dfrac{\dot{y}}{y} < 0$ となって y は減少するので，初期値がどのような値であっ

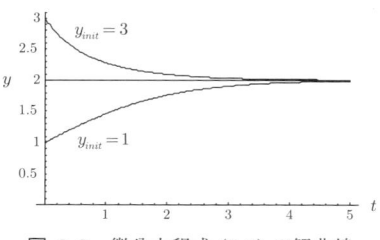

図 3.2 微分方程式 (3.9) の解曲線

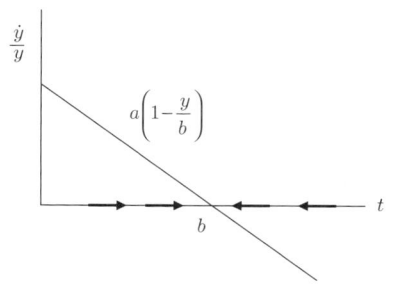

図 3.3 ロジスティック方程式の位相図

ても，常に $y = b$ に向かう．しかも，$y = b$ では $\dot{y} = 0$ となる．以上のことから，微分方程式 (3.9) は，b 以外のどのような初期値から始めても同じ値に収束する過程を表す．

微分方程式が，
$$4y dx + (x^2 - 4x) dy = 0 \tag{3.16}$$
と与えられた場合も，変数分離法が適用できることは，
$$\frac{4}{x^2 - 4x} dx + \frac{1}{y} dy = 0 \tag{3.17}$$
と変形すれば分かる．$\int \left(\frac{1}{x-4} - \frac{1}{x} \right) dx + \int \frac{1}{y} dy = C'$ として，不定積分を実行すると，
$$\log \left| \frac{x-4}{x} \right| + \log |y| = -C' \tag{3.18}$$
となるので，一般解は，積分定数を $C = e^{-C'}$ と改めれば，
$$y = C \frac{x}{x-4} \tag{3.19}$$
となる．ただし，$x = 4$ では，式 (3.16) から $y = 0$ である．

例　題

(1) $y' = 1 + y^2$ の一般解と初期条件 $y(0) = 1$ のもとでの特解を求めよ．
(2) $y' = -\dfrac{x}{y}$ の一般解を求めよ．　　(3) $xy' = \sqrt{1 - y^2}$ の一般解を求めよ．

解答
(1) $\int \dfrac{1}{1+y^2} dy = \int dx + C$ として積分すると，一般解は $\tan^{-1} y = x + C$．初期条件から $\tan^{-1} 1 = \dfrac{\pi}{4} = C$ となるので，特解は $y = \tan \left(x + \dfrac{\pi}{4} \right)$．
(2) $\int y dy = -\int x dx + C$ として積分すると，一般解は $x^2 + y^2 = 2C$．
(3) $\int \dfrac{dy}{\sqrt{1-y^2}} = \int \dfrac{1}{x} dx + C$ として積分すると，$\sin^{-1} y = \log |x| + C$ となるので，一般解は $y = \sin(\log |x| + C)$．

3.2　変数分離法の応用

（A）　マルサスの人口法則とロジスティック方程式

変数分離法が適用できる微分方程式の種類は限られているように思えるが，実

用的な価値は意外に高い．ここでは，**マルサスの人口法則**による微分方程式と，それを拡張したロジスティック方程式を日本の人口を用いて詳しく調べよう．

時刻 t におけるある地域の人口を $y(t)$ とする．単位時間の人口 1 人当たりの増加率は $\dfrac{\dot y}{y}$ と表されるが，その値が時刻や個体数に依存せず一定 (a) と仮定するのが，マルサスの人口法則である．このとき，y の満たす微分方程式は，

$$\frac{dy}{dt} = ay \tag{3.20}$$

である．この 1 階線形微分方程式が，実際のデータが示す変化を説明できるかどうかを調べるため，明治 5 年（1872 年）から昭和 55 年（1980 年）までの人口データ 109 個を用いる（総務省統計局統計）．表 3.1 にデータの一部を示すが，a の適切な値を決めれば，微分方程式の解は将来のデータの予測に用いることができる．

表 3.1 明治 5 年から昭和 55 年での日本の人口

時代（年）	人口（千人）	時代（年）	人口（千人）
1872	34806	1973	109104
1873	34985	1974	110573
1874	35154	1975	111940
1875	35316	1976	113094
1876	35555	1977	114165
1877	35870	1978	115190
1878	36166	1979	116155
1879	36464	1980	117060

a は単位時間の人口 1 人当たりの増加率であったので，a の値は，

$$\frac{y(t+\Delta t) - y(t)}{\Delta t\, y(t)} \tag{3.21}$$

を調べれば分かる（ここでは $\Delta t = 1$）．各 t における増加率を求め，それらの平均を求めると，$a = 0.0114$ であった．しかし，この方法では高い精度が望めないので，通常は解を用いて a を推定する（ただし，この例ではこの方法でもかなり精度の高い a が推定できる）．

式 (3.20) の一般解は $y = Ce^{at}$ と表されるので，両辺の対数をとって，

$$\log y = \log C + at \tag{3.22}$$

とする．$\log C$ と a をパラメータと見なして，データに合うように最小 2 乗法

を用いて推定する．すべてのデータを用いて推定した増加率は $a = 0.0119$ で，

$$y = 6.78 \times 10^{-6} e^{0.0119t} \tag{3.23}$$

となった（当てはめのよさを表す相関係数は 0.996）．図 3.4 に，当てはめた関数（実線）をデータ（黒点）とともに示す．データによく合うので，人口が成長する様子は微分方程式 (3.20) でモデル化できたといえる．

式 (3.23) で $t = 1872$ とすると $y = 3.21 \times 10^4$ となるが，この値は表 3.1 にある初期値，$y(1872) = 3.48 \times 10^4$ と異なる．本来，C は初期値によっ

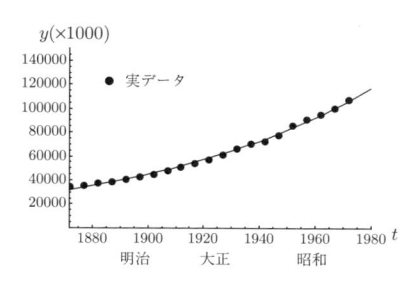

図 3.4 明治 5 年から昭和 55 年での日本の人口の変化

て定まるものであるが，初期値に何らかの誤差が含まれているとすれば，C をパラメータと考え，一般解がすべてのデータに合うようにその値を見出す方が適切である．このような方法は実際のデータを解析するときには重要である．

昭和 55 年以降になると増加率が徐々に小さくなり，マルサスの人口法則からのずれが目立つようになる．一般的にも，成長段階が終わると人口の増加する割合が減少し始め，飽和する．このとき，式 (3.20) にかわり，**ロジスティック方程式**，

$$\frac{dy}{dt} = ay\left(1 - \frac{y}{b}\right) \tag{3.24}$$

が有効になる．一般解は式 (3.13) に示したが，初期条件を $t = t_{init}$ で $y(t_{init}) = y_{init}$ とすると，$y_{init} = \dfrac{b}{1 + Ce^{-at_{init}}}$ から，積分定数は $C = \left(\dfrac{b}{y_{init}} - 1\right)e^{at_{init}}$ と決まる．したがって，初期条件を満たす特解は，

$$y = \frac{b}{1 + \left(\dfrac{b}{y_{init}} - 1\right)e^{-a(t - t_{init})}} \tag{3.25}$$

と表せる．以下では，日本の人口ではなく，すでに飽和した関東地域の人口を対象にロジスティック方程式がモデルとして適切かどうか検討しよう．

表 3.2 に，1960 年から 1995 年までの 5 年おきの統計に基づき，関東地域の人口集中地区における人口の年次変化を示した．いま，t 年の人口を $y(t)$ とし，データを式 (3.25) に当てはめると，$t_{init} = 1960$ として，

$$y = \frac{1.16 \times 10^7}{1 + 0.30 \exp(-0.151(t - t_{init}))} \tag{3.26}$$

となった(相関係数は0.996).ここで,$a = 0.151, b = 1.16 \times 10^7$ である.$y(t)$ の変化を図 3.5 に示す.t を連続変数として微分方程式に直すと,ロジスティック方程式が導ける.人口の増加率を表す $a = 0.151$ が式 (3.23) の 0.0119 より大きいことは,近代日本の成長が関東地域に集中している有様を表している.図 3.5 から分かるように,データは関東地域に限っているが,日本の人口もすでに飽和した(なお,2006 年には日本の人口が減少に転じた).

表 3.2 関東地域の人口の変化

年代	人口
1960	8907971
1965	10099059
1970	10875946
1975	11278685
1980	11294147
1985	11483075
1990	11591271
1995	11526588

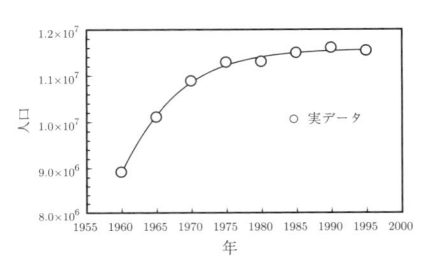

図 3.5 関東地域の人口の変化

ロジスティック方程式は人口に関連する例以外に,家電品やパソコンの普及率,自動車の登録数,特許の件数,累積離婚率など多くの応用例がある.

例 題

ガウゼのゾウリムシの実験によると,最初 5 匹であったゾウリムシは,1 日当たり 2.31 倍に増加し,4 日目には 375 匹に達した.個体数がロジスティック方程式にしたがうとし,a, b の値を決め,解曲線を描け.

解答

$a = 2.31, b = 375$.式 (3.25) において,初期値 $y(0) = \dfrac{b}{1+C} = 5$ より,$C = 74$.特解は $y = \dfrac{375}{1 + 74e^{-2.31t}}$.実線は解曲線,黒点はデータ.

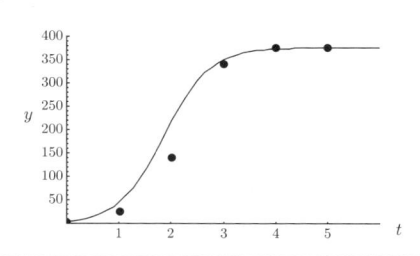

(B) ポテンシャル内の運動

2 階微分方程式については後章で詳しく述べるが,変数分離型方程式に変換

できる 2 階微分方程式がある．特に力学では，以下に示す方法がしばしば利用される．

力学では，質量 m の質点の運動が，

$$m\frac{d^2x}{dt^2} = -\frac{dV(x)}{dx} \tag{3.27}$$

で表される運動方程式を扱うことが多い．ここで，$V(x)$ は**ポテンシャル関数**と呼ばれ，たとえば，重力場における自由落下運動では，

$$V(x) = mgx \tag{3.28}$$

である．式 (3.28) を式 (3.27) に代入すれば，運動方程式 $\ddot{x} = -g$ が得られる．また，質点がばねにつながれた振動では，図 3.6 に示すように，

$$V(x) = \frac{1}{2}kx^2 \tag{3.29}$$

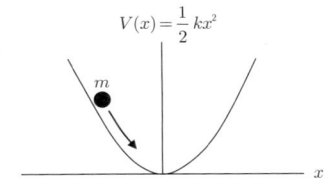

図 3.6 ばねの振動のポテンシャル関数

で，運動方程式は $m\ddot{x} = -kx$ である．

式 (3.27) は適切な変換を施すことにより，変数分離型方程式に変形できる典型的な例である．その解を求める手順を以下に示すが，その解から運動に関する重要な性質も引き出すことができる．

式 (3.27) の両辺に $\dot{x}$ をかけ，

$$m\frac{dx}{dt}\frac{d^2x}{dt^2} = -\frac{dx}{dt}\frac{dV(x)}{dx} \tag{3.30}$$

とする．ここで，$\dfrac{dx}{dt}\dfrac{d^2x}{dt^2} = \dfrac{1}{2}\dfrac{d}{dt}\left(\dfrac{dx}{dt}\right)^2$，$\dfrac{dx}{dt}\dfrac{dV(x)}{dx} = \dfrac{dV(x)}{dt}$ となることを使うと，上式は，

$$\frac{1}{2}m\frac{d}{dt}\left(\frac{dx}{dt}\right)^2 = -\frac{dV(x)}{dt} \tag{3.31}$$

と変換できる．$V(x)$ が x のみの関数になっていることが上記の変換を可能にし，また，$\dfrac{dV(x)}{dt}$ は，$x(t)$ の時間依存性を通じた，$V(x)$ の時間微分を表す．式 (3.31) の両辺を t について積分すれば，

$$\frac{1}{2}m\left(\frac{dx}{dt}\right)^2 = -V(x) + C_1 \tag{3.32}$$

となるので，変数分離型微分方程式，

$$\frac{dx}{dt} = \pm\sqrt{2\frac{C_1 - V(x)}{m}} \tag{3.33}$$

を得る．これを，

$$\int \frac{1}{\sqrt{C_1 - V(x)}} dx = \pm\sqrt{\frac{2}{m}}t + C_2 \tag{3.34}$$

として積分すれば解が得られる．この解には積分定数が 2 個あり，微分方程式の階数 2 に等しいので一般解である．

例として，$V(x) = mgx$ をとり上げると，式 (3.34) は，

$$-\frac{2\sqrt{C_1 - gmx}}{gm} = \pm\sqrt{\frac{2}{m}}t + C_2 \tag{3.35}$$

となるので，両辺を 2 乗して整理すると，一般解は，

$$x = -\frac{1}{2}gt^2 \mp C_2\sqrt{\frac{m}{2}}gt + \frac{C_1}{gm} - \frac{1}{4}C_2^2 gm \tag{3.36}$$

と表せる．

さて，微分方程式 (3.30) を見ると，E を任意の定数として，

$$x = E \tag{3.37}$$

も解になっている．これは，積分定数をどのようにとっても一般解 (3.36) で表せないので，特異解である．この特異解はもとの方程式の両辺に $\dot{x}$ をかけたことで現れる解であって，本来，運動に関係ないと思われるかもしれない．ところが，実は物理的に重要な意味が隠されている．ただし，特異解が一般解の包絡線になっていることはこれまで述べた例と変わらない．

初期条件を一つ，$\dot{x}(t_{init}) = 0$ を与えると，式 (3.36) から，$\dot{x}(t_{init}) = -gt_{init} \mp C_2\sqrt{\frac{m}{2}}g = 0$ となるので，一つの積分定数が $C_2 = \mp\sqrt{\frac{2}{m}}t_{init}$ と決まる．これを，式 (3.36) に代入して整理すると，

$$\begin{aligned} x &= -\frac{1}{2}gt^2 + gt_{init}t - \frac{1}{2}gt_{init}^2 + \frac{C_1}{gm} \\ &= -\frac{1}{2}g(t - t_{init})^2 + \frac{C_1}{gm} \end{aligned} \tag{3.38}$$

を得る．ここで，t_{init} を C_2 と同様に任意の定数と考え，いろいろな t_{init} で解曲線を描くと図 3.7 となる．図から分かるように，

$$x = \frac{C_1}{mg} \quad (3.39)$$

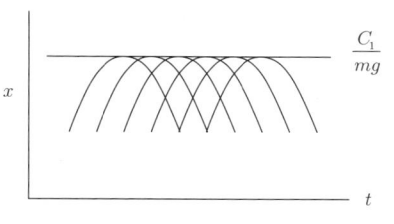

図 3.7 自由落下運動の包絡線

は包絡線になっている（式 (3.37) から，$C_1 = mgE$ とおけばよい）．

特異解 (3.37) がどのような物理的な意味をもつか考察しよう．式 (3.32) に戻って考えると，

$$\frac{1}{2}m\left(\frac{dx}{dt}\right)^2 + V(x) = C_1 \quad (3.40)$$

は，運動エネルギーとポテンシャルの和である全エネルギーを表し，その値が一定 (C_1) であることを示す．つまり，包絡線を表す特異解は，実は全エネルギーが一定であるという，物理的な意味をもっている．

例 題

(1) 速度 v_{init} で打ち上げた人工衛星の地上表面からの高度 x での速度を，$v(x)$ とする．地球の半径を R，質量を M，人工衛星の質量を m，万有引力定数を G とし，摩擦を無視すると，人工衛星に働く力は，$-\frac{GmM}{(x+R)^2}$ と表せる．運動方程式は，$m\ddot{x} = -\frac{GmM}{(x+R)^2}$ である．式 (3.32) に対応する式を求めよ．

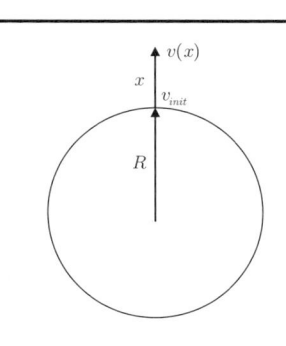

(2) 人工衛星の最大の高さ $x_{\max}$ を求めよ．

解答
(1) 運動方程式を $m\ddot{x} = -\frac{dV(x)}{dx}$ と書くと，$V(x) = -\frac{GmM}{x+R}$．両辺に $\dot{x}$ をかけると，$\frac{1}{2}m\frac{d}{dt}\dot{x}^2 = \frac{d}{dt}\frac{GmM}{x+R}$．積分すると，$\frac{1}{2}m\dot{x}^2 = \frac{GmM}{x+R} + C$．

(2) $x = 0$ とすると，$\frac{1}{2}mv_{init}^2 = \frac{GmM}{R} + C$．これから C が定まり，$\frac{1}{2}mv^2 - \frac{GmM}{x+R} = \frac{1}{2}mv_{init}^2 - \frac{GmM}{R}$．人工衛星が最大の高さに達すれば，

$v = 0$ となるので,$x_{\max} = \dfrac{2GMR}{2GM - Rv_{init}^2} - R.$

3.3 同次型微分方程式

何らかの変換を施せば,変数分離型微分方程式になるような微分方程式がある.**同次型微分方程式**はその代表であり,

$$\frac{dy}{dx} = f\left(\frac{y}{x}\right) \tag{3.41}$$

と表される.ここに,$f(u)$ は u の任意の関数である.

まず,なぜ同次と呼ぶのかを説明しておく.一般の 2 変数の関数 $f(x,y)$ に,λ を任意の定数として,変換 $x \to \lambda x, y \to \lambda y$ を施したとき,

$$f(\lambda x, \lambda y) = \lambda^n f(x, y) \tag{3.42}$$

となれば,$f(x,y)$ を**同次式**であるといい,n はその**次数**である.たとえば,$x^2 + y^2$ は 2 次の同次式,$\log\left(\dfrac{y}{x}\right) + \tan\left(\dfrac{y}{x}\right)$ は 0 次の同次式である.一方,$x^2 + \cos x \cos y$ は同次式でない.

式 (3.41) に戻ると,$f\left(\dfrac{\lambda y}{\lambda x}\right) = f\left(\dfrac{y}{x}\right)$ となるので $f\left(\dfrac{y}{x}\right)$ は 0 次の同次式である.一方,導関数も,$\dfrac{d(\lambda y)}{d(\lambda x)} = \dfrac{dy}{dx}$ となるので 0 次の同次式である.このような理由で,式 (3.41) を同次型微分方程式と呼んでいる.

同次型微分方程式を変数分離型微分方程式に変形するため,新たな従属変数,

$$u = \frac{y}{x} \tag{3.43}$$

を導入する.$y = xu$ を微分すると $y' = u + xu'$ となるので,$u + xu' = f(u)$ から,u の満たす微分方程式は,

$$\frac{du}{dx} = \frac{1}{x}(f(u) - u) \tag{3.44}$$

となって,変数分離型となる.したがって,一般解は,$\displaystyle\int \frac{1}{f(u) - u} du = \int \frac{1}{x} dx + C'$ として積分すれば得られる.ここで,$C = e^{-C'}$ と改めれば,

$$x = C \exp\left(\int^{\frac{y}{x}} \frac{1}{f(u) - u} du\right) \tag{3.45}$$

となる.ただし,積分の上限は $\frac{y}{x}$ であることに注意しよう.上式を u について解き,$u = \frac{y}{x}$ を代入すれば一般解が得られる.

以下に例を示す.
$$(x^3 + y^3)dx - 3xy^2 dy = 0 \tag{3.46}$$
は,$y' = \dfrac{x^3 + y^3}{3xy^2}$ と書き,式 (3.41) と比較すれば,$f(u) = \dfrac{1 + u^3}{3u^2}$ の同次型微分方程式である.$y = xu$ とすると,式 (3.44) より,
$$\frac{du}{dx} = \frac{1}{x}\frac{1 - 2u^3}{3u^2} \tag{3.47}$$
となるので,一般解は,$\displaystyle\int \frac{3u^2}{1 - 2u^3}du = \int \frac{1}{x}dx + C'$ を積分すれば得られる.積分を実行すると,$-\dfrac{1}{2}\log|2u^3 - 1| = \log|x| + C'$ となるので,$C = e^{-2C'}$ とおくと,$x^2(2u^3 - 1) = C$ となる.これに $u = \dfrac{y}{x}$ を代入すると,一般解として,
$$2y^3 - x^3 = Cx \tag{3.48}$$
を得る.

2 変数関数 $A(x, y)$ を次数 n の同次式とすると,$A(x, y) = x^n A\left(1, \dfrac{y}{x}\right)$,$B(x, y) = x^n B\left(1, \dfrac{y}{x}\right)$ と表せる.たとえば,$x^n + y^n = x^n\left(1 + \left(\dfrac{y}{x}\right)^n\right)$ である.次数 n の関数 $A(x, y)$, $B(x, y)$ を用いて,微分方程式が,
$$\frac{dy}{dx} = \frac{A(x, y)}{B(x, y)} \tag{3.49}$$
と表されたとしよう.このとき,同次型微分方程式として,
$$\frac{dy}{dx} = \frac{A\left(1, \dfrac{y}{x}\right)}{B\left(1, \dfrac{y}{x}\right)} \tag{3.50}$$
と書ける.ここで,$u = \dfrac{y}{x}$ を導入すると,$u + xu' = \dfrac{A(1, u)}{B(1, u)}$ となるので,一般解は,
$$\int \frac{1}{\dfrac{A(1, u)}{B(1, u)} - u}du = \int \frac{1}{x}dx + C \tag{3.51}$$
を積分すれば求まる.

例　題

$y' = \dfrac{2x^3 y - y^4}{x^4 - 2xy^3}$ について，以下の問いに答えよ．

(1) $u = \dfrac{y}{x}$ に関する微分方程式を導け．　　(2) y の一般解を求めよ．

解答

(1) $y' = \dfrac{2\dfrac{y}{x} - \left(\dfrac{y}{x}\right)^4}{1 - 2\left(\dfrac{y}{x}\right)^3}$ と変形して，$u = \dfrac{y}{x}$ を代入すると，$u + xu' = \dfrac{2u - u^4}{1 - 2u^3}$．

これから，$u' = \dfrac{u + u^4}{x(1 - 2u^3)}$．

(2) $\displaystyle\int \dfrac{1 - 2u^3}{u + u^4} du = \int \dfrac{dx}{x} + C'$ とする．$\dfrac{1 - 2u^3}{u + u^4} = \dfrac{1}{u} - \dfrac{3u^2}{1 + u^3}$ を考慮すると，$\log\left|\dfrac{u}{1 + u^3}\right| = \log|x| + C'$．$C = e^{-C'}$ として整理すると，$x(1 + u^3) = Cu$．もとの変数に戻せば，一般解は $x^3 + y^3 = Cxy$．

3.4　同次型微分方程式の応用

(A)　直交する曲線群

同次型微分方程式の応用はしばしば幾何学に見られる．第 2 章で，接線に直交する曲線は，

$$\frac{dy}{dx} = -\frac{x}{y} \tag{3.52}$$

で表せることを示した（式 (2.71) を参照）．これは同次型微分方程式（変数分離型微分方程式と見なすこともできる）で，この場合，$f(u) = -\dfrac{1}{u}$ で，式 (3.45) は，

$x = C \exp\left(\displaystyle\int^{\frac{y}{x}} \dfrac{-u}{1 + u^2} du\right) = C\sqrt{\dfrac{x^2}{x^2 + y^2}}$ となる．これを，$x^2 = C^2 \dfrac{x^2}{x^2 + y^2}$ と変形すれば，一般解は原点を中心とする同心円を表し，

$$x^2 + y^2 = C^2 \tag{3.53}$$

となる．

上記の問題を一般化すると，曲線が微分方程式，

$$F\left(x, y, \frac{dy}{dx}\right) = 0 \tag{3.54}$$

で表されるとすると，その曲線に直交する曲線群が満たす微分方程式は，

$$F\left(x, y, -\frac{dx}{dy}\right) = 0 \tag{3.55}$$

であることが証明できる．

図 3.8 において，与えられた曲線上の任意の点を $P(x,y)$ とすると，P における接線の傾きは y' である．θ を図 3.8 に示すようにとり，$\alpha = \frac{\pi}{2}$ とすると，P を通る曲線に直交する曲線群の接線の傾きは $\tan(\theta - \alpha) = \frac{\tan\theta - \tan\alpha}{1 + \tan\theta \tan\alpha}$ となる．これに $\alpha = \frac{\pi}{2}$ を代入すると，$\tan\alpha = \infty$ と発散するので，$\alpha \to \frac{\pi}{2}$ の極限をとれば，

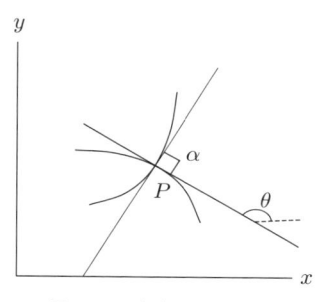

図 3.8 直交する曲線群

$\tan(\theta - \alpha) \to \frac{(\tan\alpha)^{-1}y' - 1}{(\tan\alpha)^{-1} + y'} = -\frac{1}{y'}$ となる．したがって，直交する曲線群を表す微分方程式は，式 (3.55) になる．

(B) 等電位線と電気力線

電磁気学への応用として，**等電位線**と**電気力線**の関係を調べる．図 3.9 に示すように，P, Q の位置に，紙面に垂直な無限に長い針金をおき，これに電流を流すと，紙面上における等電位線は**アポロニウス曲線**になることが知られている．一方，電気力線は等電位線に直交する曲線群である．P の位置を $(a, 0)$，Q の位置を $(-a, 0)$ として，電気力線を表す曲線群を求めよう．

等電位線を表すアポロニウス曲線は，

$$\frac{(x-a)^2 + y^2}{(x+a)^2 + y^2} = C'^2 \tag{3.56}$$

と表される．まず，等電位線を解にもつ微分方程式を導く．このため，$C = \frac{1 + C'^2}{1 - C'^2}$ とおいて，上式を整理すると，

$$x^2 + y^2 - 2aCx + a^2 = C^2 \tag{3.57}$$

となる．これを微分すると，$x + yy' - aC = 0$ となるが，これと式 (3.57) から C を消去すると，

$$y^2 - x^2 - 2xy\frac{dy}{dx} + a^2 = 0 \tag{3.58}$$

を得る．

電気力線が満たす微分方程式は，$\dfrac{dy}{dx}$ を $-\dfrac{dx}{dy}$ と置き換えた，$y^2 - x^2 + 2xy\dfrac{dx}{dy} + a^2 = 0$ である．$u = x^2$ とおくと，$\dfrac{du}{dy} = 2x\dfrac{dx}{dy}$ から，式 (3.58) は，

$$\frac{du}{dy} = \frac{u}{y} - y - \frac{a^2}{y} \tag{3.59}$$

となる．上式は u に関する 1 階線形方程式で，第 4 章で述べるが，一般解は $u = -y^2 + a^2 + 2Ky$，つまり，

$$x^2 + (y - K)^2 = a^2 + K^2 \tag{3.60}$$

と表せる．ここで，K は積分定数である．

図 3.9 に，$a = 1$ として，C を 1 から 3 まで，0.5 おきに設定した等電位線を実線で，K を -2 から 2 まで，1 おきに設定した電気力線を破線で示した．等電位線と電気力線が直交している様子が確認できる．

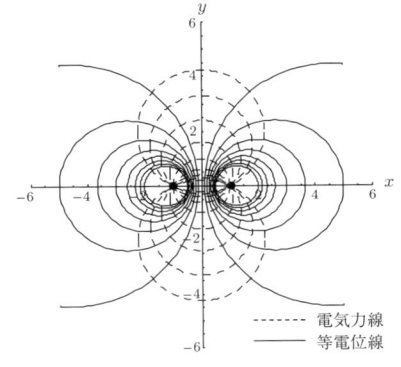

図 3.9 等電位線と電気力線．左右の黒点が P, Q を表す．

(C) 同次型の 2 元連立微分方程式

本章までに述べた範囲では 2 元連立方程式の解は求められない．しかし，2 変数の関数 $A(x, y), B(x, y)$ を，次数が n の同次式として，

$$\begin{cases} \dfrac{dx}{dt} = A(x, y) \\ \dfrac{dy}{dt} = B(x, y) \end{cases} \tag{3.61}$$

と表せる場合，同次型微分方程式に変換できる．両式を便宜的に $dx = A(x, y)dt$，$dy = B(x, y)dt$ と書き，比をとると，

$$\frac{dy}{dx} = \frac{B(x, y)}{A(x, y)} \tag{3.62}$$

となる．これは式 (3.49) と同じ形であるが，それが意味していることは異なる．従属変数 $x(t), y(t)$ は独立変数 t の関数であるが，式 (3.62) では，独立変数を

x と考え，y を x の関数 $y(x)$ と見なしている．つまり，t を通して $x(t)$ と $y(t)$ の関係を示したのが式 (3.62) である（このような表現を相平面での解軌道という）．

たとえば，同次型微分方程式，

$$\begin{cases} \dfrac{dx}{dt} = -x + y \\ \dfrac{dy}{dt} = x - y \end{cases} \tag{3.63}$$

の場合，

$$\frac{dy}{dx} = \frac{x-y}{-x+y} \tag{3.64}$$

である．式 (3.43) にしたがって，$u = \dfrac{y}{x}$ を導入すれば，右辺は $\dfrac{1-u}{-1+u}$ と書けるので，一般解は，式 (3.44) から，

$$\int -\frac{1}{u+1} du = \int \frac{1}{x} dx + C' \tag{3.65}$$

を積分すれば求まる．実際，$-\log|u+1| = \log|x| + C'$ から，$x(u+1) = e^{-C'}$ を得る．$C_1 = e^{-C'}$ とおき，もとの変数で表せば，$y = -x + C_1$ となる．これを式 (3.63) の第 1 式に代入すると，

$$\frac{dx}{dt} = -2x + C_1 \tag{3.66}$$

となる．これを解いて，

$$x = C_1 e^{-2t} + \frac{C_2}{2} \tag{3.67}$$

を得る．一方，式 (3.67) を $y = -x + C_1$ に代入すれば，

$$y = -C_1 e^{-2t} + C_1 - \frac{C_2}{2} \tag{3.68}$$

となる．

例 題

(1) 同次型方程式の解曲線が変数の変換 $x \to \lambda x, y \to \lambda y$ に対してどのように変換されるか説明せよ．
(2) 直線群 $y = Cx$ に直交する曲線群を求め，図示せよ．

(3) 電気力線を表す $\dfrac{du}{dy} = \dfrac{u}{y} - y - \dfrac{a^2}{y}$ の一般解は，$u = -y^2 + a^2 + 2Cy$ であることを示せ．

解答

(1) 解曲線は $x = C \exp\left(\displaystyle\int^{\frac{y}{x}} \dfrac{1}{f(u)-u} du\right)$．$x \to \lambda x, y \to \lambda y$ を代入すると，$\lambda x = C \exp\left(\displaystyle\int^{\frac{y}{x}} \dfrac{1}{f(u)-u} du\right)$ となるので，積分定数を $C \to \lambda C$ と変更した解曲線と同じになる．

(2) 直線を表す微分方程式は $y' = C$ と $y = Cx$ から C を消去して，$y' = \dfrac{y}{x}$．直交する曲線群を表す微分方程式は $\dfrac{dy}{dx}$ を $-\dfrac{dx}{dy}$ と置き換えた $-\dfrac{dx}{dy} = \dfrac{y}{x}$．これは式 (3.52) と同じ同次型微分方程式で，その一般解は $x^2 + y^2 = K$．したがって，原点を中心とする同心円．

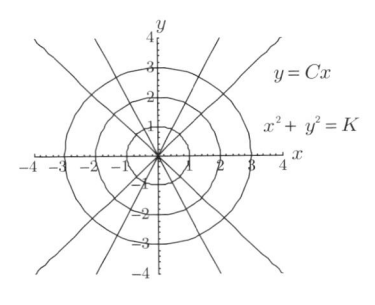

(3) 微分すると，$u' - \dfrac{u}{y} = -2y + 2C + y - \dfrac{a^2}{y} - 2C = -y - \dfrac{a^2}{y}$．

3.5 完全微分方程式

(A) 初等解法

微分方程式，
$$(x+1)dx + (y+1)dy = 0 \tag{3.69}$$
は変数分離型微分方程式である．積分すれば，一般解は，
$$(x+1)^2 + (y+1)^2 = C \tag{3.70}$$
と表せる．このとき，2 変数の関数を $f(x,y) = (x+1)^2 + (y+1)^2$ と定義すると，
$$\begin{aligned} df(x,y) &= \dfrac{\partial f(x,y)}{\partial x}dx + \dfrac{\partial f(x,y)}{\partial y}dy \\ &= 2(x+1)dx + 2(y+1)dy = 0 \end{aligned} \tag{3.71}$$

となる.ここで,記号「d」は**全微分**を表し,その定義は上式に示すように,2変数の関数の場合,$df = \dfrac{\partial f}{\partial x}dx + \dfrac{\partial f}{\partial y}dy$ である.以上のことから,微分方程式がある関数 $f(x, y)$ の全微分であるような場合,つまり,$df = 0$ となれば,

$$f(x, y) = C \tag{3.72}$$

が一般解になる.このような微分方程式を**完全微分方程式**という.

変数分離型微分方程式は完全微分方程式であるが,変数分離できない微分方程式であっても,完全微分方程式である場合がある.たとえば,

$$(2x^3 + 3y)dx + (3x + y - 1)dy = 0 \tag{3.73}$$

は変数分離できない.しかし,$f(x, y) = x^4 + 6xy + y^2 - 2y$ と定義すると,その全微分は,

$$df(x, y) = 2(2x^3 + 3y)dx + 2(3x + y - 1)dy = 0 \tag{3.74}$$

となり,式 (3.73) を与える.したがって,一般解は,

$$x^4 + 6xy + y^2 - 2y = C \tag{3.75}$$

である.

微分方程式が完全微分方程式であれば $f(x, y)$ が存在し,一般解は $f(x, y) = C$ と表せるが,一般的には完全微分方程式がどうか,また,$f(x, y)$ も見出せるか保証はない.完全微分方程式であるためには何らかの条件が必要になる.

微分方程式が,

$$M(x, y)dx + N(x, y)dy = 0 \tag{3.76}$$

と与えられているとして,式 (3.73) を参考にしながら,完全微分方程式になるための条件,つまり,2変数の関数 $M(x, y), N(x, y)$ が満たすべき条件を導こう.式 (3.76) と $df = \dfrac{\partial f}{\partial x}dx + \dfrac{\partial f}{\partial y}dy$ を比較すると,

$$\begin{cases} M(x, y) = \dfrac{\partial f(x, y)}{\partial x} \\ N(x, y) = \dfrac{\partial f(x, y)}{\partial y} \end{cases} \tag{3.77}$$

となるが,このような f が存在するかどうかが問題で,もし存在すれば,$f(x, y) = C$ が一般解となる.微分の順序は交換でき,$\dfrac{\partial^2 f}{\partial x \partial y} = \dfrac{\partial^2 f}{\partial y \partial x}$ が成

り立つので，式 (3.77) から，

$$\frac{\partial M(x,y)}{\partial y} = \frac{\partial N(x,y)}{\partial x} \tag{3.78}$$

が導かれる．この条件が満たされれば完全微分方程式である．

変数分離型微分方程式 (3.1) を書き直すと，

$$f(x)dx - \frac{1}{g(y)}dy = 0 \tag{3.79}$$

となるので，式 (3.76) と比較すると，$M = f(x)$, $N = -\frac{1}{g(y)}$ である．したがって，$\frac{\partial M}{\partial y} = \frac{\partial N}{\partial x} = 0$ が成り立つので，完全形である．また，式 (3.73) の場合，$M = 2x^3 + 3y$, $N = 3x + y - 1$ であるが，$\frac{\partial M}{\partial y} = 3$, $\frac{\partial N}{\partial x} = 3$ で，両者は等しいので，式 (3.78) が成り立つ．

完全微分方程式であることが確認できれば，次になすべきことは具体的な $f(x,y)$ を導くことである．式 (3.77) の第 1 式を，y を定数と見なし，x に関して積分すると，

$$f(x,y) = \int^x M(x,y)dx + g_1(y) \tag{3.80}$$

となる．ここに，$g_1(y)$ は y の任意の関数である．同様に，式 (3.77) の第 2 式を，x を定数と見なし，y に関して積分すると，

$$f(x,y) = \int^y N(x,y)dy + g_2(x) \tag{3.81}$$

となる．ここに，$g_2(x)$ は x の任意の関数である．式 (3.80) と式 (3.81) が矛盾しないように $g_1(y), g_2(x)$ を決めることができれば，$f(x,y)$ を求めることができる．以下では，微分方程式 (3.73) を例にその手順を説明する．

まず，直観的に見出せる場合があることを示す．式 (3.80) は $f = \frac{1}{2}x^4 + 3xy + g_1(y)$，式 (3.81) は $f = 3xy + \frac{1}{2}y^2 - y + g_2(x)$ を与える．両者を眺めると，$g_1(y) = \frac{1}{2}y^2 - y$, $g_2(x) = \frac{1}{2}x^4$ とすれば，矛盾なく，

$$f = \frac{1}{2}(x^4 + 6xy + y^2 - 2y) \tag{3.82}$$

と決まる．式 (3.75) で与えた f の $\frac{1}{2}$ 倍になっているが，積分定数を 2 倍になっているだけで，一般解としては変わらない．

図 3.10 に, 一般解 (3.75) において, C を -5 から 5 まで, 1 間隔で描いた解曲線を示す.

上記のように眺めるだけで見出せる場合は例外的で, 通常は以下のような方法で $f(x,y)$ を求める. 式 (3.80) を式 (3.77) の第 2 式に代入すると,

$$\frac{dg_1(y)}{dy} = N(x,y) - \int^x \frac{\partial M(x,y)}{\partial y} dx \tag{3.83}$$

また, 式 (3.81) を式 (3.77) の第 1 式に代入すると,

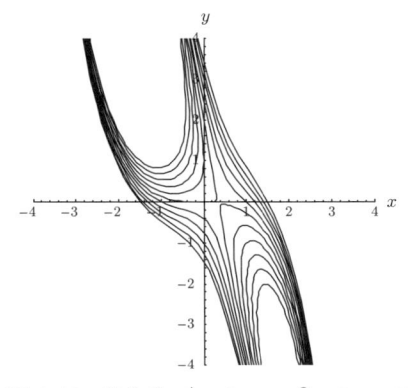

図 **3.10** 解曲線 $x^4 + 6xy + y^2 - 2y = C$

$$\frac{dg_2(x)}{dx} = M(x,y) - \int^y \frac{\partial N(x,y)}{\partial x} dy \tag{3.84}$$

を得る. これらの微分方程式を解いて $g_1(y)$ あるいは $g_2(x)$ を決め, 式 (3.80) あるいは式 (3.81) に代入すれば, $f(x,y)$ が求められる.

式 (3.73) の場合, 式 (3.83) は $g_1'(y) = 3x + y - 1 - \int^x 3dx = y - 1$ となるので, $g_1(y) = \frac{1}{2}y^2 - y + C$ が導かれる. これから, $f(x,y) = \int^x M(x,y)dx + g_1(y) = \frac{1}{2}(x^4 + 6xy + y^2 - 2y) + C$ となるので, 積分定数を適当に変更すれば, 一般解は $x^4 + 6xy + y^2 - 2y = C$ と表せる. 同様に, 式 (3.84) から $g_2(x)$ を決める場合も同じ結論に達する.

(B) 積分因子法

条件 (3.78) が成り立たず, 完全微分方程式でない場合でも, 完全微分方程式に変形することが可能な場合がある.

例として, 微分方程式,

$$(x^2 + y^2 + x)dx + xydy = 0 \tag{3.85}$$

を考える. $M = x^2 + y^2 + x$, $N = xy$ で, $\frac{\partial M}{\partial y} = 2y$, $\frac{\partial N}{\partial x} = y$ となるので, 条件 (3.78) が成り立たず, これまで述べた方法では一般解は求められない. しかし, 式 (3.85) の両辺に x をかけて,

$$x(x^2 + y^2 + x)dx + x^2 ydy = 0 \tag{3.86}$$

と書き直すと，$M = x(x^2 + y^2 + x)$, $N = x^2 y$ で，$\dfrac{\partial M}{\partial y} = \dfrac{\partial N}{\partial x} = 2xy$ となるので，完全微分方程式になる．このように，方程式の両辺に適当な関数をかけて完全微分方程式にできる場合があり，この関数を**積分因子**という．上記の場合，積分因子は x である．積分因子を $\mu(x, y)$ と表し，それを式 (3.76) の両辺にかけて，

$$\mu(x,y)M(x,y)dx + \mu(x,y)N(x,y)dy = 0 \tag{3.87}$$

とする．このとき，完全微分方程式であるための条件 (3.78) は，

$$\frac{\partial(\mu(x,y)M(x,y))}{\partial y} = \frac{\partial(\mu(x,y)N(x,y))}{\partial x} \tag{3.88}$$

となる．

式 (3.88) を満たす積分因子を見つける一般的な方法はないが，ある程度の推察は可能である．式 (3.88) を，

$$\begin{aligned}\frac{\partial M}{\partial y} - \frac{\partial N}{\partial x} &= \frac{N \dfrac{\partial \mu}{\partial x} - M \dfrac{\partial \mu}{\partial y}}{\mu} \\ &= N \frac{\partial \log \mu}{\partial x} - M \frac{\partial \log \mu}{\partial y}\end{aligned} \tag{3.89}$$

と変形する．さらに，上式を N で割って，

$$\frac{1}{N}\left(\frac{\partial M}{\partial y} - \frac{\partial N}{\partial x}\right) = \frac{\partial \log \mu}{\partial x} - \frac{M}{N}\frac{\partial \log \mu}{\partial y} \tag{3.90}$$

とする．左辺は与えられた微分方程式から決まるが，それが x のみの関数 $k_1(x)$ であれば，μ も x のみの関数として選ぶことができる．実際，$k_1(x) = \dfrac{d \log \mu(x)}{dx}$ から（1 変数になったので，微分の記号を「∂」から「d」へ変更した），

$$\mu(x) = \exp\left(\int k_1(x)dx\right) \tag{3.91}$$

となる．

同様に，式 (3.89) を M で割って，

$$\frac{1}{M}\left(\frac{\partial M}{\partial y} - \frac{\partial N}{\partial x}\right) = \frac{N}{M}\frac{\partial \log \mu}{\partial x} - \frac{\partial \log \mu}{\partial y} \tag{3.92}$$

とする．左辺が y のみの関数 $k_2(y)$ であれば，μ も y のみの関数として選ぶこ

とができる．実際，$k_2(y) = -\dfrac{d\log\mu(y)}{dy}$ から，

$$\mu(y) = \exp\left(-\int k_2(y)dy\right) \tag{3.93}$$

とすると，式 (3.92) の両辺は等しくなる．

変数分離型微分方程式 (3.1) を $f(x)dx - \dfrac{1}{g(y)}dy = 0$ と書き直すと完全形であったが，

$$g(y)f(x)dx - dy = 0 \tag{3.94}$$

とするとどうであろうか．この場合，$M = f(x)g(y)$, $N = -1$ であるので，$\dfrac{\partial M}{\partial y} = f(x)g'(y)$, $\dfrac{\partial N}{\partial x} = 0$ となり，完全形ではない．このように，与えられた微分方程式をどのような形式に書き換えるかによって，完全形にも完全形でないものにもなる．式 (3.92) から，$\dfrac{1}{M}\left(\dfrac{\partial M}{\partial y} - \dfrac{\partial N}{\partial x}\right) = \dfrac{g'(y)}{g(y)}$ となるので，式 (3.93) より，積分因子は，

$$\mu(y) = \exp\left(-\int \frac{g'(y)}{g(y)}dy\right) = \frac{1}{g(y)} \tag{3.95}$$

と表せる．これを式 (3.94) の両辺にかけると，完全形である式 (3.79)，$f(x)dx - \dfrac{1}{g(y)}dy = 0$ となる．

その他にも，積分因子を求めるためのいろいろな方法が知られている．

例　題

以下の微分方程式を解け．
(1) $(4x^3y^3 - 2xy)dx + (3x^4y^2 - x^2)dy = 0$　　(2) $(x^4 + y^4)dx - xy^3 dy = 0$

解答
(1) $\dfrac{\partial M}{\partial y} = \dfrac{\partial N}{\partial x} = 12x^3y^2 - 2x$ となるので完全微分方程式である．$f = x^4y^3 - x^2y + g_1(y)$, $f = x^4y^3 - x^2y + g_2(x)$ から，一般解は $x^4y^3 - x^2y = C$.
(2) $\dfrac{\partial M}{\partial y} = 4y^3$, $\dfrac{\partial N}{\partial x} = -y^3$ となるので完全微分方程式でない．式 (3.89) は $N\dfrac{\partial \log \mu}{\partial x} - M\dfrac{\partial \log \mu}{\partial y} = 5y^3$ となるので，$N = -xy^3$ を使って，$-xy^3 \dfrac{\partial \log \mu}{\partial x} = 5y^3$ となるような積分因子を探すと，$\mu = \dfrac{1}{x^5}$. したが

って，$\dfrac{x^4+y^4}{x^5}dx - \dfrac{y^3}{x^4}dy = 0$ は完全型．$f = \log|x| - \dfrac{1}{4}\dfrac{y^4}{x^4} + g_1(y)$，$f = -\dfrac{1}{4}\dfrac{y^4}{x^4} + g_2(x)$ から，一般解は $\log|x| - \dfrac{1}{4}\dfrac{y^4}{x^4} = -C$, あるいは $y^4 = 4x^4(\log|x| + C)$.

(C)　熱力学への応用

熱力学へ応用する．圧力が P の 1 モルの理想気体を考える．単原子分子の理想気体では，気体の内部エネルギー U は温度 T だけの関数で，$U = \dfrac{3}{2}RT$ と表される．ここで，R は気体定数である．この気体に外部から微小な熱 ΔQ を加えると，気体は膨張して外部に ΔW の仕事をする．両者の差は，熱力学の第 1 法則によると，気体のエネルギーの増加分 ΔU に等しく，

$$\Delta U = \Delta Q - \Delta W \tag{3.96}$$

と表される．気体の体積が V から ΔV 増加したとすると，$\Delta W = P\Delta V$ が成り立つが，気体の状態方程式 $PV = RT$ を用いると，$\Delta W = \dfrac{RT}{V}\Delta V$ と表せる．一方，理想気体のエネルギーの増加分は $\Delta U = \dfrac{3}{2}R\Delta T$ なので，式 (3.96) は，

$$\Delta Q = \dfrac{3}{2}R\Delta T + \dfrac{RT}{V}\Delta V \tag{3.97}$$

となる．以降，微小量 Δ を微分 d で置き換える．

外部との熱の出入りを遮断した断熱変化の場合，$dQ = 0$ であるので，式 (3.97) は，

$$\dfrac{3}{2}RdT + \dfrac{RT}{V}dV = 0 \tag{3.98}$$

となる．$x = T$, $y = V$ として，式 (3.76) と比較する．$M(T,V) = \dfrac{3}{2}R$, $N(T,V) = \dfrac{RT}{V}$ より，$\dfrac{\partial M(T,V)}{\partial V} = 0$, $\dfrac{\partial N(T,V)}{\partial T} = \dfrac{R}{V}$ となるので，式 (3.98) は完全でない．しかし，$\dfrac{1}{N}\left(\dfrac{\partial M}{\partial V} - \dfrac{\partial N}{\partial T}\right) = -\dfrac{1}{T}$ は T のみの関数 $k_1(T) = -\dfrac{1}{T}$ となることを利用すれば，式 (3.91) から，$\dfrac{\partial \log \mu}{\partial T} = -\dfrac{1}{T}$ となる積分因子を見出すことができ，$\mu(T) = \exp\left(\int k_1(T)dx\right) = \dfrac{1}{T}$ となる．したがって，式 (3.98) に $\dfrac{1}{T}$ をかけると，完全微分方程式，

$$\frac{3}{2}\frac{R}{T}dT + \frac{R}{V}dV = 0 \tag{3.99}$$

を得る．これを積分すると，一般解は，

$$VT^{\frac{3}{2}} = C \tag{3.100}$$

と表せる．断熱変化では，気体の温度は膨張すれば下がり，圧縮すれば上がる．

3.6 その他の方法

(A) 独立変数を含まない場合

微分方程式が，独立変数 x を含まない，

$$F\left(y^{(n)}, y^{(n-1)}, \ldots, y', y\right) = 0 \tag{3.101}$$

のような形式で記述される場合がある．この形の微分方程式を**自律型方程式**と呼ぶことがある．x の代わりに，y を独立変数と見なし，導関数，

$$p(y) = \frac{dy}{dx} \tag{3.102}$$

を y の関数と考える．このとき，高階の導関数は，

$$\begin{aligned}\frac{d^2y}{dx^2} &= \frac{dp(y)}{dx} = \frac{dp(y)}{dy}\frac{dy}{dx} = p(y)\frac{dp(y)}{dy} \\ \frac{d^3y}{dx^3} &= p(y)\frac{d}{dy}\left(p(y)\frac{dp(y)}{dy}\right)\end{aligned} \tag{3.103}$$

などとなる．こうして，式 (3.101) は 1 階低い p に関する微分方程式，

$$F\left(p^{(n-1)}, p^{(n-2)}, \ldots, p, y\right) = 0 \tag{3.104}$$

となる．この解が求まれば，式 (3.102) から，$\int \frac{1}{p(y)}dy = x + C$ がもとの微分方程式の一般解を与える．

たとえば，

$$\frac{d^2y}{dx^2} + \frac{dy}{dx} = 2y\frac{dy}{dx} \tag{3.105}$$

を考えよう．式 (3.102) と式 (3.103) を用いると，上式は，

$$p(y)\left(\frac{dp(y)}{dy}+1-2y\right)=0 \tag{3.106}$$

となる．これから，$p(y)=0$ と $\dfrac{dp(y)}{dy}+1-2y=0$ を得る．前者は，

$$y=C \tag{3.107}$$

を与える．後者の 1 階微分方程式を解くと，$p(y)=y^2-y+K_1$ となるので，一般解は，

$$\int \frac{1}{y^2-y+K_1}dy=x+K_2 \tag{3.108}$$

と表せる．左辺の積分は $\dfrac{2}{\sqrt{4K_1-1}}\tan^{-1}\left(\dfrac{2y-1}{\sqrt{4K_1-1}}\right)$ となるので，

$$y=\frac{1}{2}+\frac{1}{2}\sqrt{4K_1-1}\tan\left(\frac{1}{2}\sqrt{4K_1-1}(x+K_2)\right) \tag{3.109}$$

を得る．以上から，解は式 (3.107) と式 (3.109) である．

例　題

独立変数を含まない微分方程式の解法は，ポテンシャル内の運動方程式 $m\ddot{x}=-V'(x)$ を解くときに利用した．質量の無視できる長さ ℓ の棒の下端に質量 m のおもりを付けた振り子の運動方程式は，棒が鉛直下方に対してなす角度を θ とすると，$\ddot{\theta}=-\dfrac{g}{\ell}\sin\theta$ である．$\theta=\alpha$ で $\dot{\theta}(\alpha)=0$, $t=0$ で $\theta(0)=0$ という初期条件を満たす特解を求めよ．

解答

$p(\theta)=\dot{\theta}$ とすると $\ddot{\theta}=p(\theta)\dfrac{dp(\theta)}{d\theta}$ となるので，運動方程式は $p\dfrac{dp}{d\theta}=-\dfrac{g}{\ell}\sin\theta$. $\int p\,dp=-\dfrac{g}{\ell}\int\sin\theta d\theta+C'$ を積分すると，$p^2=\dfrac{2g}{\ell}\cos\theta+C$. これに $\dot{\theta}(\alpha)=0$ を代入すると，$0=\dfrac{2g}{\ell}\cos\alpha+C$ となって C が定まり，$p^2=\dfrac{2g}{\ell}(\cos\theta-\cos\alpha)$ を得る．$p>0$ として，$\theta(0)=0$ を考慮すると，$\displaystyle\int_0^\theta \frac{1}{\sqrt{2(\cos\theta-\cos\alpha)}}d\theta=\sqrt{\dfrac{g}{\ell}}t$. 左辺の積分は初等関数で表せない．

(B) 従属変数を含まない場合

微分方程式が，従属変数 y を含まない，

$$F\left(y^{(n)}, y^{(n-1)}, \ldots, y', x\right) = 0 \tag{3.110}$$

のような形式で記述される場合を考える．ここで，

$$p(x) = \frac{dy}{dx} \tag{3.111}$$

とおくと，上式は 1 階低い微分方程式，

$$F\left(p^{(n-1)}, p^{(n-2)}, \ldots, p, x\right) = 0 \tag{3.112}$$

となる．

簡単な例として，微分方程式，

$$\frac{d^2 y}{dx^2} - \frac{dy}{dx} = 1 \tag{3.113}$$

を考える．式 (3.111) を用いると，

$$\frac{dp}{dx} - p = 1 \tag{3.114}$$

となるので，一般解は，$p = C_1 e^x - 1$ と表せる．これを式 (3.111) に代入すれば，$y' = C_1 e^x - 1$ となる．これを積分すると，一般解として，

$$y = C_1 e^x - x + C_2 \tag{3.115}$$

を得る．

(C) 微分法

ある種の微分方程式では，微分方程式を微分した高階微分方程式の方が，簡単に解を求めることができる場合がある．この方法を**微分法**という．たとえば，

$$2y \frac{d^2 y}{dx^2} - \left(\frac{dy}{dx}\right)^2 = \frac{1}{3}\left(\frac{dy}{dx} - x\frac{d^2 y}{dx^2}\right)^2 \tag{3.116}$$

を考える．両辺を微分すると，$2yy''' + 2y'y'' - 2y'y'' = -\dfrac{2}{3}xy'''(y' - xy'')$ となる．整理すると，

$$y'''(x^2 y'' - xy' - 3y) = 0 \tag{3.117}$$

となり，$y''' = 0$ と，$x^2 y'' - xy' - 3y = 0$ を得る．前者から得られる $y = C_2 x^2 + C_1 x + C_0$ を，式 (3.116) に代入すると，$3C_2 C_0 = C_1^2$ となるので，

$$y = C_2 x^2 + C_1 x + \frac{C_1^2}{3C_2} \tag{3.118}$$

である．後者から得られる $y = K_1 x^3 + \dfrac{K_0}{x}$ を式 (3.116) に代入すると，$K_1 K_0 = 0$ となるので，

$$y = K_1 x^3, \quad y = \frac{K_0}{x} \tag{3.119}$$

となる．微分方程式 (3.116) は以上に示した三つの解をもつ．

（D） 従属変数と独立変数の交換

1 変数の関数 $y = f(x)$ に対して，従属変数と独立変数の役割を交代して，$x = f(y)$ と考える．微分も，$\dfrac{dy}{dx}$ に代わり，$\dfrac{dx}{dy}$ を扱った方が解を導く過程が容易なことがある．微分方程式，

$$\frac{dy}{dx} = f(x, y) \tag{3.120}$$

を，$dy = f(x, y)dx$ とすれば，

$$\frac{dx}{dy} = \frac{1}{f(x, y)} \tag{3.121}$$

と等しい．これは，独立変数を y とした従属変数 $x(y)$ に関する微分方程式と見なせる．

たとえば，

$$\frac{dy}{dx} = \frac{x}{x^2 + y} \tag{3.122}$$

において，従属変数と独立変数を交代して，$\dfrac{dx}{dy} = \dfrac{x^2 + y}{x} = x + \dfrac{y}{x}$ とする．両辺に，$2x$ をかければ，

$$\frac{dx^2}{dy} = 2x^2 + 2y \tag{3.123}$$

となる．ここで，$x \dfrac{dx}{dy} = \dfrac{1}{2} \dfrac{dx^2}{dy}$ となることを使った．これは x^2 に関する 1 階線形微分方程式で，その一般解は，

$$x^2 = Ce^{2y} - \frac{1}{2}(2y+1) \tag{3.124}$$

と表せる（詳しくは第 4 章を参照）．

ここで述べた手法は特異解を求めるために有効である．特に，判別式を使わないで済むので便利である．一例として，高階微分方程式，

$$y\left(\frac{dy}{dx}\right)^2 - 2x\frac{dy}{dx} + y = 0 \tag{3.125}$$

の特異解を調べよう．$p = y'$ として，$2x = \dfrac{y}{p} + yp$ と書き直す．ここでは，独立変数を p，従属変数を y と考え，微分法を適用する．両辺を y で微分し，$\dfrac{dx}{dy} = \dfrac{1}{p}$ を考慮すると，$\dfrac{2}{p} = \dfrac{1}{p} - \dfrac{y}{p^2}\dfrac{dp}{dy} + p + y\dfrac{dp}{dy}$ となる．整理すると，

$$(p^2 - 1)\left(p + y\frac{dp}{dy}\right) = 0 \tag{3.126}$$

となる．$p + y\dfrac{dp}{dy} = 0$ は変数分離型で，その解は，$py = C$ である．これを式 (3.125) に代入すると，一般解として，

$$y^2 = 2Cx - C^2 \tag{3.127}$$

を得る．一方，$p^2 - 1 = 0$ を式 (3.125) に代入すると，

$$y = \pm x \tag{3.128}$$

を得る．この解は一般解では表せないので，特異解である．

演習問題

[1] 以下の微分方程式の一般解を求めよ．ただし，a は定数とする．
(1) $y' = \dfrac{y}{x}$
(2) $y' = -ay^2$
(3) $y' = \cos(ax)$
(4) $e^x y' + y - y^2 = 0$
(5) $y' = \dfrac{4y}{x(y-3)}$
(6) $y' = \dfrac{y^2}{x^2}$
(7) $(1+y)dx - (1+x)dy = 0$
(8) $xy\,dx + (1+x^2)dy = 0$
(9) $xy\,dx = (1+y)(1+x)dy$
(10) $\cot(a\theta)d\rho + \rho\,d\theta = 0$

[2] 1801 年から 1978 年までの世界で排出された年単位の二酸化炭素量の推定値は，29312, 36640, ..., 24281328, 24215376（単位はトン）であった．次ページの右図

に示したグラフにおいて，データを黒点で示した．1801 年から順に 1, 2, 3 と整数に直して，データを当てはめると，$y = 3.23 \times 10^4 e^{0.0369t}$ $(t = 1, 2, 3, \ldots)$ となった．当てはめた関数は，図では実線で示した．この関数を解にもつ微分方程式を導け．

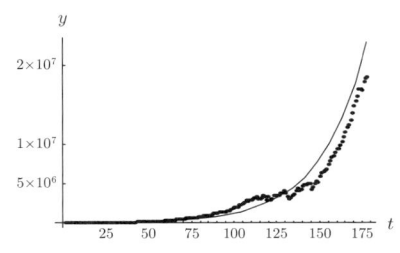

[3] 季節的に変動しながら成長するモデルは，$\dot{y} = ay(1 + k\sin(\omega t))$ によって記述される．ここに，a, k, ω は正の定数とする．一般解を求めよ．

[4] 砂糖を水に溶かす実験を行う．初め m_0 グラムの砂糖があり，砂糖の溶ける速さは，砂糖の量に比例すると仮定する．比例定数を k として，以下の問いに答えよ．
 (1) 時刻 t における砂糖の量を $m(t)$ として，m の満たす微分方程式を導け．
 (2) 初期条件を満たす特解を求めよ．
 (3) 時刻 t においてまだ溶けていない砂糖の量を求めよ．

[5] 以下の曲線群に直交する曲線群を求めよ．また，(1), (4) については，曲線群に直交する曲線群を描け．
 (1) $y = Cx^2$ (2) $y = Ce^x$
 (3) $x^2 + y^2 = Cx$ (4) $y = C\sin x$

[6] 以下の微分方程式を解け．
 (1) $2xy^3 dx + 3x^2 y^2 dy = 0$ (2) $(x^2 - y)dx - x dy = 0$
 (3) $x dx + y dy = (x^2 + y^2)dx$ (4) $(x+y)dx - (x-y)dy = 0$

[7] $a(t), b(t)$ を t の任意の関数とする．1 階線形微分方程式，$\dot{x} + a(t)x = b(t)$ の一般解を求める方法は，第 4 章で詳しく述べる．ここでは，積分因子法を利用して，以下の手順に沿って一般解を求めよう．
 (1) $(a(t)x - b(t))dt + dx = 0$ と書き換えて，積分因子を求めよ．
 (2) 完全微分方程式に書き直して，一般解を導け．

[8] $M(x,y)$ と $N(x,y)$ は n 次の同次式とする．
 (1) $x\dfrac{\partial M}{\partial x} + y\dfrac{\partial M}{\partial y} = nM$ （N についても同様）を証明せよ．
 (2) $M(x,y)dx + N(x,y)dy = 0$ の積分因子は $\mu = \dfrac{1}{Mx + Ny}$ と表せることを示せ．ただし，$Mx + Ny \neq 0$ とする．
  ヒント：$\dfrac{\partial}{\partial y}\dfrac{M}{Mx+Ny} = \dfrac{\partial}{\partial x}\dfrac{N}{Mx+Ny}$ を示せばよい．

[9] 積分因子を [8] を参考にして求め，以下の微分方程式を解け．
 (1) $y(x+y)dx - x^2 dy = 0$ (2) $(x^4 + y^4)dx - xy^3 dy = 0$
 (3) $y' = \dfrac{-bx + ay}{ax + by}$

[10] 以下の微分方程式を解け．ただし，a は定数である．また，(2), (3) については，一

般解と特異解のグラフを描け．
(1) $ay'' = (1+y'^2)^{\frac{3}{2}}$　　　　　ヒント：従属変数を含まない．
(2) $x^2 y'^4 + 2xy' - y = 0$　　　　ヒント：微分法．
(3) $6y^2 y'^2 + 3xy' - y = 0$　　　　ヒント：従属変数と独立変数の交換と微分法．

[11] 単振り子の運動方程式の解は，$\theta = \alpha$ で $\dot{\theta}(\alpha) = 0$，$t=0$ で $\theta(0) = 0$ いう条件を課せば，$\int_0^\theta \dfrac{1}{\sqrt{2(\cos\theta - \cos\alpha)}} d\theta = \sqrt{\dfrac{g}{\ell}}\, t$ と表せた．

(1) 上式の左辺を θ および α が小さいとして展開すると，$\int_0^\theta \dfrac{1}{\sqrt{\alpha^2 - \theta^2}} d\theta$ と近似できることを示せ．

(2) 積分して，θ を t の関数として表せ．

[12] ある農場で使われている農薬はある種の鳥に有害である．農薬の散布が始まった時刻 $t=0$ に鳥の個体数が十分であると，農薬の散布が強化されるにつれて，鳥の出生率は，$b(t) = b_{init} e^{-\alpha t}$ にしたがって減少するという．ここに，b_{init}, α は定数である．鳥の死亡率は一定で β とすると，鳥の個体数 $P(t)$ の満たす微分方程式は，$\dot{P} = b_{init} e^{-\alpha t} P - \beta P$ と表せる．

(1) 初期条件を $P(0) = P_{init}$ とする特解を求めよ．
(2) $P(0) = 10^4$, $b_{init} = 3$（1/年），$\beta = 2$（1/年），$\alpha = 0.2$（1/年）として，解曲線を求めよ．
(3) 鳥の個体数が最大になる時刻 $t_{\max}$ を求めよ．

応用問題

【1】木の年輪から伐採された年代を推定する方法を**年輪年代法**という．最近の話題をとり上げると，法隆寺の五重塔には 594 年に伐採されたヒノキが使われたこと，また，奈良県桜井市にある最古の古墳が密集している纒向古墳群（邪馬台国があった場所として有力視されている）にある勝山古墳から出土したヒノキは 203〜211 年に伐採されたことなどがある．一定の割合 a で年輪の数が増え，年輪数で置き換えた時刻 t において，木の中心から半径 $r(t)$ のところまで成長したとする．

(1) $r(t)$ の満たす微分方程式を導け．
(2) 一般解を求めよ．
(3) 初期条件 $r(0) = 0$ を満たす特解を求めよ．

【2】空気には粘性があり，地表面から測った高度 z における風速 $v(z)$ が変化すれば，水平面内でせん断応力 τ が発生する．高さ方向に風速が変化する割合は $\dfrac{dv}{dz}$ と表せるので，ρ を空気の密度，K を渦動粘性係数とすると，$\tau = K\rho \dfrac{dv}{dz}$ となる．ここで，渦動粘性係数は地表面からの距離 z に比例すると考えられるので，比例係数を k とすれば，$K = kz$ と書ける．

(1) $v(10) = 1$ として，$v(z)$ を z の関数として表せ．

(2) $v(z)$ は，z が大きいところでは実測値によく合うことが知られているが，z が小さなところでは使えない．その理由を述べよ．

【3】指数関数的に増大する現象は，マルサスの人口法則など1階微分方程式 $\dot{y} = ky$（k は正の定数）で記述されることが多い．

(1) 上式を変更して，$\dot{y} = ky^\alpha$（$\alpha \neq 1$）で記述するとしよう．α の値によって，どのように挙動が変わるかを調べ，この微分方程式が実際の現象を表わすモデルとして適切かどうかを検討せよ．

(2) 演習問題 [2] に示した二酸化炭素排出量が $\dot{y} = ky^\alpha$ で記述できるかどうかを検討しよう．データに，$y = a(-t+b)^{-c}$ を当てはめると，図の実線で示すように，$y = 3.1 \times 10^{10}(-t + 200)^{-2}$ となった．これが満たす1階微分方程式を導き，α の値を求めよ．

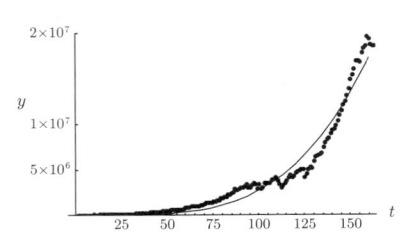

【4】1960年から1995年までの国民総生産を表3.3に示す．データが，ロジスティック方程式 $\dot{y} = ay\left(1 - \dfrac{y}{b}\right)$ で予測できるか検討せよ．特に，$t \to \infty$ としたときの値を求め，1995年以降の実際の国民総生産，たとえば，2005年の値と比較せよ（総務省統計局ホームページなどで調べよ）．

表 3.3 国民総生産の変化

年代	国民総生産（10億）
1960	16681
1965	33765
1970	75299
1975	152362
1980	245547
1985	324290
1990	438816
1995	488523

【5】図に示すように，高さが L，底面の半径が R の三角錐を逆さまにしたコーヒードリップに，コーヒーが満たされている．三角錐の頂点には，R に比べ無視できる小さな半径の孔が開いている．孔からコーヒーが出る速度は，孔からの液面までの高さの平方根に比例する．コーヒーがすべて出るまでの時間を求めよ．

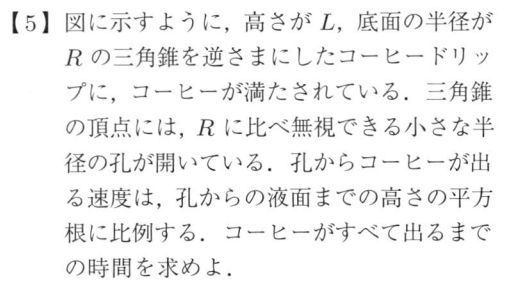

ヒント：孔から高さ x での断面の半径は $\dfrac{R}{L}x$ で，体積は $\dfrac{\pi}{3}\left(\dfrac{R}{L}x\right)^2 x$ である．

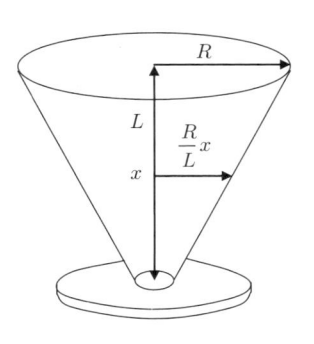

【6】二つの物質 A, B があり，A の1個の分子が B の1個の分子と結合して物質 C の1個の分子が生成される．その割合は，その時点での A, B の量に比例する．比例係数は速度係数で，k とする．初めに A が a モル，B が b モルあり，C はない

とする．ただし，$a \neq b$ とする．
(1) 時刻 t における物質 C のモル数を $y(t)$ として，y の満たす微分方程式と，初期条件を満たす特解を求めよ．
(2) $a > b$ の場合，$t \to \infty$ での y の値を求め，その値について考察せよ．
(3) $k = 0.5, a = 2, b = 1$ として，y の解曲線を描け．
ヒント：時刻 t で物質 C が生成される割合は，$(a-y)(b-y)$ に比例する．

【7】ジェット推進はイカ，タコなどの軟体動物の移動する手段として利用されている．ジェット推進の機構を参考に，質量 m のイカが時刻 t における速度 $v(t)$ の満たす微分方程式を導き，その解を求めよう．イカは δt 時間内に，速度 u で質量 δm_J の水を v と反対方向に一気に噴出口から吐き出し，その反作用として推進力 F を得る．F は，ニュートンの運動方程式より，δt 間のモーメントの差として，

$$\begin{aligned} F &= \lim_{\delta t \to 0} \frac{(m - \delta m_J)(v + \delta v) + \delta m_J(-u) - mv}{\delta t} \\ &= \lim_{\delta t \to 0} \left(m\frac{\delta v}{\delta t} - (u+v)\frac{\delta m_J}{\delta t} - \frac{\delta m_J}{\delta t}\delta v \right) \\ &= m\frac{dv}{dt} - (u+v)\frac{dm_J}{dt} \end{aligned}$$

と表せる（右辺第 2 式の最後の項は $\delta t \to 0$ で 0 となることに注意）．イカが δm_J だけ水を吐き出せば，その分だけイカの質量 m は減ることになるので，$\dot{m}_J = -\dot{m}$ が成り立つ．
(1) v の満たす微分方程式を導け．
(2) $c = u + v$ は噴出する水のイカから見た相対速度を表すが，これを一定と仮定して一般解を求めよ．
(3) $m = m_0 e^{-at}$ と仮定する．ここで，m_0, a は正の定数である．初速度を $v(0) = 0$ として，v を t の関数として表せ．
(4) 質量および速度の比例する抵抗 γmv が働くと仮定して，イカの最終的な速度 v_{final} を求めよ．

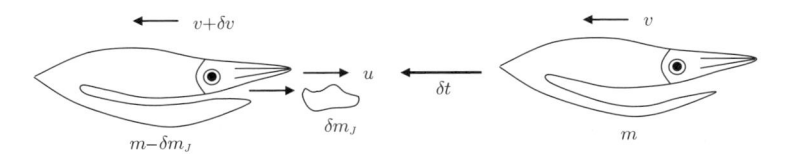

第4章

1階線形微分方程式

本章は，微分方程式の中でも基本的かつ実際にもよく使われる1階線形微分方程式，およびそれに関連する微分方程式の一般解を求める方法を与える．解を求める方法として，定数変化法，変数分離法，積分因子法が知られている．これらの方法は，1階線形微分方程式以外の多くの微分方程式にも役立つ．

4.1 斉次方程式と非斉次方程式

1階線形微分方程式 (1.17) で，$r(x) = 0$ とした方程式を**斉次方程式**といい，$r(x) \neq 0$ の方程式を**非斉次方程式**という．まとめると，

$$\text{非斉次方程式}: \frac{dy}{dx} + p(x)y = r(x) \tag{4.1}$$

$$\text{斉次方程式}\quad : \frac{dy}{dx} + p(x)y = 0 \tag{4.2}$$

である．ここで，$p(x), r(x)$ は x の任意の関数で，$r(x)$ は**非斉次項**と呼ばれている．斉次方程式の一般解を**斉次解**という．あるいは，**余関数**，**補関数**と呼ぶこともある．

斉次方程式は y の1次式になっているので，$y \to \lambda y$ (λ は任意の定数) と変換しても方程式は変わらない．したがって，同次であるので，斉次方程式を**同次方程式**という場合もある（式 (3.42) を参照）．一方，非斉次方程式は同次でないので**非同次方程式**といい，このため，$r(x)$ を**非同次項**と呼ぶことがある．

放射性物質の崩壊過程，マルサスの人口法則，ニュートンの冷却法則，銀行預金，電気回路など，1階線形微分方程式で記述される例は多い．

4.2 一般解の求め方

（A） 斉次方程式の解

非斉次方程式の解は斉次方程式の一般解を用いて求めることができる．まず，斉次解の求め方を示す．

斉次方程式は変数分離型の微分方程式になっているので，変数分離法が適用できる．式 (4.2) を $\frac{1}{y}dy = -p(x)dx$ と書き直し，積分すれば，$\log|y| = -\int p(x)dx + C'$ を得る．これから，斉次解は，

$$y = C\exp\left(-\int p(x)dx\right)$$
$$\equiv Cy_0(x) \tag{4.3}$$

と表せる．ここで，$c = e^{C'}$ として積分定数を改めた．また，以降，何度も使うことになるので，

$$y_0 = \exp\left(-\int p(x)dx\right) \tag{4.4}$$

を定義した．これは式 (4.3) で $C = 1$ とした斉次方程式の特解であり，$y_0' + p(x)y_0 = 0$ を満たす．最も簡単な例として，$p(x) = k$ と定数で与えられる場合は，$y_0 = e^{-kx}$ である．

非斉次方程式の一般解は，斉次解を利用して求めることができ，その方法によって，**定数変化法**，**変数分解法**，**積分因子法**に分けることができる．いずれの方法もよく用いられ，しかも 1 階線形微分方程式以外にも利用できる場合があるので，丁寧に説明しておく．

（B） 定数変化法

式 (4.3) で積分定数 C を未知の関数 $C(x)$ で置き換え，非斉次方程式の一般解を求めるのが**定数変化法**である．非斉次方程式の一般解を，

$$y = C(x)y_0(x) \tag{4.5}$$

と仮定する．これを式 (4.1) に代入すると，$C'y_0 + Cy_0' + Cp(x)y_0 = r(x)$ となる．これに $y_0' + p(x)y_0 = 0$ を代入すると，$C(x)$ の満たすべき微分方程式として，

$$y_0(x)\frac{dC}{dx} = r(x) \tag{4.6}$$

を得る．これを解くために変数分離法を適用する．$dC = \dfrac{r(x)}{y_0(x)}dx$ と書き換えて積分すると，式 (4.6) の一般解は，

$$C(x) = K + \int \frac{r(x)}{y_0(x)} dx \tag{4.7}$$

となる．ここで，K は任意の定数である．これを式 (4.5) に代入すれば，非斉次方程式の一般解は，定数 K を改めて C とすると，

$$\begin{aligned} y &= y_0(x)\left(C + \int \frac{r(x)}{y_0(x)}dx\right) = Cy_0(x) + y_0(x)\int \frac{r(x)}{y_0(x)}dx \\ &= Ce^{-\int p(x)dx} + e^{-\int p(x)dx}\int e^{\int p(x)dx} r(x)dx \end{aligned} \tag{4.8}$$

と表せる．任意の定数が1個で，微分方程式の階数に等しいので，これが非斉次方程式 (4.1) の一般解である．

$p(x) = k$ と定数で与えられる場合，$y_0 = e^{-kx}$ であったので，

$$y = e^{-kx}\left(C + \int e^{kx} r(x)dx\right) \tag{4.9}$$

である．

式 (4.8) は二つの項からなり，任意定数を含む右辺第1項 $Cy_0(x)$ は斉次解である．第2項の $y_0(x)\displaystyle\int \frac{r(x)}{y_0(x)}dx$ は，一般解 (4.8) で $C = 0$ とおいて得られるので，**特解**である．したがって，1階線形微分方程式 (4.1) の一般解は，

$$\text{一般解} = \text{斉次解} + \text{特解} \tag{4.10}$$

と表せる．このように，一般解が斉次解と特解の和として表せるのは，1階線形微分方程式に限ったことではなく，一般の線形微分方程式についてもいえる．

積分定数は初期値を与えると決まる．初期条件が $x = x_{init}$ で $y(x_{init}) = y_{init}$ の場合，不定積分を用いた式 (4.8) よりも定積分を用いた方が便利なことが多い．式 (4.8) の代わりに，非斉次方程式の一般解を，

$$y = Cy_0(x) + y_0(x)\int_{x_{init}}^{x} \frac{r(\xi)}{y_0(\xi)} d\xi \tag{4.11}$$

と表そう．この場合，$x = x_{init}$ では特解（右辺第2項）の値は0となるので，$y(x_{init}) = Cy_0(x_{init})$ である．これから，積分定数は $C = \dfrac{y_{init}}{y_0(x_{init})}$ と決まる

ので，初期値問題の解は，

$$y = \frac{y_{init}}{y_0(x_{init})}y_0(x) + y_0(x)\int_{x_{init}}^{x}\frac{r(\xi)}{y_0(\xi)}d\xi \tag{4.12}$$

となる．初期条件が与えられている場合は，式(4.8)よりもこの式の方が便利である．

$p(x) = k$ と定数で与えられる場合について，初期条件 $y(x_{init}) = y_{init}$ のもとでの初期値問題の解を与えておく．$y_0 = e^{-kx}$ で，$y_0(x_{init}) = e^{-kx_{init}}$ から，

$$y = y_{init}e^{-k(x-x_{init})} + e^{-kx}\int_{x_{init}}^{x}e^{k\xi}r(\xi)d\xi \tag{4.13}$$

となる．

以上のことをまとめると，式(4.8)は非斉次方程式の一般解，式(4.12)は初期条件 $y(x_{init}) = y_{init}$ のもとでの解である．

例　題

放射性物質の崩壊過程において，時刻 t にまだ崩壊していない物質の量を $y(t)$ とする．単位時間当たりの崩壊量を by（$b > 0$ は崩壊定数）とし，絶えず一定の割合 q で供給されている．このとき，$\dot{y} + by = q$ が成り立つ．
(1) 斉次解を求めよ．　　　　　　(2) 非斉次方程式の一般解を求めよ．
(3) $t \to \infty$ としたとき，y の値を求めよ．

解答
(1) 独立変数は t，従属変数は y で，$p(t) = b, r(t) = q$．斉次方程式 $\dot{y} + by = 0$ の斉次解は $y_0 = \exp\left(-\int b dt\right) = e^{-bt}$ を用いて，Cy_0 と表せる．
(2) 非斉次方程式の一般解は $y = e^{-bt}\left(C + \int e^{bt}q dt\right) = Ce^{-bt} + \dfrac{q}{b}$．
(3) $\dfrac{q}{b}$．

ここで，1階微分方程式の解に関するいくつかの特徴を述べる．一般解(4.8)で $C = 0$ とおいて得られる $y_p = y_0(x)\int\dfrac{r(x)}{y_0(x)}dx$ は特解である．式(4.10)に示すように，一般解は斉次解と特解の和として表せたが，y_p は標準的な特解である．しかし，これは特解の一つに過ぎず，$y_0 + y_p$ もまた特解であり，特解は無数に存在する．その理由は，任意の定数を K として，$Ky_0 + y_p$ も特解になるからである．なぜなら，$y_0' + p(x)y_0 = 0$, $y_p' + p(x)y_p = r(x)$ が成り立つので，$(Ky_0 + y_p)' + p(x)(Ky_0 + y_p) = r(x)$ から，$Ky_0 + y_p$ は特解であること

が分かる．

非斉次項が異なる微分方程式を考える．y_1, y_2 をそれぞれ，

$$\begin{cases} \dfrac{dy}{dx} + p(x)y = r_1(x) \\ \dfrac{dy}{dx} + p(x)y = r_2(x) \end{cases} \quad (4.14)$$

の特解とすると，$y_1 + y_2$ は，

$$\frac{dy}{dx} + p(x)y = r_1(x) + r_2(x) \quad (4.15)$$

の特解になる．なぜなら，式 (4.14) の両方程式を足し合わせると，$(y_1 + y_2)' + p(x)(y_1 + y_2) = r_1(x) + r_2(x)$ となるからである．この性質を**重ね合わせの原理**と呼ぶ．式 (4.14) の標準的な特解は，それぞれ $y_{p1} = y_0(x) \int \dfrac{r_1(x)}{y_0(x)} dx$，$y_{p2} = y_0(x) \int \dfrac{r_2(x)}{y_0(x)} dx$ であったので，式 (4.15) の特解は $y_{p1} + y_{p2}$ で，一般解は，$y = Cy_0(x) + y_{p1} + y_{p2}$ と表せる．実際，

$$\begin{aligned} y &= Cy_0(x) + y_0(x) \int \frac{r_1(x) + r_2(x)}{y_0(x)} dx \\ &= Cy_0(x) + y_{p1} + y_{p2} \end{aligned} \quad (4.16)$$

である．もっとも，他の特解でも構わないので，このようなとり方以外の選択も可能である（例題を参照）．

重ね合わせの原理が成り立つのは線形微分方程式の場合に限られる．たとえば，同じ金利で二つの銀行に預金している場合，預金の合計は両者の和になる．

例 題

$y' + 2y = 1 + e^{-2x}$ に関して，以下の問いに答えよ．
(1) $y' + 2y = 1$ および $y' + 2y = e^{-2x}$ の特解を求めよ．
(2) 一般解を求めよ．

解答
(1) $y' + 2y = 1$ の斉次解は $y_0 = e^{-2x}$ を用いて表せる．特解は $e^{-2x} \int \dfrac{1}{e^{-2x}} dx = \dfrac{1}{2}$（$y' = 0$ とおくと，特解が $\dfrac{1}{2}$ であることは直ちに分かる．非線形微分方程式の場合，特解を見つけるのは容易でないが，この例が示すように，$y' = 0$ とおくと見つかることがある）．$y' + 2y = e^{-2x}$

の特解は $e^{-2x}\int \dfrac{e^{-2x}}{e^{-2x}}dx = xe^{-2x}$.

(2) $y' + 2y = 1 + e^{-2x}$ の特解は重ね合わせの原理から，(1) で求めた特解を足し合わせた $\dfrac{1}{2} + xe^{-2x}$. したがって，一般解は $y = Ce^{-2x} + \dfrac{1}{2} + xe^{-2x}$.

(C) 変数分離法

式 (4.5) から推察されるように，非斉次方程式 (4.1) の一般解を，始めから二つの未知関数，$u(x), v(x)$ の積として，

$$y = u(x)v(x) \tag{4.17}$$

と表すのが**変数分離法**である．$y' = u'v + uv'$ を式 (4.1) に代入すると，

$$\left(\frac{du}{dx} + p(x)u\right)v + u\frac{dv}{dx} = r(x) \tag{4.18}$$

を得る．ここで，u を，

$$\frac{du}{dx} + p(x)u = 0 \tag{4.19}$$

を満たすように選ぶと，v は，

$$\frac{dv}{dx} = \frac{r(x)}{u(x)} \tag{4.20}$$

にしたがうことになる．

u を式(4.19) のように選ぶことは，斉次解を求めていることに他ならず，その一般解は，

$$\begin{aligned}u(x) &= C_1 \exp\left(-\int p(x)dx\right) \\ &= C_1 y_0(x)\end{aligned} \tag{4.21}$$

と表せる．また，式 (4.20) は式 (4.6) と等価で，その一般解は，

$$v(x) = \frac{1}{C_1}\int \frac{r(x)}{y_0(x)}dx + C_2 \tag{4.22}$$

である．したがって，非斉次方程式の一般解は，

$$y = C_1 y_0(x) \left(\frac{1}{C_1} \int \frac{r(x)}{y_0(x)} dx + C_2 \right)$$
$$= C_1 C_2 y_0(x) + y_0(x) \int \frac{r(x)}{y_0(x)} dx \qquad (4.23)$$

となる．ここで，$C = C_1 C_2$ とおけば，式 (4.8) になる．

変数分離法は，その形を変えて各種の微分方程式，たとえば，偏微分方程式などに応用できる．一つ例をあげると，熱伝導方程式 (1.13) は $T(t,x) = u(t)v(x)$ のように変数を分離した解をもつ．

例　題

$y' + xy = (1+x)e^x$ に関して，以下の問いに答えよ．
(1) 斉次解を求めよ．　　　　　(2) 一般解を求めよ．

解答
(1) 斉次方程式 $y' + xy = 0$ の斉次解は $Ce^{-\frac{x^2}{2}}$．
(2) $y_0 = e^{-\frac{x^2}{2}}$ とおく．一般解を $y(x) = y_0(x)v(x)$ とおき，微分方程式に代入すると，$v'y_0 + v(y_0' + xy_0) = (1+x)e^x$．これに斉次方程式 $y_0' + xy_0 = 0$ を代入すると，$v'y_0 = (1+x)e^x$．これから，$v = \int (1+x)e^{x+\frac{x^2}{2}} dx = e^{x+\frac{x^2}{2}} + C$ が導かれるので，一般解は $y = y_0 \left(C + e^{x+\frac{x^2}{2}} \right) = Ce^{-\frac{x^2}{2}} + e^x$．

(D)　積分因子法

1 階線形微分方程式で，簡単に解が求まるのは，適当な関数 $A(x)$, $B(x)$ があって，

$$\frac{d}{dx}(A(x)y) = B(x) \qquad (4.24)$$

のように書ける場合である．実際，

$$y = \frac{1}{A(x)} \left(\int B(x) dx + C \right) \qquad (4.25)$$

とするだけで一般解が得られる．

積分因子法とは，微分方程式 (4.1) を式 (4.24) のような形に変換する方法である．第 3 章で，完全形でない微分方程式を，方程式全体にある関数をかけて完全微分方程式に変換することで，一般解を求める方法を示した（第 3 章の演習問題 [7] を参照）．この方法を利用するのが積分因子法である．

積分因子を $\mu(x)$ として，式 (4.1) が式 (4.24) の形に変換できるように決め

る．式 (4.1) に $\mu(x)$ をかけ，

$$\mu(x)\frac{dy}{dx} + \mu(x)p(x)y = \mu(x)r(x) \tag{4.26}$$

とする．この左辺を式 (4.24) の左辺，$(Ay)' = Ay' + A'y$ と比べると，

$$\begin{cases} \mu(x) = A(x) \\ \mu(x)p(x) = A'(x) \\ \mu(x)r(x) = B(x) \end{cases} \tag{4.27}$$

となればよいことが分かる．第 1 式と第 2 式から A を消去すれば，積分因子は，

$$\frac{d\mu}{dx} = p(x)\mu \tag{4.28}$$

を満たさなければならない．つまり，

$$\mu = \exp\left(\int p(x)dx\right) \tag{4.29}$$

である．ここで，積分定数を 1 としているのは，式 (4.26) から分かるように，μ を定数倍しても変わらないからである．

式 (4.27) の第 1 式の $\mu = A$ と第 3 式の $\mu r(x) = B$ を，式 (4.24) に代入すれば，

$$\frac{d}{dx}(\mu y) = \mu r(x) \tag{4.30}$$

を得る．これから $\mu y = \int \mu r(x)dx + C$ となるので，整理すれば，非斉次方程式 (4.1) の一般解は，

$$y = \frac{1}{\mu(x)}\left(C + \int \mu(x)r(x)dx\right) \tag{4.31}$$

と表せる．式 (4.4) と式 (4.29) を比べると，$\mu = \dfrac{1}{y_0}$ の関係があるので，上式は式 (4.8) に等しい．

4.3 1 階線形微分方程式に変換できる微分方程式

ある種の微分方程式は，1 階線形微分方程式に変換できる場合がある．特に，以下にとり上げる非線形微分方程式は実用的にも重要である．

（A） ベルヌーイの微分方程式

ベルヌーイの微分方程式は，

$$\frac{dy}{dx} + p(x)y = r(x)y^n \tag{4.32}$$

のような形をした1階非線形微分方程式である．ただし，$n \neq 1$ とする（$n=1$ とすると，1階線形微分方程式になる）．従属変数を，

$$u = y^{1-n} \tag{4.33}$$

と変換する．$u' = (1-n)y^{-n}y'$ を式 (4.32) に代入すると，

$$\frac{du}{dx} + (1-n)p(x)u = (1-n)r(x) \tag{4.34}$$

となる．ここで，

$$u_0 = \exp\left(-(1-n)\int p(x)dx\right) \tag{4.35}$$

とすると，斉次解は $Cu_0(x)$ と表せるので，一般解は，式 (4.8) より，

$$u = Cu_0(x) + u_0(x)\int \frac{(1-n)r(x)}{u_0(x)}dx \tag{4.36}$$

である．式 (4.33) を用いて，もとの変数に戻すと，

$$y = \left(Cu_0(x) + u_0(x)\int \frac{(1-n)r(x)}{u_0(x)}dx\right)^{\frac{1}{1-n}} \tag{4.37}$$

となる．

一つ応用例を述べる．飽和する人口の変動を記述する**ロジスティック方程式**は，

$$\frac{dy}{dt} = ay\left(1 - \frac{y}{b}\right) \tag{4.38}$$

であった．変数分離法でも解ける微分方程式である．これを式 (4.32) と比較すると，$p(t) = -a, r(t) = -\dfrac{a}{b}$ で，$n=2$ のベルヌーイの微分方程式と見なせる．式 (4.33) にしたがって，従属変数を，

$$u = \frac{1}{y} \tag{4.39}$$

と変換すれば，式 (4.34) は，

$$\frac{du}{dt} + au = \frac{a}{b} \tag{4.40}$$

となる．斉次解は $u_0 = e^{-at}$ から得られるので，一般解は，式 (4.36) より，

$$\begin{aligned}u &= C'e^{-at} + \frac{a}{b}e^{-at}\int \frac{1}{e^{-at}}dt \\ &= C'e^{-at} + \frac{1}{b}\end{aligned} \tag{4.41}$$

と表されるので，もとの変数に戻すと

$$y = \frac{b}{1+Ce^{-at}} \tag{4.42}$$

となる．ここで，$C = bC'$ とおいた．

例 題

(1) $y' + y = y^3 \sin x$ を解け．
(2) 図のように，ある曲線の任意の点 $P(x,y)$ における接線が y 軸と交わる点を T として，PT を直径とする円が常に x 軸上の点 $F(a,0)$ を通るような曲線を求めよ．a は定数である．

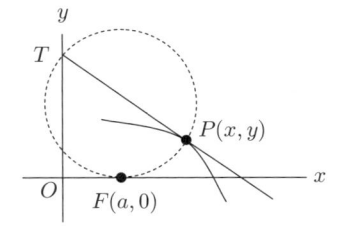

解答

(1) $p(x) = 1$, $r(x) = \sin x$, $n = 3$ のベルヌーイの微分方程式である．$u = y^{-2}$ と変換すると，$u' - 2u = -2\sin x$．$u' - 2u = 0$ の解 $u_0 = e^{2x}$ を用いると，u に対する一般解は，式 (4.36) より，$u = Ce^{2x} - 2e^{2x}\int e^{-2x}\sin x dx = Ce^{2x} + \frac{2}{5}(\cos x + 2\sin x)$．したがって，一般解は $y = \pm\left(Ce^{2x} + \frac{2}{5}(\cos x + 2\sin x)\right)^{-\frac{1}{2}}$．

(2) $P(x,y)$ を通る接線の方程式は $Y - y = y'(X - x)$ となるので，T の座標は $(0, y - xy')$．直線 FP と FT は直交し，傾きはそれぞれ $\frac{y}{x-a}$, $\frac{xy'-y}{a}$．したがって，$\frac{xy'-y}{a}\frac{y}{x-a} = -1$, つまり，$n = -1$ のベルヌーイの微分方程式，$y' - \frac{1}{x}y = -\frac{a(a-x)}{x}\frac{1}{y}$ を得る．$u = y^2$ と変換すると，$\frac{du}{dx} - \frac{2}{x}u = -\frac{2a(a-x)}{x}$．斉次解は $u_0 = x^2$ で表せるので，一般解

は $u = Cx^2 - x^2 \int \dfrac{2a(a-x)}{x^3} dx = Cx^2 + a^2 - 2ax$. もとの変数では $y^2 = Cx^2 + a^2 - 2ax$.

(B) リッカチの微分方程式

次に，ベルヌーイの微分方程式に関連する**リッカチの微分方程式**，

$$\frac{dy}{dx} = p(x)y^2 + q(x)y + r(x) \tag{4.43}$$

をとり上げる．いま，一つの特解が分かっているとして，それを $y_p(x)$ とする．y_p は，

$$\frac{dy_p}{dx} = p(x)y_p^2 + q(x)y_p + r(x) \tag{4.44}$$

を満たす．非線形微分方程式では特解を見つける一般的な方法はないが，$p(x)$, $q(x)$, $r(x)$ がそれぞれ，定数 p, q, r である場合，すでに述べたように，$y_p' = 0$ とおいて得られる2次方程式，

$$py_p^2 + qy_p + r = 0 \tag{4.45}$$

の一つの解を特解とする．根拠となっている一つの理由は，式 (4.43) の解が，x が大きいところで，$y' = 0$ となるような値に近づくことが予想されることで，この場合には特に有用である．

いま，一般解を，

$$y = y_p(x) + v(x) \tag{4.46}$$

と表すと，式 (4.43) は $y_p' + v' = p(x)(y_p + v)^2 + q(x)(y_p + v) + r(x)$ となり，この式に式 (4.44) を代入すると，$n = 2$ のベルヌーイの微分方程式，

$$\frac{dv}{dx} = (2y_p(x)p(x) + q(x))v + p(x)v^2 \tag{4.47}$$

を得る．ベルヌーイの微分方程式の一般解は式 (4.37) で与えた．

$n = 2$ なので，従属変数を

$$u = \frac{1}{v} \tag{4.48}$$

と変換すると，式 (4.47) は1階線形微分方程式，

$$\frac{du}{dx} + (2y_p(x)p(x) + q(x))u = -p(x) \tag{4.49}$$

になる．斉次解は式 (4.35) より，

$$u_0 = \exp\left(-\int (2y_p(x)p(x) + q(x))dx\right) \tag{4.50}$$

を用いて表せるので，一般解は，式 (4.36) より，

$$u = u_0(x)\left(C - \int \frac{p(x)}{u_0(x)}dx\right) \tag{4.51}$$

となる．式 (4.46) と式 (4.51) から，もとの変数に戻すと，

$$y = y_p(x) + \frac{1}{u_0(x)\left(C - \int \frac{p(x)}{u_0(x)}dx\right)} \tag{4.52}$$

となる．なお，ロジスティック方程式 (4.38) はリッカチの微分方程式の特別な例でもある．

リッカチの微分方程式の解が求められるどうかは，特解が見つけられるかどうかにかかっている．式 (4.45) に示した以外にも様々な求め方がある．ただし，一般的な方法はないので，経験がものをいうことになる（学生時代はできる限り多くの微分方程式を解く経験を積んでほしい）．

例 題

$y' = y^2 - xy + 1$ について，以下の問いに答えよ．
(1) 特解 x を用いて，ベルヌーイの微分方程式に変換せよ．
(2) 一般解を求めよ．

解答
(1) x が特解であることは微分方程式に代入すれば直ちに確認できる．$y = x + v$ とすると，ベルヌーイの微分方程式は $v' - xv = v^2$.
(2) $n = 2$ として，v の解は $v = \left(Ce^{-\frac{x^2}{2}} - e^{-\frac{x^2}{2}}\int^x e^{\frac{\xi^2}{2}}d\xi\right)^{-1}$. 一般解は
$y = x + \dfrac{e^{\frac{x^2}{2}}}{C - \int^x e^{\frac{\xi^2}{2}}d\xi}$.

(C) ラグランジュの微分方程式

ラグランジュの微分方程式，

$$y = xf\left(\frac{dy}{dx}\right) + g\left(\frac{dy}{dx}\right) \tag{4.53}$$

も 1 階線形微分方程式に変換できる（これは，クレロー方程式 (1.60) を拡張した微分方程式と見なせる．なお，運動方程式を導くラグランジュの方程式ではない）．ここで，$f(p), g(p)$ は，$p = y'$ の任意の関数である．式 (4.53) を x で微分して，p' の満たす方程式を導くと，

$$p = f(p) + xf'(p)\frac{dp}{dx} + g'(p)\frac{dp}{dx} \tag{4.54}$$

となるが，x と p の役割を交換して，独立変数を p，従属変数を $x(p)$ と見なして，$\dfrac{dx}{dp}$ について整理すると，

$$\frac{dx}{dp} - x\frac{f'(p)}{p - f(p)} = \frac{g'(p)}{p - f(p)} \tag{4.55}$$

となる．これは，$x(p)$ に関する 1 階線形微分方程式である．

一般解 $x(p)$ が求まると，それを式 (4.53) に代入すれば，p の関数として $y(p)$ が得られる．p をパラメータと考え，$x(p)$ と $y(p)$ から p を消去すれば，$y(x)$ に関する一般解を得られる（具体的な手順は以下の例題を参考にせよ）．

例 題

$y = 2xy' - ay'^3$ について，以下の問いに答えよ．ただし，a は定数とする．
(1) $p = y'$ として，x および y を p の関数として表せ．
(2) p を消去して $y(x)$ を求めよ．

解答
(1) 式 (4.53) と比較すると，$f(p) = 2p, g(p) = -ap^3$．式 (4.55) は $\dfrac{dx}{dp} + 2x\dfrac{1}{p} = 3ap$ となり，一般解は $x = \dfrac{3a}{4}p^2 + \dfrac{C}{p^2}$．これを微分方程式に代入すると $y = 2xp - ap^3 = \dfrac{3a}{2}p^3 + \dfrac{2C}{p} - ap^3 = \dfrac{a}{2}p^3 + \dfrac{2C}{p}$.

(2) x および y を p のパラメータ表示と考え，p を消去すれば y を x で表した一般解が得られる．結果だけを記すと，$(27ay^2 - 16x^3)y^2 + x(64x^3 - 144ay^2)C + 128ax^2C^2 + 64a^2C^3 = 0$.

4.4 応用例

（A） ニュートンの冷却法則

時刻 t において温度が $T(t)$ のある物質が温度 T_A の空気中におかれ，冷却

されている．ニュートンの冷却法則によると，$T(t)$ の満たす微分方程式は，

$$\frac{dT}{dt} = -k(T - T_A) \tag{4.56}$$

と表される（式 (2.7) を参照）．ここで，k は正の定数である．$\dot{T} + kT = kT_A$ として，式 (4.1) と比較すると，$p(t) = k$, $r(t) = kT_A$ である．斉次方程式 $\dot{T} + kT = 0$ の斉次解は，

$$T_0 = e^{-kt} \tag{4.57}$$

を用いて，CT_0 となるので，一般解は式 (4.8) より，

$$\begin{aligned}T &= Ce^{-kt} + e^{-kt}\int \frac{kT_A}{e^{-kt}}dt \\ &= Ce^{-kt} + T_A\end{aligned} \tag{4.58}$$

と表せる．初期条件を $T(0) = T_{init}$ とすると，$T_{init} = C + T_A$ より，積分定数は $C = T_{init} - T_A$ と定まる．これを式 (4.58) に代入すると，特解は，

$$T = (T_{init} - T_A)e^{-kt} + T_A \tag{4.59}$$

となる．$t \to \infty$ では，初期値に関係なく $T = T_A$ となる．

数値例を与える．$T_A = 300\,\mathrm{K}$ の空気中におかれた物質が，30 分で $T_{init} = 370\,\mathrm{K}$ から $340\,\mathrm{K}$ になったとする．このとき，式 (4.59) は $340 = 70e^{-30k} + 300$ となるので，これから定数 k は，$k = -\dfrac{1}{30}\log\dfrac{40}{70} = 0.0187$（単位：1/分）と決まる．初期温度から物質が冷却されていく様子を図 4.1 に示す．図中，黒点で示した値は，k を決めるために用いた温度である．

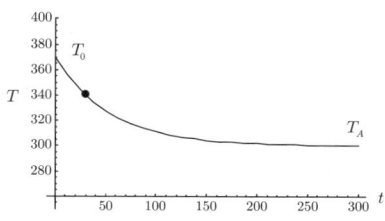

図 4.1 ニュートンの冷却法則にしたがう温度の変化

(B) 抵抗を受ける媒質中の落下

質量 m，密度 ρ の小さな球を水の中に沈める．時刻 t での球が降下する速度を $v(t)$ とすると，球は $v(t)$ に比例する抵抗を受ける．浮力を考慮すると，$v(t)$ の満たす微分方程式は，運動方程式から，

$$m\frac{dv}{dt} + kv = mg' \tag{4.60}$$

と表せる．ここで，$g' = \left(1 - \dfrac{1}{\rho}\right)g$ とおいた．k は比例係数，g は重力の加速度である．両辺を m で割り，式 (4.1) と比較すると，$p(t) = \dfrac{k}{m}$，$r(t) = g'$ である．斉次方程式 $\dot{v} + \dfrac{k}{m}v = 0$ の斉次解は，

$$v_0 = e^{-\frac{k}{m}t} \tag{4.61}$$

を用いて，Cv_0 と表せる．したがって，一般解は式 (4.8) より，

$$v = Ce^{-\frac{k}{m}t} + e^{-\frac{k}{m}t}\int \frac{g'}{e^{-\frac{k}{m}t}}dt = Ce^{-\frac{k}{m}t} + \frac{mg'}{k} \tag{4.62}$$

となる．これから，小球の速度が $\dfrac{mg'}{k}$ に達すると，この速度で降下する（正確には，$t = \infty$ でない限り $v = \dfrac{mg'}{k}$ とはならない）．初期条件を $v(0) = v_{init}$ とすると，$v_{init} = C + \dfrac{mg'}{k}$ より，積分定数は $C = v_{init} - \dfrac{mg'}{k}$ と決まる．これを式 (4.62) に代入すると，初期値問題の解として，

$$v = v_{init}e^{-\frac{k}{m}t} + \frac{mg'}{k}\left(1 - e^{-\frac{k}{m}t}\right) \tag{4.63}$$

を得る．

次に，降下速度の 2 乗に比例する抵抗を受けると仮定しよう．微分方程式は，式 (4.60) と同様に，$mv' + kv^2 = mg'$ となるので，両辺を m で割ると，

$$\frac{dv}{dt} = g' - \frac{k}{m}v^2 \tag{4.64}$$

が導かれる．変数分離法も適用できるが，ここでは式 (4.43) に示したリッカチの微分方程式と見なす．係数を比較すると，$p = -\dfrac{k}{m}$，$q = 0$，$r = g'$ である．リッカチの微分方程式の解法には一つの特解が必要であるが，ここでは，式 (4.45) にしたがって，

$$g' - \frac{k}{m}v^2 = 0 \tag{4.65}$$

の一つの解，$v_p = \sqrt{\dfrac{mg'}{k}}$ とする．この特解は式 (4.64) の定常解，つまり $\dot{v} = 0$ となる解であるが，このような特解のとり方はしばしば行うので覚えておきたい．いま，新しい変数 V を導入して，

$$v = \sqrt{\frac{mg'}{k}} + V \tag{4.66}$$

とおき，式 (4.64) に代入すると，$n = 2$ のベルヌーイの微分方程式，

$$\frac{dV}{dt} + 2\sqrt{\frac{kg'}{m}}V = -\frac{k}{m}V^2 \tag{4.67}$$

を得る．斉次解は式 (4.35) より $C\exp\left(2\sqrt{\frac{kg'}{m}}t\right)$ となるので，一般解は式 (4.37) から，

$$\begin{aligned}V &= \left(C\exp\left(2\sqrt{\frac{kg'}{m}}t\right) + \exp\left(2\sqrt{\frac{kg'}{m}}t\right)\int \exp\left(-2\sqrt{\frac{kg'}{m}}t\right)\frac{k}{m}dt\right)^{-1}\\ &= \left(C\exp\left(2\sqrt{\frac{kg'}{m}}t\right) - \frac{1}{2}\sqrt{\frac{k}{mg'}}\right)^{-1}\end{aligned} \tag{4.68}$$

と表せる．これを式 (4.66) に代入すると，

$$v = \sqrt{\frac{mg'}{k}} + \frac{1}{C\exp\left(2\sqrt{\frac{kg'}{m}}t\right) - \frac{1}{2}\sqrt{\frac{k}{mg'}}} \tag{4.69}$$

となる．これが，降下速度を表す一般式である．

初期条件を $v(0) = 0$ とすると，$0 = \sqrt{\frac{mg'}{k}} + \left(C - \frac{1}{2}\sqrt{\frac{k}{mg'}}\right)^{-1}$ より，積分定数は $C = -\frac{1}{2}\sqrt{\frac{k}{mg'}}$ と定まる．したがって，初期条件を満たす特解は，

$$v = \sqrt{\frac{mg'}{k}}\frac{\exp\left(2\sqrt{\frac{kg'}{m}}t\right) - 1}{\exp\left(2\sqrt{\frac{kg'}{m}}t\right) + 1} = \sqrt{\frac{mg'}{k}}\tanh\left(\sqrt{\frac{kg'}{m}}t\right) \tag{4.70}$$

である．

数値例を与える．最終速度はリッカチの微分方程式の特解で，$v_p = \sqrt{\frac{mg'}{k}}$ であった．最終速度が $10\,\mathrm{m/s}$ であったとすると，$\sqrt{mg'} = 10\sqrt{k}$ となる．これを式 (4.70) に代入すると，$v = 10\tanh\left(\frac{g'}{10}t\right)$ となる．ρ が大きいとして $g' = 9.8\,\mathrm{m/sec^2}$ と近似すると，$v = 10\tanh(0.98t)$ を得る．図 4.2 に，このようにして求めた小

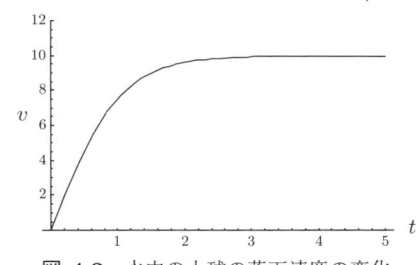

図 4.2 水中の小球の落下速度の変化

球の落下速度の変化を示した．落下し始めて 3 秒くらいで速度は変化しなくなる．

（C） 電気回路

直流電源 E，インダクタンス L，抵抗 R からなる電気回路を考える（図 2.15 を参照）．時刻 t において回路に流れる電流を $i(t)$ とすると，i の満たす微分方程式は，$L\dot{i} + Ri = E$ である（式 (2.64)）．これを，

$$\frac{di}{dt} + \frac{R}{L}i = \frac{E}{L} \tag{4.71}$$

と書き直す．斉次方程式 $\dot{i} + \frac{R}{L}i = 0$ の斉次解は，

$$i_0 = e^{-\frac{R}{L}t} \tag{4.72}$$

を用いて，Ci_0 と表される．したがって，一般解は式 (4.8) より，

$$i = e^{-\frac{R}{L}t}\left(C + \int e^{\frac{R}{L}t}\frac{E}{L}dt\right) = Ce^{-\frac{R}{L}t} + \frac{E}{R} \tag{4.73}$$

となる．

初期条件を $i(0) = i_{init}$ とすると，$i_{init} = C + \frac{E}{R}$ より，積分定数は $C = i_{init} - \frac{E}{R}$ と決まる．これを式 (4.73) に代入すると，特解は，

$$i = \left(i_{init} - \frac{E}{R}\right)e^{-\frac{R}{L}t} + \frac{E}{R} \tag{4.74}$$

となる．i_{init} から変化し始めた電流は，指数関数的に減衰して，$\frac{E}{R}$ に近づく．

次に，正弦波で表される交流電源 $E\sin(\omega t)$ の場合を考える．ここで，E, ω は定数である．この場合，i の満たす微分方程式は，

$$\frac{di}{dt} + \frac{R}{L}i = \frac{E}{L}\sin(\omega t) \tag{4.75}$$

である．斉次解は直流電源の場合と同じで，$i_0 = e^{-\frac{R}{L}t}$ から決まる．したがって，一般解は，

$$\begin{aligned}i &= e^{-\frac{R}{L}t}\left(C + \int e^{\frac{R}{L}t}\frac{E}{L}\sin(\omega t)dt\right) \\ &= Ce^{-\frac{R}{L}t} + \frac{E}{R^2 + (L\omega)^2}(R\sin(\omega t) - \omega L\cos(\omega t))\end{aligned} \tag{4.76}$$

と表される．

初期条件を $i(0) = 0$ とすると，$0 = C - \dfrac{E}{R^2+(L\omega)^2}\omega L$ より，積分定数は $C = \dfrac{\omega LE}{R^2+(L\omega)^2}$ となる．したがって，特解は，

$$i = \frac{\omega LE}{R^2+(L\omega)^2}e^{-\frac{R}{L}t} + \frac{E}{R^2+(L\omega)^2}(R\sin(\omega t) - \omega L\cos(\omega t)) \tag{4.77}$$

となる．

図 4.3 に，$E = 1$, $\omega = 1$, $L = 2$, $R = 0.25$ と設定した場合の i のグラフを示す．初期の段階では，上式の第1項で表される過渡的な現象が残るが，それ以降は特解で表される定常電流になる．

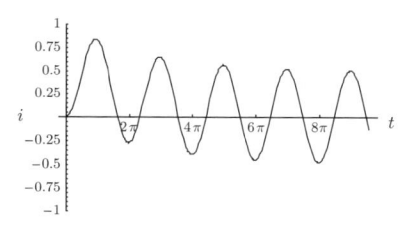

図 4.3 交流電源のある LR 回路の動特性

(D) 広告の影響

広告が売上高に及ぼす効果を調べる．時刻 t におけるある商品の売上高を $S(t)$ とする．広告を行わなければ販売速度は減少するが，その割合を k とする．どのような商品でも売上には限界があり，その値を S_m とする．まだこの商品を買っていない人に対して広告が購買を促すと仮定し，A を広告による普及率を表す正の係数とする．以上の仮定から，S の満たす微分方程式は1階で，$\dot{S} = -kS + A(S_m - S)$ と表せる（式 (2.84)）．整理すると，

$$\frac{dS}{dt} + (k+A)S = AS_m \tag{4.78}$$

となる．広告はある一定期間に行われるとして，

$$A(t) = \begin{cases} a & ; \ 0 \le t \le T \\ 0 & ; \ T < t \end{cases} \tag{4.79}$$

とする．

初期条件を $S(0) = S_{init}$ として，まず，$0 \le t \le T$ の区間で解を求める．式 (4.78) の斉次方程式 $\dot{S} + (k+a)S = 0$ の斉次解は，

$$S_0 = e^{-(k+a)t} \tag{4.80}$$

を用いて表せるので，一般解は，

$$S = e^{-(k+a)t}\left(C + \int e^{(k+a)t}aS_m dt\right) = Ce^{-(k+a)t} + \frac{aS_m}{k+a} \tag{4.81}$$

である．初期条件から $S_{init} = C + \dfrac{aS_m}{k+a}$ となるので，積分定数は $C = S_{init} - \dfrac{aS_m}{k+a}$ と定まる．したがって，初期条件を満たす特解は，

$$S = \left(S_{init} - \frac{aS_m}{k+a}\right)e^{-(k+a)t} + \frac{aS_m}{k+a} \tag{4.82}$$

である．ここで，$t = T$ で評価すると，

$$S(T) = \left(S_{init} - \frac{aS_m}{k+a}\right)e^{-(k+a)T} + \frac{aS_m}{k+a} \tag{4.83}$$

である．

次に，$t > T$ の場合を考える．この区間では $A(t) = 0$ となるので，一般解は，

$$S = Ke^{-kt} \tag{4.84}$$

である．広告がないので売上は単調に減少する．$0 \leq t \leq T$ の解 (4.82) と $t > T$ の解 (4.84) は，$t = T$ において連続的につながらなければならないので，(4.83) と Ke^{-kT} は一致しなければならない．この条件から，積分定数は，

$$\left(S_{init} - \frac{aS_m}{k+a}\right)e^{-(k+a)T} + \frac{aS_m}{k+a} = Ke^{-kT} \tag{4.85}$$

から決まることになる．こうして，$t > T$ での特解は，

$$S = \left(\left(S_{init} - \frac{aS_m}{k+a}\right)e^{-(k+a)T} + \frac{aS_m}{k+a}\right)e^{-k(t-T)} \tag{4.86}$$

となる．広告と売上の変化の概略を図 4.4 に示す．

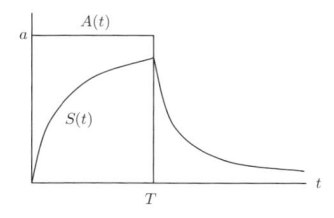

図 **4.4** 広告と売上

演習問題

[1] r, q を定数として，$\dot{M} = rM - q$ の一般解を以下の方法によって求めよ．
　　(1) 定数変化法，　　　(2) 変数分離法，　　　(3) 積分因子法

[2] 以下の微分方程式の一般解を求めよ．
　　(1) $y' + y = 1$ 　　　　　　　　　　(2) $y' + 3y = e^{-x}$
　　(3) $xy' + 2y = x$ 　　　　　　　　(4) $\dot{x} - x\tan t = \dfrac{t}{\cos t}$
　　(5) $(x^2 - 1)y' = 1 - 2xy$ 　　　(6) $3y\,dt = t(dt - dy)$
　　(7) $(x^2 + x + 1)y' + (2x + 1)y = 1$ 　(8) $\dot{x}\cos t + x\sin t = 1$
　　(9) $y' + x^2 y = x^2$ 　　　　　　(10) $(1 + t^2)\dot{y} + 2ty = t$

[3] 以下の初期値問題を解き，その解曲線を描け．
　　(1) $y' + y = \sin(3x),\ y(0) = 2$ 　　(2) $y' - \dfrac{3}{x}y = x^4 e^x,\ y(1) = 1$
　　(3) $x^2 y' + xy = x\cos x,\ y(\pi) = 1$ 　(4) $y' + y = \log x,\ y(0) = 1$

[4] 初期値問題 $y' + y = r(t),\quad y(0) = 1$ を解け．
　　ここで，$r(t) = \begin{cases} 2 & ;\ 0 \leq t \leq 1 \\ 0 & ;\ 1 < t \end{cases}$ とする．

[5] 以下に示すベルヌーイの微分方程式の一般解を求めよ．
　　(1) $y' + y - 2xy^2 = 0$
　　　ヒント：$n = 2$ で，$u = \dfrac{1}{y}$ と変換すると，$u' - u = -2x$ となる．
　　(2) $y' - \dfrac{1}{2x}y + \dfrac{1}{2}y^3 \cos x = 0$
　　　ヒント：$n = 3$ で，$u = \dfrac{1}{y^2}$ と変換すると，$u' + \dfrac{1}{x}u = \cos x$ となる．

[6] リッカチの微分方程式，$y' = a(1 - xy) - y^2$ に関して以下の問いに答えよ．ただし，a は定数である．
　　(1) $\dfrac{1}{x}$ が特解であることを示せ．
　　(2) $y = \dfrac{1}{x} + v$ として，v に対する微分方程式を導け．
　　(3) v に対する微分方程式の一般解を求めよ．
　　(4) もとの微分方程式の一般解を求めよ．
　　(5) 初期条件を $y(0) = 0$ とする特解を求めよ．
　　(6) $a = 1$ として，解曲線を描け．

[7] $y' + by^2 = cx^m$ は，$y = \dfrac{1}{bu}\dfrac{du}{dx}$ と変換すれば，$u'' - bcx^m u = 0$ となることを示せ．ただし，b, c は定数である．

[8] ベルヌーイの方程式 $y' + p(x)y = r(x)y^n$ は，$u = y^{1-n}$ と変換すれば，1 階線形微分方程式に変形できた．これを一般化して，$f(y)$ を y の任意の関数とすると，$f'(y)y' + p(x)f(y) = q(x)$ は，1 階線形微分方程式に変形できることを示せ．また，$e^y y' + e^y = \sin x$ を解け．

応用問題

【1】あるバクテリアは毒素がないとその数に比例して増加する．その比例係数を a とすると，時刻 t におけるバクテリア数 $N(t)$ は $\dot{N} = aN$ にしたがう．毒素が存在すると，バクテリア数と毒素数の両方に比例して減少する（比例係数を b とする）．一方，毒素は一定の速度 c で増加し，時刻 t における毒素数 $W(t)$ は $\dot{W} = c$ にしたがう．ただし，$W(0) = 0$ とする．
  (1) 毒素が存在する場合，$N(t)$ の満たす微分方程式は $\dot{N} = aN - bctN$ と表せることを示せ．また，一般解を求めよ．
  (2) バクテリアの数はある時刻で最大になる．その理由を説明せよ．また，その時刻を a, b, c を用いて表せ．
  (3) 初期条件 $N(0) = 10$，パラメータ $a = 2, b = 3, c = 1$ として解曲線を描け．

【2】質量 m の飛行機が推進力 T で飛行するとき，速度の2乗に比例する空気抵抗を受ける．ニュートンの運動方程式は $m\dot{v} = T - av^2$ である．
  (1) $T = 9m, a = m$ として，一般解を求めよ．ただし，変数分離法が適用できるが，リッカチの微分方程式と見なせ．
  (2) $t \to \infty$ の時の飛行機の速度を求めよ．

【3】時刻 t において，ある空間にいる $N(t)$ 匹のアリの集団を考える．単位時間当たり N に比例して増加し（比例定数を $k > 0$），同時に単位時間当たり a 匹がその空間から離れるとする．
  (1) N の満たす微分方程式は $\dot{N} = kN - a$ である．一般解を求めよ．また，初期値を $N(0) = N_{init}$ としたときの $t \to \infty$ での振舞いを検討せよ．
  (2) 空間にアリが密集してくると，単位時間当たり γN^2 に比例して減少する．ただし，γ は正の定数とする．N がしたがう微分方程式を導き，その一般解を求めよ．また，$t \to \infty$ での振舞いを考察せよ．
  ヒント：リッカチの微分方程式になるが，その特解は $\dot{N} = 0$ を満たす解である．つまり2次方程式の一つの解を選ぶ．ただし，$k^2 > 4a\gamma$ とする．
  (3) パラメータを $k = 2, a = 5, \gamma = 0.01$ として，初期値を $N(0) = 15$ とする．解曲線を描け．

【4】交流電源 $E = E_0 \sin(\omega t)$ （E_0, ω は定数），コンデンサ C，抵抗 R からなる電気回路を考える．電荷 q の満たす微分方程式は $R\dot{q} + \dfrac{1}{C}q = E_0 \sin(\omega t)$ である．
  (1) 一般解を求めよ．
  (2) 初期条件を $q(0) = 0$ とする特解を求めよ．

【5】ソローの経済成長モデルは，労働力1人当たりの資本蓄積量を y^* とすると，$\dot{y}^* + (n+d+g)y^* = sy^{*\alpha}$ $(0 < \alpha < 1)$ と表せる．ここで，s は貯蓄率，n は労働力の増加率，d は資本の消耗する割合，g は技術進歩の割合を表す定数である．y^* を日本の労働力1人当たりの実質 GDP として，以下の問いに答えよ．
  (1) ソローの経済成長モデルは，$n = \alpha$ のベルヌーイの方程式で，$u = y^{*1-\alpha}$ と変換すると，u は $\dot{u} + (1-\alpha)(n+d+g)u = (1-\alpha)s$ を満たすことを示せ．

(2) u に対する微分方程式を解き，y^* に対する一般解を求めよ．

(3) 初期値を $y^*(0) = y^*_{init}$ とする特解を求め，$t \to \infty$ で $y^*_s = \left(\dfrac{s}{n+g+d}\right)^{\frac{1}{1-\alpha}}$ に近づくことを示せ．

(4) 1965 年から 1995 年までの日本の実質 GDP から推定したパラメータは，$n = 0.011$, $g = 0.024$, $d = 0.048$, $s = 0.146$ である（文献 (27) を参照）．$\alpha = \dfrac{1}{3}$, $y^*_0 = 1$ (％) と設定して，解曲線を描け．また，定常値を求めよ．

(5) $y^{*\alpha}$ は労働者 1 人当たりのコブ・ダグラス型の生産関数であるが，y^* が労働者 1 人当たりの資本蓄積量であるので，$0 < \alpha < 1$ でなければならない．定常値 $y^*_s = \left(\dfrac{s}{n+g+d}\right)^{\frac{1}{1-\alpha}}$ は，$\alpha \to 1$ とすれば発散することになるが，(3) で求めた特解において，$\alpha \to 1$ とすればどのような挙動が見られるであろうか．また，$t \to \infty$ とした値を求めよ．

ヒント：$\lim\limits_{\varepsilon \to 0}(1+a\varepsilon)^{\frac{1}{\varepsilon}} = e^a$．

(6) ソローの経済成長モデルを導く仮定はどうも現状には合わないように思える．一つの要因は，労働力の増加率が一定値 n と仮定されている点である．つまり，$\dot{L} = nL$ としている．労働力がまだ大きくない場合，この仮定は成り立つが，ある水準の資本蓄積量 y^*_c に達すると L は変化しなくなる．すなわち，$\dot{L} = \begin{cases} nL & ; 0 < y^* \leq y^*_c \\ 0 & ; y^*_c < y^* \end{cases}$ である．したがって，経済成長モデルは，

$\begin{cases} \dot{y}^* + (n+d+g)y^* = sy^{*\alpha} & ; 0 < y^* \leq y^*_c \\ \dot{y}^* + (d+g)y^* = sy^{*\alpha} & ; y^*_c < y^* \end{cases}$ と表される．この場合の一般解を求め，$t \to \infty$ での値を求めよ．

【6】企業が広告予算を決定する問題は，広告費の総額を決めることと，どの商品にどのように配分するかを決めることである．ここでは，前者の広告費の総額に関する考察を行う．広告が売上高に及ぼす効果を定量的に表すのは，実のところ難しい．インターネットでのバナーという広告媒体では，クリック回数は計測できても，それが売上高にどの程度影響するかまでは判断できない．効果が定量的に表せなければ，広告費も決められない．そのため，実際には，売上の一定の割合を当てる，あるいは同一産業内の他の企業と同等にするなど，ほとんど理論的に根拠のない方策である．ある商品があって，その売上高 $S(t)$ が満たす微分方程式は $\dot{S} = -kS + A(S_m - S)$ であった．売上高が飽和してくると，広告費をいくらつぎ込んでも得られる効果は減衰するだけである．実際のデータを用いてこの現象を調べよう．

ある広告を新聞に載せる．次ページの図に示す黒点は，広告の回数 t を増やして，新聞読者の何割がその広告を見ているかを表す累積到達率 $K(t)$ (％) を示す．この場合，16 回目の広告で読者すべてにその広告が認知されたことになり，これ以

上広告を続けてもその効果は得られない (出展：八巻俊雄編，『広告の理論』，第 9 章「広告とクリエイティブ」，オリオン出版社，1970．また，印東太郎編，『心理学研究法 17』，第 1 章「心理学におけるモデル」，東京大学出版会，1973 も参考)．データの成長過程を表す関数に当てはめると，実線で示した関数，$K = 1 - 0.986 e^{-0.342 t}$ が得られた（図では％で表示）．以下では，$K = 1 - ce^{-at}$ とおく．

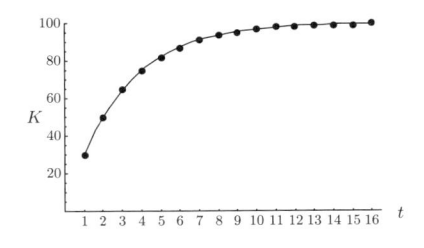

(1) K の満たす微分方程式を導け．もし，売上高が広告の累積到達率と等しく $S = K$ ならば，k, A, S_m に間に成り立つ関係式を求めよ．

累積到達率の変化を見ると，初期段階では広告の効果は大きいが，時間がたてば急激に減る．そこで，広告は，累積到達率 $K = 1 - ce^{-at}$ に比例した大きさが売上に影響すると仮定する．その比例係数を b とすると，売上高は，$\dot{S} = -kS + b(1 - ce^{-at})$ を満たす．

(2) 初期条件を $S(0) = 0$ として，特解を求めよ．ただし，$a \neq k$ とする．また，$t \to \infty$ として飽和した値を求めよ．

(3) $k = 0.1, a = 0.342, b = 10, c = 0.982$ として，解曲線を描け．

求めた解曲線を見ると，広告が認知されるとともに売上も増加するが，やがて一定になり，広告を続ける限り広告の効果が持続する．しかし，どのような商品でも，広告の効果はいずれ消滅し，商品は売れなくなる．広告の効果を瞬間的なものと考えると，時刻 t では $\dot{K} = cae^{-at}$ が売上に効果をもたらすので，微分方程式は $\dot{S} = -kS + bcae^{-at}$ となる．

(4) 初期条件を $S(0) = 0$ として，特解を求めよ．ただし，$a \neq k$ とする．また，$t \to \infty$ のときの値を求めよ．

(5) $k = 0.1, a = 0.342, b = 10, c = 0.982$ として，解曲線を描け．

このようにして求めた解曲線を見ると，広告が認知されるとともに売上も増加するが，やがて広告の効果がなくなり売上も 0 に近づく．

第5章

定数係数の2階線形微分方程式

2階線形微分方程式は，係数が定数か変数かによって，解を求める容易さが異なる．後者の場合，係数が簡単な関数で表される場合を除いて解析的な方法があまり知られておらず，べき級数展開や数値計算法を適用せざるを得ない．しかし，解析的に解けない場合でも，係数を変化させて前者の微分方程式に帰すことができる場合がある．それゆえ，本章では定数係数の2階線形微分方程式の解法を学習し，第6章では変数係数の2階線形微分方程式の解法を述べる．

5.1 斉次方程式と非斉次方程式

2階線形微分方程式の解を求める手順は，1階線形微分方程式の場合と同じように，斉次解と特解を分けて求めるのが定石である．p, q を定数とすると，**定数係数の2階線形微分方程式**は一般に $y'' + py' + qy = r(x)$ と書ける．1階の場合と同様に，$r(x) = 0$ とした方程式を**斉次方程式**，$r(x) \neq 0$ の方程式を**非斉次方程式**という．まとめると，

$$\text{非斉次方程式：} \frac{d^2y}{dx^2} + p\frac{dy}{dx} + qy = r(x) \tag{5.1}$$

$$\text{斉次方程式：} \frac{d^2y}{dx^2} + p\frac{dy}{dx} + qy = 0 \tag{5.2}$$

となる．式 (5.1) の左辺は従属変数 $y(x)$ とその1階および2階導関数で表される**斉次式**で，$r(x)$ は**非斉次項**である．式 (5.1) が与えられた微分方程式であれば，斉次方程式 (5.2) は解を求めるための補助的な役割を果たすので，**補助方程式**と呼ぶことがある．

斉次方程式 (5.2) の一般解である**斉次解**（余関数，補関数）は，1対の**1次独立**な解，y_1, y_2 を用いて，

$$y = C_1 y_1 + C_2 y_2 \tag{5.3}$$

と表すことができる．ここに，C_1, C_2 は任意の定数である．斉次解は1次独立な解を用いて表されるので，y_1, y_2 を**基本解**と呼ぶ．1次独立性の定義は，以下のように述べられる．

$$C_1 y_1 + C_2 y_2 = 0 \tag{5.4}$$

が，$C_1 = C_2 = 0$ のみで成り立つとき，y_1 と y_2 は**1次独立**という．一方，C_1 と C_2 がともに0でなければ**1次従属**であり，そのとき，y_1 と y_2 には，

$$y_1 = -\frac{C_2}{C_1} y_2 \tag{5.5}$$

のような比例関係が成立する．二つの関数が1次独立であるという条件は，第6章および第7章で一般的な形で説明するが，ここでは単に，比例関係にないと考えれば十分である．

非斉次微分方程式 (5.1) の一般解を求める．一般解を y，特解を y_p とおくと，

$$\begin{cases} y'' + py' + qy = r(x) \\ y_p'' + py_p' + qy_p = r(x) \end{cases} \tag{5.6}$$

が成立する．上の2式の辺々を引けば，

$$\frac{d^2(y - y_p)}{dx^2} + p\frac{d(y - y_p)}{dx} + q(y - y_p) = 0 \tag{5.7}$$

となる．これは斉次方程式 (5.2) で，斉次解は $C_1 y_1 + C_2 y_2$ と表せたので，$C_1 y_1 + C_2 y_2 = y - y_p$ が成立する．これから，

$$y = C_1 y_1 + C_2 y_2 + y_p \tag{5.8}$$

を得る．

以上のことをまとめると，1階線形微分方程式の場合と同様に，非斉次方程式 (5.1) の一般解は，斉次方程式の一般解である斉次解と特解の和として表される．また，任意の定数の数は，斉次方程式の任意の定数の数と等しいので，初期値 $y(x_0), y'(x_0)$ を与えれば解は一意に定まる．こうして，式 (5.1) の一般解は，斉次解と特解を求めれば決まる．本章では，斉次解の求め方として特性方程式を用い，特解を求める方法として，代入法，定数変化法，演算子法を用いる．

5.2 特性方程式による基本解の構成

斉次方程式 (5.2)，

$$\frac{d^2y}{dx^2} + p\frac{dy}{dx} + qy = 0 \tag{5.9}$$

の一つの解を,

$$y = Ce^{kx} \tag{5.10}$$

とおく.ただし,k と C は定数である.これを微分して得られる $y' = Cke^{kx}$ および $y'' = Ck^2 e^{kx}$ を式 (5.9) に代入すると,

$$\begin{aligned}\frac{d^2y}{dx^2} + p\frac{dy}{dx} + qy &= Ck^2 e^{kx} + pCke^{kx} + qCe^{kx} \\ &= Ce^{kx}(k^2 + pk + q)\end{aligned} \tag{5.11}$$

となる.これが 0 であるためには,$e^{kx} \neq 0$ を考慮すると,

$$k^2 + pk + q = 0 \tag{5.12}$$

でなければならない.これを式 (5.9) の**特性方程式**と呼ぶ.特性方程式が成り立てば,式 (5.11) の右辺は 0 になるので,C は任意の値をとることができる.

特性方程式の判別式 $p^2 - 4q$ によって,斉次解の性質が異なる.以下において,それぞれの場合を詳細に述べる.

(A) $p^2 - 4q > 0$

特性方程式は異なる実数の解をもつ.それらを k_1, k_2 とすると,

$$k_1 = \frac{-p + \sqrt{p^2 - 4q}}{2}, \quad k_2 = \frac{-p - \sqrt{p^2 - 4q}}{2} \tag{5.13}$$

である.このとき,

$$y_1 = e^{k_1 x}, \quad y_2 = e^{k_2 x} \tag{5.14}$$

が基本解をなす.なぜなら,$\dfrac{e^{k_1 x}}{e^{k_2 x}}$ は定数にならないので,y_1 と y_2 は 1 次独立だからである.したがって,斉次解は式 (5.3) から,

$$y = C_1 e^{k_1 x} + C_2 e^{k_2 x} \tag{5.15}$$

と表せる.任意の定数が 2 個あるので一般解である.

なお,基本解はそれぞれ式 (5.9) を満たすので,

$$y_1'' + py_1' + qy_1 = 0, \quad y_2'' + py_2' + qy_2 = 0 \tag{5.16}$$

が成り立つ.

(B) $p^2 - 4q < 0$

特性方程式は異なる複素数の解をもち，それらを k_1, k_2 とする．$e^{k_1 x}, e^{k_2 x}$ は基本解となり，斉次解は，形式的には式 (5.15) と同じように，$y = K_1 e^{k_1 x} + K_2 e^{k_2 x}$ と表せる．いま，a, b を実数とすると，特性方程式の解は，

$$k_1 = \frac{-p + i\sqrt{4q - p^2}}{2} \equiv a + ib, \quad k_2 = \frac{-p - i\sqrt{4q - p^2}}{2} \equiv a - ib \quad (5.17)$$

と表せる．ここで，$a = -\frac{p}{2}, b = \frac{\sqrt{4q - p^2}}{2}$ である．これを式 (5.15) に代入すると，斉次解は，

$$\begin{aligned} y &= K_1 e^{ax} e^{ibx} + K_2 e^{ax} e^{-ibx} \\ &= K_1 e^{ax}(\cos(bx) + i\sin(bx)) + K_2 e^{ax}(\cos(bx) - i\sin(bx)) \end{aligned} \quad (5.18)$$

となる．ここで，**オイラーの公式**，

$$e^{ibx} = \cos(bx) + i\sin(bx) \quad (5.19)$$

を用いた．斉次解 (5.18) を見やすくするため，$K_1 + K_2 = C_1, i(K_1 - K_2) = C_2$ として，実数の定数を導入すると，

$$y = C_1 e^{ax} \cos(bx) + C_2 e^{ax} \sin(bx) \quad (5.20)$$

とまとめられる．この場合，基本解は，

$$y_1 = e^{ax} \cos(bx), \quad y_2 = e^{ax} \sin(bx) \quad (5.21)$$

であり，それぞれ周期的に変動する．

(C) $p^2 - 4q = 0$

この条件が満たされると，特性方程式の解は重解となって，

$$k = -\frac{p}{2} \quad (5.22)$$

である．解を Ce^{kx} とすると，任意の定数が一つしか現れないために，2 階微分方程式の一般解にはならない．そこで，定数変化法を用いて，一般解を求めるため，$y = A(x)e^{kx}$ とおき，式 (5.2) に代入すると，

$$\frac{d^2y}{dx^2} + p\frac{dy}{dx} + qy = (A''e^{kx} + 2A'ke^{kx} + Ak^2e^{kx}) + p(A'e^{kx} + Ake^{kx}) + qAe^{kx}$$

$$= A''e^{kx} - A'pe^{kx} + \frac{p^2}{4}y + p\left(A'e^{kx} - \frac{p}{2}y\right) + qy$$

$$= A''e^{kx} \tag{5.23}$$

となる．ここで，$k = -\dfrac{p}{2}$, $p^2 - 4q = 0$ を用いた．式 (5.23) が 0 になるので，$e^{kx} \neq 0$ を考慮すると，$A(x)$ は，

$$\frac{d^2A(x)}{dx^2} = 0 \tag{5.24}$$

を満たさなければならない．これから，

$$A(x) = C_1 + C_2 x \tag{5.25}$$

を得る．したがって，斉次解は，

$$y = C_1 e^{kx} + C_2 x e^{kx} \tag{5.26}$$

と表せる．このとき，

$$y_1 = e^{kx}, \quad y_2 = xe^{kx} \tag{5.27}$$

は 1 次独立で基本解を構成する．

例　題

以下の斉次方程式の基本解および一般解を求めよ．
(1) $y'' + 3y' + 2y = 0$
(2) $y'' + y = 0$
(3) $2y'' + 2y' + y = 0$
(4) $y'' + 2y' + y = 0$

解答
(1) 特性方程式 $k^2 + 3k + 2 = (k+1)(k+2) = 0$ の解は $k = -1, -2$ で，基本解は e^{-x}, e^{-2x}．一般解は $y = C_1 e^{-x} + C_2 e^{-2x}$．
(2) 式 $k^2 + 1 = 0$ の解は $k = \pm i$ で，基本解は $\cos x, \sin x$．一般解は $y = C_1 \cos x + C_2 \sin x$．
(3) $2k^2 + 2k + 1 = 0$ の解は $k = \dfrac{-1 \pm i}{2}$ で，基本解は $e^{-\frac{x}{2}} \cos \dfrac{x}{2}, e^{-\frac{x}{2}} \sin \dfrac{x}{2}$．一般解は $y = C_1 e^{-\frac{x}{2}} \cos \dfrac{x}{2} + C_2 e^{-\frac{x}{2}} \sin \dfrac{x}{2}$．
(4) $k^2 + 2k + 1 = (k+1)^2 = 0$ から $k = -1$ は重解で，基本解は e^{-x}, xe^{-x}．一般解は $y = C_1 e^{-x} + C_2 x e^{-x}$．

（D） 斉次方程式の初期値問題

斉次解には積分定数が 2 個あるので，二つの条件，たとえば $y(x_0)$, $y'(x_0)$ を与えれば積分定数の値が決まる．

式 (5.15) の場合は，

$$\begin{cases} C_1 e^{k_1 x_0} + C_2 e^{k_2 x_0} = y(x_0) \\ C_1 k_1 e^{k_1 x_0} + C_2 k_2 e^{k_2 x_0} = y'(x_0) \end{cases} \tag{5.28}$$

となるので，これを C_1, C_2 について解くと，

$$\begin{cases} C_1 = \dfrac{-y'(x_0) + k_2 y(x_0)}{k_2 - k_1} e^{-k_1 x_0} \\ C_2 = \dfrac{y'(x_0) - k_1 y(x_0)}{k_2 - k_1} e^{-k_2 x_0} \end{cases} \tag{5.29}$$

と決まる．

式 (5.20) の場合は，

$$\begin{cases} C_1 e^{ax_0} \cos(bx_0) + C_2 e^{ax_0} \sin(bx_0) = y(x_0) \\ C_1 a e^{ax_0} \cos(bx_0) - C_1 b e^{ax_0} \sin(bx_0) \\ \quad + C_2 a e^{ax_0} \sin(bx_0) + C_2 b e^{ax_0} \cos(bx_0) = y'(x_0) \end{cases} \tag{5.30}$$

となるので，これを解くと，積分定数が，

$$\begin{cases} C_1 = \dfrac{e^{-ax_0}}{b} \left(by(x_0) \cos(bx) + (ay(x_0) - y'(x_0)) \sin(bx) \right) \\ C_2 = \dfrac{e^{-ax_0}}{b} \left((-ay(x_0) + y'(x_0)) \cos(bx) + by(x_0) \sin(bx) \right) \end{cases} \tag{5.31}$$

と決まる．

最後に，式 (5.26) の場合は，

$$\begin{cases} C_1 e^{kx_0} + C_2 x e^{kx_0} = y(x_0) \\ C_1 k e^{kx_0} + C_2 e^{kx_0} + C_2 k x_0 e^{kx_0} = y'(x_0) \end{cases} \tag{5.32}$$

となるので，これを解くと，積分定数が，

$$\begin{cases} C_1 = e^{-kx_0} \left(y(x_0) - x_0 y'(x_0) + k x_0 y(x_0) \right) \\ C_2 = e^{-kx_0} \left(y'(x_0) - k y(x_0) \right) \end{cases} \tag{5.33}$$

と決まる．

例　題

以下の微分方程式で，初期条件を満たす解を求め，解曲線を描け．
(1) $y'' + 3y' + 2y = 0, y(0) = 2, y'(0) = -3$
(2) $2y'' + 2y' + y = 0, y(0) = 1, y'(0) = 1$
(3) $y'' + 2y' + y = 0, y(0) = 1, y'(0) = 1$

解答
(1) 一般解 $y = C_1 e^{-x} + C_2 e^{-2x}$ に初期条件を代入すれば，$y(0) = C_1 + C_2 = 2$, $y'(0) = -C_1 - 2C_2 = -3$ から $C_1 = 1, C_2 = 1$. $y = e^{-x} + e^{-2x}$.
(2) 一般解 $y = C_1 e^{-\frac{x}{2}} \cos \frac{x}{2} + C_2 e^{-\frac{x}{2}} \sin \frac{x}{2}$ に初期条件を代入すれば，$y(0) = C_1 = 1$, $y'(0) = -\frac{C_1}{2} + \frac{C_2}{2} = 1$ から $C_1 = 1, C_2 = 3$. $y = e^{-\frac{x}{2}} \cos \frac{x}{2} + 3e^{-\frac{x}{2}} \sin \frac{x}{2}$.
(3) 一般解 $y = C_1 e^{-x} + C_2 x e^{-x}$ に初期条件を代入すれば，$y(0) = C_1 = 1$, $y'(0) = -C_1 + C_2 = 1$ か $C_1 = 1, C_2 = 2$. $y = e^{-x} + 2xe^{-x}$.

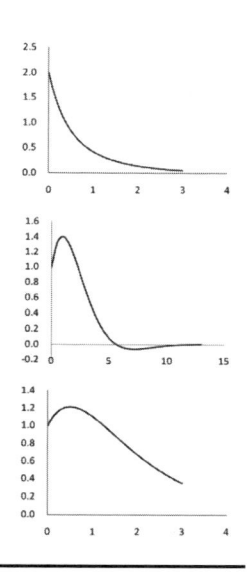

5.3　特解の求め方：代入法

非斉次方程式

$$\frac{d^2 y}{dx^2} + p\frac{dy}{dx} + qy = r(x) \tag{5.34}$$

を考える．一般解は，斉次解（式 (5.15)，式 (5.20)，あるいは，式 (5.26)）と特解の和として表されるので，特解を見出せば非斉次方程式の一般解が求まる．

斉次解と特解をそれぞれ $y_0 = C_1 y_1 + C_2 y_2$, y_p とおくと，一般解 y は，

$$y = y_0 + y_p \tag{5.35}$$

である．これを式 (5.34) に代入すると，

$$y_0'' + py_0' + qy_0 + y_p'' + py_p' + qy_p = r(x) \tag{5.36}$$

となる．y_p は特解であるため，$y_p'' + py_p' + qy_p = r(x)$ が成り立つので，斉次解は $y_0'' + py_0' + qy_0 = 0$ を満たす．これは斉次解の定義そのものである．

式 (5.34) の特性方程式が二つの解 k_1, k_2 をもつとすれば，式 (5.15) から，

と表せ，式 (5.20) の場合，

$$y = C_1 e^{ax}\cos(bx) + C_2 e^{ax}\sin(bx) + y_p \tag{5.38}$$

である．最後に，特性方程式の解が重解をもつ式 (5.26) の場合，

$$y = C_1 e^{kx} + C_2 x e^{kx} + y_p \tag{5.39}$$

と表せる．

$$y = C_1 e^{k_1 x} + C_2 e^{k_2 x} + y_p \tag{5.37}$$

非斉次項によって決まる特解は，余関数に関係なく見出せる．以下に示す**代入法**は，非斉次項から特解の形を予想し，非斉次方程式に代入して特解に含まれる未知の係数を求める方法で，**未定係数法**とも呼ばれている．

（A） $r(x) = a_0 + a_1 x + a_2 x^2 + \cdots + a_n x^n$

特解が，

$$y_1 = A_0 + A_1 x + A_2 x^2 + \cdots + A_n x^n \tag{5.40}$$

と表せるものと予想する．ここで，$A_0, A_1, \ldots, A_n$ は未知の係数である．$r(x)$ の最高次数を n としているので，特解の最高次数も n とする．

具体的な手順を示すため，

$$\frac{d^2 y}{dx^2} - 3\frac{dy}{dx} + 2y = 13 - 28x + 10x^2 \tag{5.41}$$

をとり上げる．特解を，

$$y_p = A_0 + A_1 x + A_2 x^2 \tag{5.42}$$

とおき，式 (5.41) の左辺に代入すると，$2A_2 - 3(A_1 + 2A_2 x) + 2(A_0 + A_1 x + A_2 x^2) = 13 - 28x + 10x^2$ となるので，整理すると，

$$2A_2 - 3A_1 + 2A_0 - 6A_2 x + 2A_1 x + 2A_2 x^2 = 13 - 28x + 10x^2 \tag{5.43}$$

を得る．すべての x に対して，上式の左辺と右辺が等しくなければならない．したがって，同じ次数の係数を比較して，

$$\begin{cases} 2A_2 = 10 \\ 2A_1 - 6A_2 = -28 \\ 2A_0 - 3A_1 + 2A_2 = 13 \end{cases} \tag{5.44}$$

を得る．これから，未知係数が $A_0 = 3$, $A_1 = 1$, $A_2 = 5$ と決まり，特解は $y_p = 3 + x + 5x^2$ となる．

斉次解は，特性方程式 $k^2 - 3k + 2 = 0$ の解が $k_1 = 1$, $k_2 = 2$ であるので，

$$y_0 = C_1 e^{2x} + C_2 e^x \tag{5.45}$$

と表せる．こうして，式 (5.41) の一般解は，

$$y = C_1 e^{2x} + C_2 e^x + 3 + x + 5x^2 \tag{5.46}$$

となる．

（B） $r(x) = ke^{\alpha x}$

特解を，

$$y_p = Ae^{\alpha x} \tag{5.47}$$

と表せるものと予想する．ここで，A は未知の係数である．$r(x)$ が指数関数で表されているので，特解も指数関数とする．

具体的な手順を示すため，

$$\frac{d^2 y}{dx^2} + 3\frac{dy}{dx} - 2y = e^x \tag{5.48}$$

をとり上げる．特解を，$\alpha = 1$ として，

$$y_p = Ae^x \tag{5.49}$$

とおき，式 (5.48) に代入すると，

$$A(1 + 3 - 2)e^x = e^x \tag{5.50}$$

となる．これから，

$$A = \frac{1}{2} \tag{5.51}$$

を得る．こうして，特解が $y_p = \dfrac{1}{2} e^x$ と決まる．特性方程式 $k^2 + 3k - 2 = 0$ の解が $\dfrac{-3 \pm \sqrt{17}}{2}$ であるので，一般解は，

$$y = C_1 \exp\left(\frac{-3 + \sqrt{17}}{2} x\right) + C_2 \exp\left(\frac{-3 - \sqrt{17}}{2} x\right) + \frac{1}{2} e^x \tag{5.52}$$

となる．

(C)　$r(x) = k\cos(\alpha x)$ または $k\sin(\alpha x)$

特解は,
$$y_p = A\cos(\alpha x) + B\sin(\alpha x) \tag{5.53}$$

と表せるものと予想される．未知の係数 A, B は，上式を微分方程式に代入すれば，これまで述べた方法と同様にして決めることができる．具体的な例は，以下の例題を見よ．

例　題

微分方程式 $y'' + 2y' + y = \sin(2x)$ の特解を求めよ．

解答

特解を $y_p = A\cos(2x) + B\sin(2x)$ とおき, $y_p' = -2A\sin(2x) + 2B\cos(2x)$, $y_p'' = -4A\cos(2x) - 4B\sin(2x)$ を微分方程式に代入すると, $-4A + 4B + A = 0$, $-4B - 4A + B = 1$. これから $A = -\dfrac{4}{25}, B = -\dfrac{3}{25}$ を得るので, 特解は $y_p = -\dfrac{1}{25}(4\cos(2x) + 3\sin(2x))$.

(D)　非斉次項が基本解で表せる場合

これまで述べた代入法では，未知の係数が決まらず，特解が求まらない場合がある．簡単な例から始めよう．

$$\frac{d^2y}{dx^2} - 3\frac{dy}{dx} + 2y = e^x \tag{5.54}$$

をとり上げる．特解を,

$$y_p = Ae^x \tag{5.55}$$

と仮定して，式 (5.54) に代入すると，$(1 - 3 + 2)Ae^x = e^x$ となるが，左辺は 0 になるため A は決まらない．その原因は斉次解と特解の関係にある．斉次解は，式 (5.25) から，

$$y_0 = C_1 e^x + C_2 e^{2x} \tag{5.56}$$

である．式 (5.55) と式 (5.56) を比べると，y_0 と y_p は 1 次独立ではなく，式 (5.55) で仮定した特解 $y_p = Ae^x$ が，斉次解の基本解を用いて表されていることが分かる．つまり，特解が非斉次方程式 $y'' - 3y' + 2y = 0$ の解になっている．これが原因で A が一意に決まらない．

以上の考察から，特解を $y_p = Ae^x$ と仮定したのが間違っていたことになる．そこで，新たな特解の候補として，

$$y_p = Axe^x \tag{5.57}$$

を試みる（一般的な方法は第 7 章で述べる）．これを式 (5.54) に代入すると，

$$(x+2)Ae^x - 3(x+1)Ae^x + 2xAe^x = e^x \tag{5.58}$$

となるので，xe^x, e^x の項を比較すれば，

$$\begin{cases} (1-3+2)xAe^x = 0 \\ (2-3)Ae^x = e^x \end{cases} \tag{5.59}$$

が成り立つ．第 1 式は自動的に満たされ，第 2 式から $A = -1$ を得る．したがって，特解は $y_p = -xe^x$ となるので，一般解は，

$$y = C_1 e^x + C_2 e^{2x} - xe^x \tag{5.60}$$

と表せる．

以上のことを，非斉次項が $r(x) = ke^{\alpha x}$ と表せる一般的な微分方程式，

$$\frac{d^2 y}{dx^2} + p\frac{dy}{dx} + qy = ke^{\alpha x} \tag{5.61}$$

について考えよう．特解を $y_p = Ae^{\alpha x}$ と仮定すれば，

$$\alpha^2 + p\alpha + q = 0 \tag{5.62}$$

が成り立つ場合，$(\alpha^2 + p\alpha + q)Ae^{\alpha x} = 0$ となるので，上述の例と同様に，A が決まらない．そこで，特解を，

$$y_p = Axe^{\alpha x} \tag{5.63}$$

とおき，式 (5.61) に代入すると，$(\alpha^2 x + 2\alpha)Ae^{\alpha x} + p(\alpha x + 1)Ae^{\alpha x} + qxAe^{\alpha x} = ke^{\alpha x}$ となり，整理すると，

$$(\alpha^2 + p\alpha + q)xAe^{\alpha x} + (2\alpha + p)Ae^{\alpha x} = ke^{\alpha x} \tag{5.64}$$

を得る．これに，式 (5.62) を代入すれば，

$$(2\alpha + p)Ae^{\alpha x} = ke^{\alpha x} \tag{5.65}$$

となる.

$2\alpha + p \neq 0$ ならば, $A = k\dfrac{1}{2\alpha + p}$ となって, 特解が,

$$y_p = k\frac{1}{2\alpha + p}xe^{\alpha x} \tag{5.66}$$

と決まる. しかし, $2\alpha + p = 0$ の場合は A が決まらない. そこで,

$$y_p = Ax^2 e^{\alpha x} \tag{5.67}$$

を特解の候補として, 式 (5.61) に代入すると, $(\alpha^2 x^2 + 4\alpha x + 2)Ae^{\alpha x} + p(\alpha x^2 + 2x)Ae^{\alpha x} + qx^2 Ae^{\alpha x} = ke^{\alpha x}$ となり, 整理すると,

$$(\alpha^2 + p\alpha + q)x^2 Ae^{\alpha x} + 2(2\alpha + p)xAe^{\alpha x} + 2Ae^{\alpha x} = ke^{\alpha x} \tag{5.68}$$

を得る. これに, 式 (5.62) および $2\alpha + p = 0$ を代入すると, $A = \dfrac{k}{2}$ となって, 特解が,

$$y_p = \frac{k}{2}x^2 e^{\alpha x} \tag{5.69}$$

と決まる.

例　題

以下の微分方程式の斉次解, 特解, 一般解を求めよ.
(1) $y'' + y = xe^x$ 　　　　　　　(2) $y'' + y = \sin x$

解答
(1) 特性方程式の解は $\lambda = \pm i$ となるので, $y_0 = C_1 \cos x + C_2 \sin x$. 特解を $y_p = (A_0 + A_1 x)e^x$ とおき, 微分方程式に代入すると, $2(A_0 + A_1)e^x + 2A_1 xe^x = xe^x$ となる. したがって, $2(A_0 + A_1) = 0, 2A_1 = 1$ が成り立つので, $A_1 = \dfrac{1}{2}, A_0 = -\dfrac{1}{2}$. これから $y_p = \dfrac{-1+x}{2}e^x$ で, 一般解は $y = C_1 \cos x + C_2 \sin x + \dfrac{-1+x}{2}e^x$.
(2) 特解を $y_p = Ax\cos x + Bx\sin x$ とおき, 微分方程式に代入すると, $-2A\sin x + 2B\cos x = \sin x$ となるので, $A = -\dfrac{1}{2}, B = 0$. これから $y_p = -\dfrac{1}{2}x\cos x$ で, 一般解は $y = C_1 \cos x + C_2 \sin x - \dfrac{1}{2}x\cos x$.

代入法は，特解を求めるための方法としてたいへん便利である．また，他の方法で求めた特解が正しいかどうかを確認するためにも役立つので，ぜひ習得しておきたい．

5.4 特解の求め方：定数変化法

代入法は，定数係数の微分方程式では，簡単な関数で表された非斉次項の場合に便利な方法であったが，一般性があるとはいえない．ここで述べる**定数変化法**は，第 6 章で述べる変数係数の微分方程式にも適用できる．

式 (5.1) に示した非斉次方程式，

$$\frac{d^2y}{dx^2} + p\frac{dy}{dx} + qy = r(x) \tag{5.70}$$

の斉次方程式の基本解を y_1, y_2 とすれば，斉次解は，

$$y = C_1 y_1 + C_2 y_2 \tag{5.71}$$

で与えられた．C_1, C_2 が x に依存することを許すように拡張して，

$$y = C_1(x) y_1 + C_2(x) y_2 \tag{5.72}$$

とすれば，非斉次方程式の一般解が導ける．つまり，定数変化法では，斉次解と特解を別々に求めるのではなく，直接，一般解が構成できる．もっとも，最終的には，斉次解と特解を区別した形にできるので，特解を求める方法と考えてもよい．以下では，$C_1(x), C_2(x)$ の x を省略する．

式 (5.72) を 1 回微分すると，

$$y' = C_1' y_1 + C_1 y_1' + C_2' y_2 + C_2 y_2' \tag{5.73}$$

となる．ここで，

$$C_1' y_1 + C_2' y_2 = 0 \tag{5.74}$$

なる条件を課す（なぜ，このような条件が必要なのか，また可能なのかは，しばらく読み続ければ理解できるだろう）．すると，式 (5.73) は，

$$y' = C_1 y_1' + C_2 y_2' \tag{5.75}$$

となる．さらに，上式を 1 回微分すると，

$$y'' = C_1' y_1' + C_1 y_1'' + C_2' y_2' + C_2 y_2'' \tag{5.76}$$

となる．以上の導関数を (5.70) に代入し，整理すると，

$$C_1(y_1'' + py_1' + qy_1) + C_2(y_2'' + py_2' + qy_2) + C_1' y_1' + C_2' y_2' = r(x) \tag{5.77}$$

を得る．ここで，$y_1'' + py_1' + qy_1 = 0, y_2'' + py_2' + qy_2 = 0$ が成り立つので，

$$C_1' y_1' + C_2' y_2' = r(x) \tag{5.78}$$

となる．こうして，C_1', C_2' が満たす連立方程式として，式 (5.74) と式 (5.78) を得る．これらの方程式から，

$$\begin{cases} C_1' = \dfrac{-y_2 r(x)}{y_1 y_2' - y_2 y_1'} \\ C_2' = \dfrac{y_1 r(x)}{y_1 y_2' - y_2 y_1'} \end{cases} \tag{5.79}$$

となる．上式は C_1 と C_2 の 1 階微分方程式で，右辺が x の関数だけから成るので，積分するだけで C_1, C_2 が決まる．実際，

$$\begin{cases} C_1 = K_1 - \displaystyle\int \dfrac{y_2 r(x)}{y_1 y_2' - y_2 y_1'} dx \\ C_2 = K_2 + \displaystyle\int \dfrac{y_1 r(x)}{y_1 y_2' - y_2 y_1'} dx \end{cases} \tag{5.80}$$

である．ここで，K_1, K_2 は積分定数である．

以上のことから，式 (5.70) の一般解は，

$$\begin{aligned} y &= C_1 y_1 + C_2 y_2 \\ &= K_1 y_1 + K_2 y_2 - y_1 \int \dfrac{y_2 r(x)}{y_1 y_2' - y_2 y_1'} dx + y_2 \int \dfrac{y_1 r(x)}{y_1 y_2' - y_2 y_1'} dx \end{aligned} \tag{5.81}$$

と表せる．上式から分かるように，斉次解，特解はそれぞれ，

$$\begin{cases} y_0 = K_1 y_1 + K_2 y_2 \\ y_p = -y_1 \displaystyle\int \dfrac{y_2 r(x)}{y_1 y_2' - y_2 y_1'} dx + y_2 \displaystyle\int \dfrac{y_1 r(x)}{y_1 y_2' - y_2 y_1'} dx \end{cases} \tag{5.82}$$

である．

例を示す．

$$\frac{d^2 y}{dx^2} - 3\frac{dy}{dx} + 2y = \cos x \tag{5.83}$$

に定数変化法を応用する．斉次方程式の基本解は，特性方程式 $k^2 - 3k + 2 = 0$ の解が $k_1 = 2, k_2 = 1$ となるので，$y_1 = e^{2x}$ と $y_2 = e^x$ である．これらを用いると，$y_1 y_2' - y_2 y_1' = e^{2x}e^x - 2e^{2x}e^x = -e^{3x}$ となるので，式 (5.80) は，

$$C_1 = K_1 + \int \frac{e^x \cos x}{e^{3x}} dx = K_1 + \frac{e^{-2x}\sin x}{5} - \frac{2e^{-2x}\cos x}{5},$$

$$C_2 = K_2 - \int \frac{e^{2x}\cos x}{e^{3x}} dx = K_2 - \frac{e^{-x}\sin x}{2} + \frac{e^{-x}\cos x}{2}$$

を与える．したがって，一般解は，式 (5.81) から，

$$y = K_1 e^{2x} + K_2 e^x + \frac{\cos x}{10} - \frac{3\sin x}{10} \tag{5.84}$$

となる．特解に e^{2x}, e^x が現れないことが，代入法から予想される．もし，現れれば，どこかで計算が間違っている．解の求め方だけでなく，計算結果を自分で検証するコツも一緒に学習することが重要である．

例 題

定数変化法を用いて，$y'' - 2y' + y = x^2 + 4e^{-x}$ の一般解を以下の手順にしたがって求めよ．
(1) 基本解を求めよ． (2) C_1 と C_2 を定めよ．
(3) 一般解を求めよ．

解答
(1) 特性方程式 $k^2 - 2k + 1 = 0$ の解は重解 $k = 1$ で，基本解は $y_1 = e^x$，$y_2 = xe^x$．
(2) $y_1 y_2' - y_2 y_1' = e^x(x+1)e^x - xe^x e^x = e^{2x}$ となるので，$C_1 = K_1 - \int \frac{xe^x(x^2 + 4e^{-x})}{e^{2x}} dx = K_1 + (x^3 + 3x^2 + 6x + 6)e^{-x} + (2x+1)e^{-2x}$，
$C_2 = K_2 + \int \frac{e^x(x^2 + 4e^{-x})}{e^{2x}} dx = K_2 - (x^2 + 2x + 2)e^{-x} - 2e^{-2x}$．
(3) 一般解は $y = C_1 y_1 + C_2 y_2 = K_1 e^x + K_2 xe^x + x^2 + 4x + 6 + e^{-x}$．

上記の例題で，非斉次項が x^2 と $4e^{-x}$ の和になっている．一般解を見ると，x^2 に対応する特解は $x^2 + 4x + 6$，$4e^{-x}$ 式に対応する特解は e^{-x} で，それらの和が特解を与えている．一般に，非斉次項が $r(x) = r_1(x) + r_2(x)$ と表されていると，$r_1(x)$ の特解 y_{p1} と，$r_2(x)$ の特解 y_{p2} の和が，重ね合せの原理により，微分方程式の特解を与える．

特解は式 (5.82) で与えたが，以下のような形式に書き換えることができる．$y_1 y_2' - y_2 y_1'$ を微分し，式 (5.70) を用いると，

$$\frac{d}{dx}(y_1 y_2' - y_2 y_1') = y_1 y_2'' - y_2 y_1''$$
$$= -p(y_1 y_2' - y_2 y_1') \tag{5.85}$$

となる．初期値を考慮して，上式を積分すると，

$$y_1 y_2' - y_2 y_1' = (y_1(0) y_2'(0) - y_2(0) y_1'(0)) e^{-px} \tag{5.86}$$

となる．これを用いると，特解 (5.82) は，

$$\begin{aligned} y_p &= \frac{1}{y_1(0) y_2'(0) - y_2(0) y_1'(0)} \left(-y_1 \int y_2 r(x) e^{px} dx + y_2 \int y_1 r(x) e^{px} dx \right) \\ &= \frac{1}{y_1(0) y_2'(0) - y_2(0) y_1'(0)} \int^x (y_2(x) y_1(\xi) - y_1(x) y_2(\xi)) r(\xi) e^{p\xi} d\xi \end{aligned} \tag{5.87}$$

と表せる．

5.5 演算子法

定数変化法より計算が簡単で，機械的に解を求められる方法に**演算子法**がある．高階線形微分方程式では特に便利である．

微分演算子を以下のように定義する．

$$D \equiv \frac{d}{dx} \tag{5.88}$$

この定義から，1 階の導関数は $\frac{dy}{dx} = Dy$，2 階の導関数は $\frac{d^2 y}{dx^2} = D^2 y$ と表せる．同様に，1 階微分方程式 $\frac{dy}{dx} = f(x)$ は，

$$Dy = f(x) \tag{5.89}$$

と表せる．

積分も D を用いて表せる．任意の関数 $f(x)$ に対して，$D \int f(x) dx = f(x)$ が成り立つので，形式的に，

$$\int f(x) dx = \frac{1}{D} f(x) \tag{5.90}$$

と表せる.

演算子法の特徴は，微分方程式を解く操作が代数的な計算だけで済む場合が多いことである．しかし，演算子が分母にあると，代数的な計算だけでは済まない．以下で，1階微分方程式を対象に具体的な演算子法の使い方を述べる.

1階線形微分方程式

$$\frac{dy}{dx} - \lambda y = r(x) \tag{5.91}$$

を考える．第4章で述べたように，特解は，

$$y_p = e^{\lambda x} \int e^{-\lambda x} r(x) dx \tag{5.92}$$

と表せた．実際, $y_p' = \lambda e^{\lambda x} \int e^{-\lambda x} r(x) dx + r(x) = \lambda y_p + r(x)$ となる．微分方程式を，演算子を用いて表すと，

$$(D - \lambda) y_p = r(x) \tag{5.93}$$

となるので，特解は，

$$y_p = \frac{1}{D - \lambda} r(x) \tag{5.94}$$

と形式的に表せることになる．式(5.92)と式(5.94)を比べると，

$$\frac{1}{D - \lambda} r(x) = e^{\lambda x} \int e^{-\lambda x} r(x) dx = e^{\lambda x} \frac{1}{D} e^{-\lambda x} r(x) \tag{5.95}$$

となっている．これによって，演算子 $\frac{1}{D - \lambda}$ が定義できる.

微分方程式を演算子を用いて表すと，特解を形式的に式(5.94)のように表現でき，式(5.95)を利用すると，最後は積分すれば特解が求められる.

簡単な例を述べよう.

$$\frac{dy}{dx} - y = x \tag{5.96}$$

の一般解を求める．演算子で表すと, $(D-1)y = x$ である．式(5.95)を応用して特解を求めると，

$$y_p = \frac{1}{D-1} x = e^x \int e^{-x} x dx = -x - 1 \tag{5.97}$$

となる．斉次解は $y_0 = Ce^x$ なので，一般解は $y = Ce^x - x - 1$ である.

次に，2階微分方程式,

$$\frac{d^2 y}{dx^2} - 3\frac{dy}{dx} + 2y = e^{\alpha x} \tag{5.98}$$

をとり上げる．演算子で表すと，$(D^2 - 3D + 2)y = e^{\alpha x}$ である．分母が演算子の 2 次多項式で表されているので，式 (5.95) を応用するために，

$$y_p = \frac{1}{D^2 - 3D + 2}e^{\alpha x} = \frac{1}{(D-2)(D-1)}e^{\alpha x}$$
$$= \left\{\frac{1}{D-2} - \frac{1}{D-1}\right\}e^{\alpha x} = e^{2x}\int e^{(\alpha-2)x}dx - e^x\int e^{(\alpha-1)x}dx \quad (5.99)$$

とすればよい．α の値に応じて，さらに計算を進めよう．

$\alpha \neq 1, 2$ ならば，特解は，

$$y_p = \left(\frac{1}{\alpha-2} - \frac{1}{\alpha-1}\right)e^{\alpha x} = \frac{e^{\alpha x}}{(\alpha-2)(\alpha-1)} \quad (5.100)$$

と表せるので，一般解は $y = C_1 e^{2x} + C_2 e^x + \dfrac{e^{\alpha x}}{(\alpha-2)(\alpha-1)}$ である．

$\alpha = 1$ の場合，特解は，

$$y_p = e^{2x}\int e^{-x}dx - e^x\int dx = -(1+x)e^x \quad (5.101)$$

となる．一般解は $y = C_1 e^{2x} + C_2 e^x - (1+x)e^x$ である．

同様に，$\alpha = 2$ の場合，特解は，

$$y_p = e^{2x}\int dx - e^x\int e^x dx = (x-1)e^{2x} \quad (5.102)$$

となる．一般解は $y = C_1 e^{2x} + C_2 e^x + (x-1)e^x$ となる．

2 階微分方程式の場合，演算子の 2 次式を因数分解する必要があったが，以下のような方法も使える．式 (5.99) を，

$$y_p = \frac{1}{(D-2)(D-1)}e^{\alpha x} = \frac{1}{D-2}\left(\frac{1}{D-1}e^{\alpha x}\right)$$
$$= e^{2x}\int e^{-2x}\left(e^x\int e^{-x}e^{\alpha x}dx\right)dx \quad (5.103)$$

と変形する．

$\alpha \neq 1, 2$ なら，特解は，

$$y_p = e^{2x}\int e^{-2x}\frac{e^{\alpha x}}{\alpha-1}dx = \frac{e^{\alpha x}}{(\alpha-1)(\alpha-2)} \quad (5.104)$$

と表せる（式 (5.100) を参照）．

$\alpha = 1$ の場合，特解は，

$$y_p = e^{2x} \int e^{-2x} \left(e^x \int e^{-x} e^x dx \right) dx = e^{2x} \int e^{-2x} \left(e^x \int dx \right) dx$$
$$= e^{2x} \int xe^{-x} dx = -(x+1)e^x \tag{5.105}$$

となる（式 (5.101) を参照）．

同様に，$\alpha = 2$ の場合も同様にすると，一般解は $y = C_1 e^{2x} + C_2 e^x + xe^x$ となる（式 (5.102) の場合と異なるが，積分定数を変更すれば同じ一般解を表す）．

次に示す方法はたいへん便利な場合がある．$\dfrac{1}{D-\lambda}$ を，

$$\frac{1}{D-\lambda} = \frac{-1}{\lambda} \frac{1}{1-\dfrac{D}{\lambda}} = \frac{-1}{\lambda} \left(1 - \frac{D}{\lambda}\right)^{-1}$$
$$= \frac{-1}{\lambda} \left(1 + \frac{D}{\lambda} + \frac{D^2}{\lambda^2} + \frac{D^3}{\lambda^3} + \cdots \right) \tag{5.106}$$

にようにテイラー展開する．このような展開が可能なことは，以下のようにして確かめられる．部分積分を繰り返し適用すれば，

$$\begin{aligned}\frac{1}{D-\lambda} r &= e^{\lambda x} \int e^{-\lambda x} r \, dx \\ &= e^{\lambda x} \left(\frac{e^{-\lambda x}}{-\lambda} r - \int \frac{e^{-\lambda x}}{-\lambda} r' dx \right) \\ &= e^{\lambda x} \left(\frac{e^{-\lambda x}}{-\lambda} r - \frac{e^{-\lambda x}}{\lambda^2} r' + \int \frac{e^{-\lambda x}}{\lambda^2} r'' dx \right) \\ &= \frac{-1}{\lambda} \left(1 + \frac{1}{\lambda} D + \frac{1}{\lambda^2} D^2 + \frac{1}{\lambda^3} D^3 + \cdots \right) r \end{aligned} \tag{5.107}$$

と変形できるので，式 (5.106) が得られる．

上記のテイラー展開による方法は，非斉次項が多項式などのように，微分を繰り返せば消える場合に特に有用である．例を示す．

$$\frac{d^2 y}{dx^2} - \frac{dy}{dx} - 2y = x^2 + x + 1 \tag{5.108}$$

の一般解を求める．演算子で書くと，$(D^2 - D - 2)y = x^2 + x + 1$ である．特解を，

$$y_p = \frac{1}{D^2 - D - 2}(x^2 + x + 1)$$
$$= \frac{1}{3}\left(\frac{1}{D-2} - \frac{1}{D+1}\right)(x^2 + x + 1) \tag{5.109}$$
$$= \frac{1}{3}\left(\frac{-1}{2}\left(1 + \frac{D}{2} + \frac{D^2}{2^2}\right) - \frac{1}{-1}\left(1 + \frac{D}{-1} + \frac{D^2}{(-1)^2}\right)\right)(x^2 + x + 1)$$

と変形すると，非斉次項が3次の多項式で表されているので，3回以上の微分が0になり，D^2 まで展開すれば十分である．こうして，

$$y_p = \frac{1}{3}\left(-\frac{3}{2} + \frac{3}{4}D - \frac{9}{8}D^2\right)(x^2 + x + 1)$$
$$= -\frac{x^2}{2} - \frac{x}{2} - \frac{1}{2} + \frac{x}{2} + \frac{1}{4} - \frac{3}{4} = -\frac{x^2}{2} - 1 \tag{5.110}$$

となる．一般解は $y = C_1 e^{2x} + C_2 e^{-x} - \frac{x^2}{2} - 1$ である．

例 題

演算子法を用いて，以下の微分方程式の特解を導け．
(1) $y'' - 4y' = 5$ (2) $y'' + 9y = x\cos x$

解答
(1) $\dfrac{5}{D(D-4)} = \dfrac{5}{4}\left(-\dfrac{1}{D} + \dfrac{1}{D-4}\right) = \dfrac{5}{4}\left(-x + e^{4x}\int e^{-4x}dx\right) = -\dfrac{5}{4}x - \dfrac{5}{16}$．
(2) $\dfrac{x\cos x}{(D+3i)(D-3i)} = e^{-3i}\int e^{3ix}\left(e^{3ix}\int e^{-3ix}x\cos x dx\right)dx$
$= \dfrac{1}{8}x\cos x + \dfrac{1}{32}\sin x$．

5.6 応用

第1章の応用問題【5】で扱った電気回路で扱う微分方程式は典型的な定数係数の2階線形微分方程式で，各種の振動系に共通する性質をもつ．

コンデンサ C，抵抗 R，インダクタンス L からなる閉回路を考える．時刻 t においてコンデンサに蓄積される電荷を $q(t)$ とすると，回路に流れる電流は，$i(t) = \dot{q}(t)$ と表される．コンデンサの両端にかかる電圧は $\dfrac{q}{C}$，抵抗の両端にかかる電圧は $Ri = R\dot{q}$，コイルの両端にかかる電圧は $L\dot{i} = L\ddot{q}$ と表され

るで，回路に交流電源 $V(t) = V_0 \sin(\omega t)$ があると，q の満たす微分方程式は $L\ddot{q} + R\dot{q} + \frac{1}{C}q = V_0 \sin(\omega t)$ と表せる．書き直して，

$$\frac{d^2q}{dt^2} + \frac{R}{L}\frac{dq}{dt} + \frac{1}{LC}q = \frac{V_0}{L}\sin(\omega t) \tag{5.111}$$

とする．

まず，斉次解から始める．非斉次項を 0 とおくと，斉次解は，

$$\frac{d^2q}{dt^2} + \frac{R}{L}\frac{dq}{dt} + \frac{1}{LC}q = 0 \tag{5.112}$$

の一般解である．特性方程式は，

$$k^2 + \frac{R}{L}k + \frac{1}{LC} = 0 \tag{5.113}$$

となるので，解は，
 (1) $4L < R^2C$ の場合，$k_1, k_2 = -\alpha \pm \beta$
 (2) $4L = R^2C$ の場合，$k = -\alpha$
 (3) $4L > R^2C$ の場合，$k_1, k_2 = -\alpha \pm i\beta$

に分けられる．ここで，$\alpha = \frac{R}{2L}$, $\beta = \frac{R}{2L}\sqrt{\left|1 - \frac{4L}{R^2C}\right|}$ である．したがって，斉次解は，

$$q_0 = \begin{cases} C_1 e^{(-\alpha+\beta)t} + C_2 e^{(-\alpha-\beta)t} & ; 4L < R^2C \\ C_1 e^{-\alpha t} + C_2 t e^{-\alpha t} & ; 4L = R^2C \\ e^{-\alpha t}(C_1 \cos(\beta t) + C_2 \sin(\beta t)) & ; 4L > R^2C \end{cases} \tag{5.114}$$

と表せる．

次に，特解を求める．特解 q_p は，

$$\frac{d^2q}{dt^2} + \frac{R}{L}\frac{dq}{dt} + \frac{1}{LC}q = \frac{V_0}{L}\sin(\omega t) \tag{5.115}$$

の解である．非斉次項は $r(t) = \frac{V_0}{L}\sin(\omega t)$ である．ここで，$y_1 y_2' - y_2 y_1' = k_2 e^{k_1 t} e^{k_2 t} - k_1 e^{k_2 t} e^{k_1 t} = (k_2 - k_1) e^{(k_1 + k_2)t}$ となるので，式 (5.82) から，

$$q_p = -y_1 \int \frac{y_2 r(t)}{y_1 y_2' - y_2 y'} dt + y_2 \int \frac{y_1 r(t)}{y_1 y_2' - y_2 y_1'} dt$$
$$= \frac{1}{k_2 - k_1} \left(-e^{k_1 t} \int e^{-k_1 t} r(t) dt + e^{k_2 t} \int e^{-k_2 t} r(t) dt \right) \quad (5.116)$$

である．ここで，$\int e^{-k_1 t} \sin(\omega t) dt = -\dfrac{e^{-k_1 t}(\omega \cos(\omega t) + k_1 \sin(\omega t))}{k_1^2 + \omega^2}$ などを用いると，式 (5.116) は，

$$q_p = \frac{V_0}{L(k_2 - k_1)} \left(\frac{\omega \cos(\omega t) + k_1 \sin(\omega t)}{k_1^2 + \omega^2} - \frac{\omega \cos(\omega t) + k_2 \sin(\omega t)}{k_2^2 + \omega^2} \right)$$
$$= \frac{\omega(k_1 + k_2) \cos(\omega t) + (k_1 k_2 - \omega^2) \sin(\omega t)}{L(k_1^2 + \omega^2)(k_2^2 + \omega^2)} V_0 \quad (5.117)$$

となる．ここで，$k_1 + k_2 = -\dfrac{R}{L}$，$k_1 k_2 = \dfrac{1}{LC}$，および，$(k_1^2 + \omega^2)(k_2^2 + \omega^2)$ は $k_1^2 k_2^2 + (k_1^2 + k_2^2)\omega^2 + \omega^4 = \dfrac{1}{L^2 C^2} + \left(\dfrac{R^2}{L^2} - \dfrac{2}{LC} \right) \omega^2 + \omega^4 = \dfrac{1}{L^2 C^2}\left((1 - LC\omega^2)^2 + R^2 C^2 \omega^2 \right)$ と変形すると，

$$q_p = \frac{(1 - LC\omega^2) \sin(\omega t) - \omega RC \cos(\omega t)}{(1 - LC\omega^2)^2 + R^2 C^2 \omega^2} CV_0 \quad (5.118)$$

となる．ただし，$R \neq 0$ または $LC\omega^2 \neq 1$ とする．$L = 1$, $R = 5$, $C = 1$, $V_0 = 1$, $\omega = 1$ としたときの q_p の変動を，図 5.1 の左図に示す．

$R = 0$ かつ $LC\omega^2 = 1$ の場合，式 (5.118) の分母が 0 になるので，式 (5.115) に戻って考えなければならない．このとき，特解 q_p は，

$$\frac{d^2 q}{dt^2} + \omega^2 q = \frac{V_0}{L} \sin(\omega t) \quad (5.119)$$

を満たす．これは，式 (5.53) の場合に当たる．しかし，$q_p = B \sin(\omega t)$ としても，$(-\omega^2 + \omega^2) B \sin(\omega t) = \dfrac{V_0}{L} B \sin(\omega t)$ となって，B が定まらないので，$q_p = Bt \cos(\omega t)$ の形の特解を仮定する．こうして，

$$q_p = -\frac{V_0}{2L\omega} t \cos(\omega t) \quad (5.120)$$

を得る．図 5.1 の右図に，$R = 0$ 以外は左図の場合と同じパラメータに設定した q_p の変動を示す．なお，このとき，$LC\omega^2 = 1$ である．

さて，上記の結果について考察しよう．時間が大きいところでは，一般解

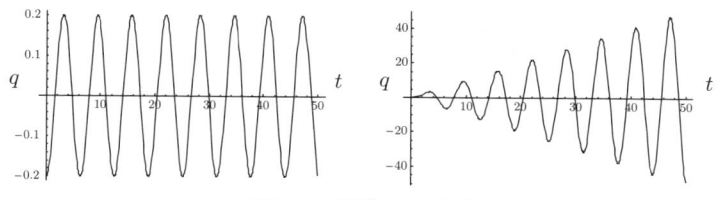

図 5.1　特解 q_p の変動

$q_0 + q_p$ において，過渡解は $q_0 \to 0$ となり消え，定常解 q_p が残る．$R \neq 0$ かつ $LC\omega^2 \neq 1$ の場合，式 (5.118) で与えられているが，q_p の大きさを決める

$$A = \frac{1}{(1 - LC\omega^2)^2 + R^2C^2\omega^2} \tag{5.121}$$

は，図 5.2 に示すように，$\omega^2 = \dfrac{2L - CR^2}{2CL^2}$ で最大になる．この ω を**共振振動数**と呼ぶ．また，q_p の振幅が最大になるので，この現象を**共振**あるいは**共鳴**という．

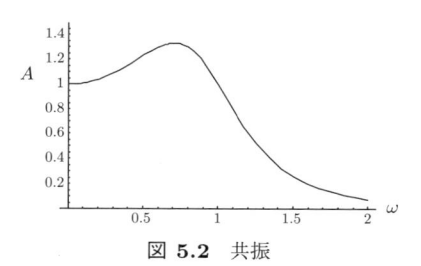

図 5.2　共振

演習問題

[1] 次の斉次微分方程式の特性方程式と一般解を求めよ．
 (1) $y'' + 5y' + 6y = 0$ (2) $y'' + y' - 6y = 0$
 (3) $y'' - 6y' + 9y = 0$ (4) $y'' + y' = 0$
 (5) $y'' + 4y = 0$ (6) $y'' + 2y' + 3y = 0$
 (7) $2y'' + 5y' + 4y = 0$ (8) $-2y'' + y' + 3y = 0$

[2] 次の非斉次微分方程式について，特性方程式と一般解を求めよ．
 (1) $y'' + 5y' + 4y = 3x$ (2) $y'' - y' - 2y = e^{2x}$
 (3) $y'' - 6y' + 9y = \sin x$ (4) $y'' - y' = x^2 + 2$
 (5) $2y'' + 3y' + 2y = x + e^x$ (6) $-2y'' + y' + 3y = \sin x + 2\cos x$

[3] 次の微分方程式において，与えられた初期条件を満たす解を求めよ．ただし，a, b は定数である．
 (1) $y'' - 5y' + 4y = 0,\ y(0) = 0,\ y'(0) = 9$
 (2) $y'' + a^2 y = 0,\ y(0) = 0,\ y'(0) = b$
 (3) $y'' + y' + y = 0,\ y(0) = 0,\ y'(0) = 1$
 (4) $y'' - 2\log 2 y' + (4 + \log^2 2)y = 0,\ y\left(\dfrac{\pi}{2}\right) = -1,\ y'\left(\dfrac{\pi}{2}\right) = 0$
 (5) $y'' - y' - 2y = x - 1,\ y(1) = 1,\ y'(1) = 2$

[4] 次の微分方程式の特解を，補助方程式を用いずに求めよ．
   (1) $y'' + 3y' + 2y = 4e^{-3x}$
   (2) $y'' + 6y' + 8y = -3e^x$
   (3) $y'' - 3y' + 2y = xe^{-3x}$
   (4) $y'' + 4y = \cos(3x)$
   (5) $y'' + 2y' + 2y = 2 + \cos(2x)$
   (6) $y'' + 4y' + 4y = e^{-2x} + \sin(2x)$

[5] 定数変化法を用いて，次の微分方程式の一般解を求めよ．
   (1) $y'' + 9y = \tan(3x)$
   (2) $y'' - y = x + 3$
   (3) $y'' - 2y' + y = e^x$
   (4) $y'' + y = \tan^2 x$
   (5) $y'' + 2y' + y = \dfrac{e^{-x}}{x}$
   (6) $y'' - 3y' + 2y = \dfrac{1}{1+e^{-x}}$

[6] 演算子法を用いて，[5] の微分方程式の一般解を求めよ．

応用問題

【1】質量が無視できるバネに吊るされたおもりの質量が 10 kg で，0.1 秒周期で，平衡点を $+/-5$ cm 上下に運動している．
   (1) 固定点が 0.2 秒周期で $+/-0.5$ cm 上下に正弦波運動するとき，おもりはどのように動くか，時間変化を表す関数を求め説明せよ．ただし，バネは十分に長いとする．
   (2) 固定点が 0.1 秒周期で上下に正弦波運動するとき，おもりの運動の時間変化を表す関数を求めよ．

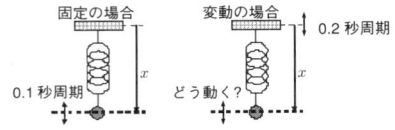

【2】バンジージャンプの数学モデルを考える．質量が無視できるロープの自然長を L m とする．伸びた長さが $(L+x)$ m のとき，重力は bx kgf である．人を質点と見なし，体重を M kg とする．空気の抵抗は速度 v に比例し，kv kgf とする（1 kgf = 10 N）．
   (1) ロープの固定点から飛び降りる場合，ロープが引っ張られていないときの運動方程式を導け．
   (2) ロープが引っ張られているときの運動方程式を導け．
   (3) 最初の速度を 0 とすると，初めて L m 下を通過するときの速度はいくらか．
   (4) $M = 50, L = 20, b = 1, k = 0.1$ の場合，折り返し点（最低到達点）は飛び降り点から何 m 下か．ここで，重力による加速度は $10\,\mathrm{ms}^{-2}$ とする．

【3】共振が大事故を引き起こした例は数多く知られている．下記の事故例を参考に，以下の問いに答えよ．

1995 年 12 月 8 日に，敦賀市にある高速増殖原型炉「もんじゅ」で，2 次主冷却系配管からナトリウムが漏洩する事故が起き，炉は停止した．配管に差し込まれた熱伝対温度計のさやが，流体の振動によって疲労し折れたのが，漏洩の原因であった．温度計のさやに**カルマン渦**によって引き起こされた周期的な力が働くことは，設計規格に取り入れていた．しかし，流れ方向に垂直な方向と流れ方向に平行な方向の 2 種類の振動があり，当時の規格では流れ方向に平行な振動は考慮されていなかったので，さやはこの力に耐えられなくなり破損した．

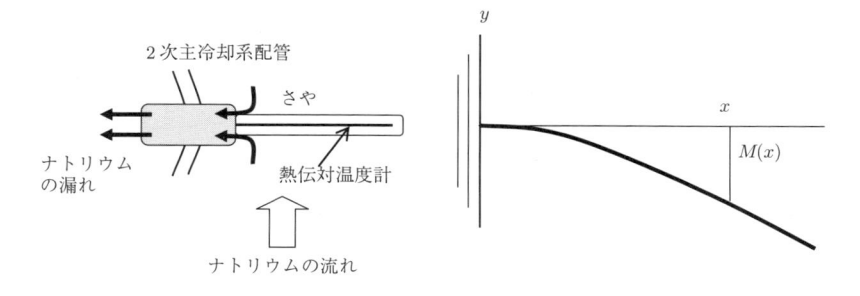

さやを断面積 A, 密度 ρ, 長さ L の弾性体の梁と考え, 上左図に示すように, 一端を上板に固定し, 他方の端は自由になっているとする. 梁の弾性率を E, 慣性モーメントを I とする. 左端を原点にとり, 距離 x にある点の水平方向へのたわみを $w(x)$ とすれば, 変数分離法を用いて, $w(x) = M(x)y(t)$ と表せることが知られている. ここで, $M(x)$ はたわみの形状を表す関数で, 最も基本的なものは, 上右図に示した $M(x) = \cos\dfrac{\lambda x}{L} - \cosh\dfrac{\lambda x}{L} - \alpha\left(\sin\dfrac{\lambda x}{L} - \sinh\dfrac{\lambda x}{L}\right)$ である. ここで, $\alpha = \dfrac{\cos\lambda + \cosh\lambda}{\sin\lambda + \sinh\lambda}$ で, λ は境界条件から $\cos\lambda\cosh\lambda + 1 = 0$ を満たすように, $\lambda = 1.875$ にとった. $y(t)$ はたわみの変動の大きさを表す. いま, 梁に加重 $f(x)$ がかかっていると, たわみは $\ddot{y} + \omega^2 y = \dfrac{1}{\rho A L}\int_0^L f(x,t)M(x)dx$ にしたがって変動する. ここに, $\omega = \dfrac{\lambda^2}{L^2}\sqrt{\dfrac{EI}{\rho A}}$ である.

(1) $M(x)$ が $x = 0$ および $x = L$ で, どのような境界条件を満たしているか.
ヒント: $x = 0$ では変位 $M(0)$ と傾き $M'(0)$ を, また, $x = L$ では曲げモーメント $-EIM^{(2)}(L)$ とせん断力 $-EIM^{(3)}(L)$ を調べよ.

(2) 加重が一様で時間的に変化しない場合, $f(x) = f_u$ とすれば, $\int_0^L M(x)dx = -0.783L$ となるので, 微分方程式は $\ddot{y} + \omega^2 y = -a$ となる. ここで, $a = \dfrac{0.783 f_u}{\rho A}$ である. 一般解を求めよ. また, 初期値を $y(0) = \delta$ (δ は定数), $y'(0) = 0$ として特解を求めよ.

(3) $x = L$ における, たわみの最大値 $y_{\max}$ を求めよ.

(4) カルマン渦による外力が $f(x,t) = f_c \sin(\Omega t)$ (f_c, Ω は定数) と表される場合, 共鳴が起こる条件, $\Omega = \omega$ での解を求めよ. ただし, 初期値は $y(0) = \delta$ (δ は定数), $y'(0) = 0$ とする.

1940 年アメリカのワシントン州の**タコマ**峡谷で, 当時世界第 3 位の長さを誇ったタコマナロウズつり橋が, 完成後わずか 4 ヵ月後で波打つように揺れ続け崩落した. 11 月 7 日の早朝より風による振動が続いていたが, 風速が 19 m/秒に達したとき, 上下方向の振動が大きくなり, ねじれるように揺れ, その振幅が増大してケーブルが破断され落下した. 設計上では風速 60 m/秒まで耐えられるはずであっ

たが，崩落の原因は支柱の後方にできたカルマン渦による周期的な力であった．

1850 年，フランスのアンジェにおいて，バス・シェーヌつり橋が崩落し，226 人が死亡した．この事故は，500 人の歩兵隊が隊列を組んで行進したことによる周期的な外力が働き，橋が共振したことが原因であった．

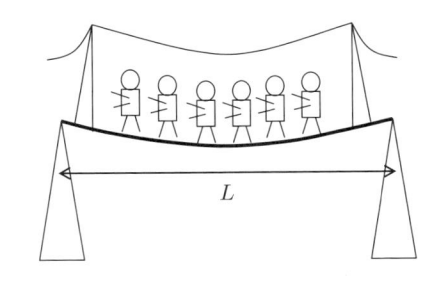

両事故は同じ原因によって起こった．後者を対象にモデル化しよう．図に示すように，歩兵隊がつり橋の上を隊列を組んで行進している．左端を原点にとり，距離 x にある点の垂直方向へのたわみを $w(x)$ とすれば，$w(x) = M(x)y(t)$ と表せる．ここで，$M(x)$ はたわみの形状を表す関数で，最も基本的なものは図に示すような $M(x) = -\sin\dfrac{\pi x}{L}$ である．$y(t)$ はたわみの大きさを表す．減衰を考慮し，梁に加重 $f(x)$ がかかると，$y(t)$ は $\ddot{y} + c\dot{y} + \omega^2 y = \dfrac{1}{\rho A L}\displaystyle\int_0^L f(x,t)M(x)dx$ を満たす．ここで，$\omega = \dfrac{\pi^2}{L^2}\sqrt{\dfrac{EI}{\rho A}}$，$c$ は減衰係数である．

(5) 加重が一様で時間的に変化しない場合，$f(x) = f_u$ とすれば，$\displaystyle\int_0^L M(x)dx = -\dfrac{2}{\pi}L$ となるので，微分方程式は $\ddot{y} + c\dot{y} + \omega^2 y = -a$ と表せる．ここで，$a = \dfrac{2f_u}{\rho \pi A}$ である．一般解を求めよ．

(6) 行進によって周期的な力，$f(x,t) = f_c \sin(\Omega t)$（$f_c, \Omega$ は定数）が働く場合，$f_c = 1, c = 1, \Omega = 1$ として，共振の様子を調べよ．

共振による事故が多数報告されている．最近では，長高層ビルの長周期地震動による共振も注目されている．2003 年の北海道十勝沖地震では，苫小牧市にある製油タンク内の液体が共振し，タンクに大規模火災が発生し，2004 年の新潟県の中越地震では，震源から 200 キロ離れた東京の高層ビルで大きな揺れが観測され，エレベーターが停止する被害が発生した．

第6章

変数係数の2階線形微分方程式

　本章は，2階微分方程式の係数が関数である変数係数の2階線形微分方程式を扱う．定数係数の場合には演算子法など代数的方法で解くことができたが，変数係数では微分方程式に応じて適切な解法を選択する必要がある．級数を用いる方法では，解として物理や工学で重要な役割を果たす特殊関数が導かれる．

6.1　斉次方程式

　変数係数の2階線形微分方程式は，$p(x)$，$q(x)$ を x の任意の関数として，$y'' + p(x)y' + q(x)y = r(x)$ と書ける．定数係数の場合と同様に，$r(x) = 0$ の方程式を**斉次方程式**，$r(x) \neq 0$ の方程式を**非斉次方程式**という．まとめると，

$$\text{非斉次方程式：} \frac{d^2 y}{dx^2} + p(x)\frac{dy}{dx} + q(x)y = r(x) \tag{6.1}$$

$$\text{斉次方程式：} \frac{d^2 y}{dx^2} + p(x)\frac{dy}{dx} + q(x)y = 0 \tag{6.2}$$

となる．

　変数係数の2階微分方程式は，偏微分方程式を扱う問題においてしばしば現れる．たとえば，式 (1.14) に示したシュレディンガー方程式の時間に依存しない波動関数は，E をエネルギーとすると，$-\frac{\hbar^2}{2m}\psi'' + V(x)\psi = E\psi$ を満たす．調和振動子の場合，$V(x) = \frac{1}{2}kx^2$ と表せるので，$\psi'' + \frac{2m}{\hbar^2}\left(E - \frac{1}{2}kx^2\right)\psi = 0$ となる．また，$\frac{\partial^2 z}{\partial x^2} + \frac{\partial^2 z}{\partial y^2} = 0$ を極座標系で書くと，θ に関する一様な解は，$\frac{d^2 z}{dr^2} + \frac{1}{r}\frac{dz}{dr} = 0$ を満たす．このように，偏微分方程式では変数係数の2階微分方程式は重要な役割を果たすが，常微分方程式を扱う本書ではそのような応用

には触れない.

定数係数の場合と同様に，一般解は斉次方程式の一般解（余関数）である斉次解と特解の和として表せる．まず，斉次解を与え，次節において特解を導く.

線形微分方程式では，解 y_1 を定数倍した Cy_1 も解である．さらに，二つの解 y_1, y_2 の 1 次結合,

$$y = C_1 y_1 + C_2 y_2 \tag{6.3}$$

も解である．実際，$y = C_1 y_1 + C_2 y_2$ を斉次方程式 (6.2) へ代入すれば,

$$\begin{aligned} y'' + py' + qy_2 &= (C_1 y_1 + C_2 y_2)'' + p(C_1 y_1 + C_2 y_2)' + q(C_1 y_1 + C_2 y_2) \\ &= C_1 (y_1'' + py_1' + qy_1) + C_2 (y_2'' + py_2' + qy_2) = 0 \end{aligned} \tag{6.4}$$

となる．ここで，y_1, y_2 は式 (6.2) の解であることを用いた．これは，斉次方程式の重要な性質である**重ね合わせの原理**を表している（第 4 章を参照）.

定数係数の場合と同様に，y_1, y_2 が 1 次独立，つまり基本解の場合に限り，$y = C_1 y_1 + C_2 y_2$ が斉次解になる．以下では，基本解を求めるためのいくつかの方法を紹介する.

（A） 階数低下法

斉次方程式 (6.2) の一つの解が何らかの方法で決定できた場合，もう一つの解を導く方法に**階数低下法**がある．既知の解を $y_1(x)$ とするとき,

$$y_2(x) = u(x) y_1(x) \tag{6.5}$$

とおいて，関数 $u(x)$ を求め，y_2 を決定する．ただし，$u(x)$ は定数でないとする．式 (6.5) を 1 回および 2 回微分した,

$$\begin{cases} y_2' = u' y_1 + u y_1' \\ y_2'' = u'' y_1 + 2 u' y_1' + u y_1'' \end{cases} \tag{6.6}$$

を式 (6.2) に代入すれば，$u'' y_1 + 2 u' y_1' + u y_1'' + p(u' y_1 + u y_1') + qu y_1 = 0$ となるので，u'', u', u の各項について整理すると,

$$u'' y_1 + u'(2 y_1' + p y_1) + u(y_1'' + p y_1' + q y_1) = 0 \tag{6.7}$$

を得る．ここで，左辺第 3 項は y_1 が式 (6.2) の解であることから 0 になる．したがって，u'' と u' からなる方程式が残り，y_1 で割ると,

$$u'' + u' \frac{2 y_1' + p y_1}{y_1} = 0 \tag{6.8}$$

となるので，$v = u'$ とおけば，

$$v' + v\left(\frac{2y_1'}{y_1} + p\right) = 0 \tag{6.9}$$

を得る．こうして，階数が 1 減った 1 階微分方程式になる．このため，階数低下法と呼んでいる．

式 (6.9) は変数分離型微分方程式である（第 3 章を参照）．$\frac{dv}{v} = -\left(\frac{2}{y_1}\frac{dy_1}{dx} + p\right)dx$ と書き直し，積分すれば，$\log|v| = -2\log|y_1| - \int p\,dx$ を得る．これから，

$$v = \frac{1}{y_1^2}\exp\left(-\int p\,dx\right) \tag{6.10}$$

となる．したがって，y_2 は，

$$\begin{aligned}
y_2 &= u(x)y_1(x) = y_1\int v\,dx \\
&= y_1\int \frac{1}{y_1^2}\exp\left(-\int p\,dx\right)dx
\end{aligned} \tag{6.11}$$

により求めることができる．

最後に，y_1, y_2 が 1 次独立であることを確認しておこう．式 (6.11) から，$\frac{y_2}{y_1} = u(x)$ は定数でないので，y_1, y_2 は 1 次独立で基本解を構成する．なお，$u(x)$ は $p(x)$ のみで決まることに注意しよう．

式 (6.11) はやや煩雑な結果となるが，階数低下法で重要なのは，式 (6.5) のように，既知の解と未知の関数の積として解を表す**定数変化法**に基づいて解を求める手順である．

例 題

$x^2 y'' - xy' + y = 0$ の一つの解は $y_1 = x$ である．一般解を求めよ．

解答

$y'' - \frac{1}{x}y' + \frac{1}{x^2}y = 0$ として，$p(x) = -\frac{1}{x}$．式 (6.10) は $v = \frac{1}{x^2}\exp\left(\int \frac{1}{x}dx\right) = \frac{1}{x^2}\exp(\log x) = \frac{1}{x}$ となり，これを式 (6.11) に代入すると $y_2 = x\log x$．x と $x\log x$ は 1 次独立で基本解をなすので，一般解は $C_1 y_1 + C_2 y_2 = C_1 x + C_2 x\log x$．

(B) 標準形への変換

微分方程式によっては，**標準形**に変形すると容易に解ける場合がある．標準形とは，式 (6.2) において 1 階の導関数がない，

$$\frac{d^2y}{dx^2} + q(x)y = 0 \tag{6.12}$$

で表される微分方程式である．標準形に変形する方法には，従属変数 y を変換する方法と独立変数 x を変換する方法とがある．まず，従属変数を変換する方法について説明する．

従属変数を，

$$y(x) = c(x)u(x) \tag{6.13}$$

とおく．これを式 (6.2) に代入すると，左辺は，

$$\begin{aligned}\frac{d^2y}{dx^2} + p(x)\frac{dy}{dx} + q(x)y &= (cu)'' + p(cu)' + qcu \\ &= cu'' + (2c' + pc)u' + (c'' + pc' + qc)u \end{aligned} \tag{6.14}$$

となる．u' の項を消去するために，$c(x)$ を，

$$2c' + pc = 0 \tag{6.15}$$

を満たすように選ぶ．$c(x)$ に関するこの 1 階微分方程式の解は，

$$c = \exp\left(-\frac{1}{2}\int p(x)dx\right) \tag{6.16}$$

となる．こうして，u' の項が消え，さらに，式 (6.14) の u'' の係数が 1 となるように c で除算すれば，

$$u'' + \left(\frac{c''}{c} + p\frac{c'}{c} + q\right)u = 0 \tag{6.17}$$

と表される．ここで，$c' = -\frac{1}{2}p(x)c$, $c'' = -\frac{1}{2}(p'(x)c + p(x)c') = -\frac{1}{2}p'(x)c + \frac{1}{4}p(x)^2c$ を式 (6.17) に代入すれば，

$$u'' + \left(q(x) - \frac{1}{4}p(x)^2 - \frac{1}{2}p'(x)\right)u = 0 \tag{6.18}$$

という標準形を得る．また，$y(x)$ は，式 (6.13) と式 (6.16) より，

$$y(x) = u(x)\exp\left(-\frac{1}{2}\int p(x)dx\right) \tag{6.19}$$

より求まる．

　以上のように，式 (6.19) により $y(x)$ を $u(x)$ に変換し，微分方程式を標準形に変形する．$u(x)$ に関する微分方程式 (6.18) の解を求めることができれば，$y(x)$ の一般解は式 (6.19) から得られる．ただし，式 (6.18) の解は $p(x)$, $q(x)$ に依存し，初等関数などで表されるとは限らない．

例　題

$y'' + 2(x+1)y' + (x+1)^2 = 0$ を標準形に直し，一般解を求めよ．

解答

　式 (6.19) より $y = u(x)\exp\left(-\frac{1}{2}\int 2(x+1)dx\right) = u(x)\exp\left(-\frac{1}{2}x^2 - x\right)$.
標準形は式 (6.18) より $u'' - u = 0$. 解は $u = C_1 e^x + C_2 e^{-x}$ で，一般解は
$y = C_1 \exp\left(-\frac{1}{2}x^2\right) + C_2 \exp\left(-\frac{1}{2}x^2 - 2x\right)$.

　次に独立変数を変換する方法を説明する．x を未知の関数 $t(x)$ へと変換しよう．y の 1 階および 2 階の導関数は，

$$\begin{cases} \dfrac{dy}{dx} = \dfrac{dy}{dt}\dfrac{dt}{dx} = t'\dfrac{dy}{dt} \\ \dfrac{d^2y}{dx^2} = t''\dfrac{dy}{dt} + t'\dfrac{d}{dx}\dfrac{dy}{dt} = t''\dfrac{dy}{dt} + t'^2\dfrac{d^2y}{dt^2} \end{cases} \tag{6.20}$$

と表されるので，これらを式 (6.2) に代入すると，

$$t'^2\frac{d^2y}{dt^2} + (t'' + p(x)t')\frac{dy}{dt} + q(x)y = 0 \tag{6.21}$$

となる．1 階の導関数の項を消すために，式 (6.15) を導いた手順にしたがって，

$$t'' + p(x)t' = 0 \tag{6.22}$$

を満たすように $t(x)$ を決める．上式から，

$$t' = \exp\left(-\int p(x)dx\right) \tag{6.23}$$

を得る．これを式 (6.21) に代入すると，標準形として，

$$\frac{d^2y}{dt^2} + q(x)\exp\left(2\int p(x)dx\right)y = 0 \tag{6.24}$$

が得られる．

例　題

$y'' - \dfrac{1}{x}y' + x^2 y = 0$ を標準形に変換し，一般解を導け．

解答

$p(x) = -\dfrac{1}{x}$, $q(x) = x^2$ に注意すれば，$t' = \exp\left(-\int p(x)dx\right) = \exp(\log x) = x$, $t = \dfrac{1}{2}x^2$．標準形は $\ddot{y} + y = 0$ となり，一般解は $y = C_1 \cos t + C_2 \sin t$．$t = \dfrac{1}{2}x^2$ を代入すれば，$y = C_1 \cos\dfrac{x^2}{2} + C_2 \sin\dfrac{x^2}{2}$.

6.2　1次独立性の判定：ロンスキアン

　斉次解は1対の基本解から構成される．第5章で述べたように，$C_1 y_1 + C_2 y_2 = 0$ が $C_1 = C_2 = 0$ のみで成り立つとき，y_1 と y_2 は1次独立である．一方，C_1, C_2 がともに0でなければ，1次従属であり，$y_1 = C y_2$ なる比例関係が成立する．つまり，2階線形微分方程式では，解の比例関係に着目して，1次独立性が判断できた．高階の微分方程式の場合でも，斉次解は1次独立な解の線形結合により表すことができるが，**1次独立性**を比例関係に基づいて確かめることはできない．そこで，高階の微分方程式にも拡張できるように，一般的な判定方法を考えよう．

　二つの関数 $f(x)$, $g(x)$ に対して，

$$W(f,g) = \begin{vmatrix} f & g \\ f' & g' \end{vmatrix} = fg' - gf' \tag{6.25}$$

を，**ロンスキアン**あるいは**ロンスキー行列式**という．ここで，二つの関数は少なくとも1回微分可能でなければならない．ロンスキアンは三つ以上の関数にも拡張できるが，n 個の関数の場合は少なくとも $n-1$ 回微分可能な関数とする（下記の例題を参照）．

　1次従属ならば，比例関係 $f(x) = kg(x)$（k は定数）が成立するので，式 (6.25) に代入すれば，

$$W(f,g) = W(kg,g) = kgg' - gkg' = 0 \tag{6.26}$$

となる．つまり，1次従属ならロンスキアンは0である．

この逆は一般には成立せず，$W(f,g) = 0$ であっても，$f(x)$ と $g(x)$ は1次従属とは限らない．たとえば，

$$f(x) = \begin{cases} x^2 & (x \geq 0) \\ 0 & (x < 0) \end{cases}, \quad g(x) = \begin{cases} 0 & (x \geq 0) \\ x^3 & (x < 0) \end{cases} \quad (6.27)$$

で与えられる関数は $W(f,g) = 0$ を満たすが，明らかに1次独立である．

しかし，二つの関数が微分方程式 (6.1) の解である場合は逆が成立する．このことは対偶をとって，$f(x)$ と $g(x)$ が1次独立ならば $W(f,g) \neq 0$ が成立することを示せば証明できる．1次独立ならば，C を任意の定数として，

$$\frac{g(x)}{f(x)} \neq C \quad (6.28)$$

であり，1回微分すれば，

$$\frac{d}{dx}\left(\frac{g(x)}{f(x)}\right) = \frac{f(x)g'(x) - f'(x)g(x)}{f(x)^2} \neq 0 \quad (6.29)$$

となるので，

$$f(x)g'(x) - f'(x)g(x) = W(f,g) \neq 0 \quad (6.30)$$

を満たす x が存在する．したがって，この対偶をとれば，$W(f,g) = 0$ ならば，$f(x)$ と $g(x)$ は1次従属となる．

まとめると，斉次方程式の解が1次従属であるための必要十分条件は，ロンスキアンが0となることである．また，1次従属でなければ1次独立であるから，解が1次独立である必要十分条件は，ロンスキアンが0でないことである．

例　題

次の関数のロンスキアンを計算せよ．
(1) $\sin x, \cos x$　　　　　　　　(2) x^2, x^3, e^x

解答

(1) $W(\sin x, \cos x) = \begin{vmatrix} \sin x & \cos x \\ \cos x & -\sin x \end{vmatrix} = -\sin^2 x - \cos^2 x = -1.$

(2) $W(x^2, x^3, e^x) = \begin{vmatrix} x^2 & x^3 & e^x \\ 2x & 3x^2 & e^x \\ 2 & 6x & e^x \end{vmatrix} = xe^x \begin{vmatrix} x^2 & x^2 & 1 \\ 2x & 3x & 1 \\ 2 & 6 & 1 \end{vmatrix} = x^2 e^x (x^2 - 4x + 6).$

$f(x)$, $g(x)$ が斉次方程式 (6.2) の解である場合，ロンスキアンは，C を任意の定数とすれば，

$$W(f,g) = C \exp\left(-\int p(x)dx\right) \tag{6.31}$$

と表せる．これを証明するため，$W(f,g)$ を x で微分して，

$$\begin{aligned}
\frac{dW(f,g)}{dx} &= (fg' - f'g)' = fg'' - f''g \\
&= -f\left(p(x)g' + q(x)g\right) + g\left(p(x)f' + q(x)f\right) \\
&= -p(x)(fg' - f'g) = -W(f,g)p(x)
\end{aligned} \tag{6.32}$$

とする．上式は変数分離型微分方程式で，その解は式 (6.31) を与える．式 (6.31) の右辺の指数関数は決して 0 にならないので，ロンスキアンは，定数 C に応じて，恒等的に 0 になるか，あるいは 0 でないかのいずれかである．

斉次解は，初期値 $y(x_0)$, $y'(x_0)$ が与えられると一意に定まることを確認しておこう．$y = C_1 y_1 + C_2 y_2$ に $x = x_0$ を代入すると，

$$C_1 y_1(x_0) + C_2 y_2(x_0) = y(x_0) \tag{6.33}$$

となる．斉次解を 1 回微分してから $x = x_0$ を代入すれば，

$$C_1 y_1'(x_0) + C_2 y_2'(x_0) = y'(x_0) \tag{6.34}$$

となる．式 (6.33) と式 (6.34) を C_1, C_2 の連立方程式とみなして，行列表現すると，

$$\begin{pmatrix} y_1(x_0) & y_2(x_0) \\ y_1'(x_0) & y_2'(x_0) \end{pmatrix} \begin{pmatrix} C_1 \\ C_2 \end{pmatrix} = \begin{pmatrix} y(x_0) \\ y'(x_0) \end{pmatrix} \tag{6.35}$$

である．上式の左辺に現れる行列の行列式は $y_1(x_0)y_2'(x_0) - y_1'(x_0)y_2(x_0)$ で，ロンスキアン $W(y_1, y_2)$ に $x = x_0$ を代入したものに等しい．基本解は 1 次独立であり，そのロンスキアンは 0 とならないので，行列は正則行列である．したがって，その逆行列が存在するので，それを両辺の左側からかければ，C_1, C_2 が，

$$\begin{cases} C_1 = \dfrac{y(x_0)y_2'(x_0) - y'(x_0)y_2(x_0)}{y_1(x_0)y_2'(x_0) - y_1'(x_0)y_2(x_0)} \\ C_2 = \dfrac{y'(x_0)y_1(x_0) - y(x_0)y_1'(x_0)}{y_1(x_0)y_2'(x_0) - y_1'(x_0)y_2(x_0)} \end{cases} \tag{6.36}$$

と求まる．こうして，初期値問題の解は一意に決まる．

6.3 非斉次方程式

(A) 定数変化法

$$\frac{d^2y}{dx^2} + p(x)\frac{dy}{dx} + q(x)y = r(x) \tag{6.37}$$

の一般解が，非斉次方程式の基本解 y_1, y_2 と特解 y_p を用いて，

$$Y = C_1 y_1 + C_2 y_2 + y_p \tag{6.38}$$

と表せることは，定数係数の場合と同様である（第5章を参考）．また，式 (6.38) の積分定数の数は斉次方程式の積分定数の数と同じなので，$x = x_0$ での初期値 $y(x_0), y'(x_0)$ を与えると解は一意に定まる．

式 (6.37) を解くために必要な特解 y_p は，基本解 y_1, y_2 を用いて表わすことができる．5.4節で述べた**定数変化法**を適用し，

$$y_p = u_1(x)y_1 + u_2(x)y_2 \tag{6.39}$$

とおき，$u_1(x), u_2(x)$ を決定する．両辺を微分すると，

$$y'_p = (u'_1 y_1 + u'_2 y_2) + (u_1 y'_1 + u_2 y'_2) \tag{6.40}$$

となる．ここで，未知関数が $u_1(x)$ と $u_2(x)$ の二つあるにもかかわらず，方程式 (6.40) が一つしかないので，任意性をなくす条件として，

$$u'_1 y_1 + u'_2 y_2 = 0 \tag{6.41}$$

を要求する．そうすれば，式 (6.40) は，

$$y'_p = u_1 y'_1 + u_2 y'_2 \tag{6.42}$$

となる．さらに微分した $y''_p = u_1 y''_1 + u'_1 y'_1 + u_2 y''_2 + u'_2 y'_2$ を式 (6.37) に代入すれば，

$$\begin{aligned}
y''_p &+ p(x) y'_p + q(x) y_p \\
&= u'_1 y'_1 + u'_2 y'_2 + (y''_1 + p(x) y'_1 + q(x) y_1) u_1 + (y''_2 + p(x) y'_2 + q(x) y_2) u_2 \\
&= r(x)
\end{aligned} \tag{6.43}$$

となり，y_1 と y_2 が斉次方程式の解であることを考慮すれば，

$$u'_1 y'_1 + u'_2 y'_2 = r(x) \tag{6.44}$$

と整理できる．

式 (6.41) および式 (6.44) は u_1', u_2' の連立方程式で，その解は，

$$\begin{cases} u_1' = \dfrac{-r(x)y_2}{y_1 y_2' - y_1' y_2} = \dfrac{-r(x)y_2}{W(y_1, y_2)} \\ u_2' = \dfrac{r(x)y_1}{y_1 y_2' - y_1' y_2} = \dfrac{r(x)y_1}{W(y_1, y_2)} \end{cases} \tag{6.45}$$

である．ここで，$W(y_1, y_2)$ は y_1, y_2 のロンスキアンである．ここでもロンスキアンの重要性が確認される．u_1, u_2 は式 (6.45) を積分すれば容易に求まるので，その結果を式 (6.39) へ代入すれば，特解は，

$$\begin{aligned} y_p &= u_1(x) y_1 + u_2(x) y_2 \\ &= -y_1 \int \frac{r(x) y_2}{W(y_1, y_2)} dx + y_2 \int \frac{r(x) y_1}{W(y_1, y_2)} dx \end{aligned} \tag{6.46}$$

と表される．

まとめると，微分方程式 (6.37) の一般解は，

$$\begin{aligned} y &= C_1 y_1 + C_2 y_2 + y_p \\ &= C_1 y_1 + C_2 y_2 - y_1 \int \frac{r(x) y_2}{W(y_1, y_2)} dx + y_2 \int \frac{r(x) y_1}{W(y_1, y_2)} dx \end{aligned} \tag{6.47}$$

となる．定数係数の場合に得られた式 (5.81) と同じ式である．

例 題

次の微分方程式の一般解を，余関数を参考にして求めよ．
$y'' - \dfrac{3}{x} y' + \dfrac{3}{x^2} y = x^2$．余関数：$C_1 x + C_2 x^3$．

解答

$W = 2x^3$ から，一般解は $y = C_1 x + C_2 x^3 - x \int \dfrac{x^2 x^3}{2x^3} dx + x^3 \int \dfrac{x^2 x}{2x^3} dx = C_1 x + C_2 x^3 + \dfrac{1}{3} x^4$．

特別な形の微分方程式では，解きやすい形に変形することが可能な場合がある．以下ではオイラーの微分方程式とリッカチの微分方程式をとり上げ，各々について説明しよう．

(B) オイラーの微分方程式

オイラーの微分方程式は，

$$x^2 \frac{d^2y}{dx^2} + ax\frac{dy}{dx} + by = r(x) \tag{6.48}$$

と表される．ここで，a, b は定数である．微分方程式を変形するため，独立変数 x を，

$$x = e^t \tag{6.49}$$

と変換する．$t = \log x$, $\dfrac{dt}{dx} = \dfrac{1}{x}$ から，y の 1 階と 2 階の導関数はそれぞれ，

$$\begin{cases} \dfrac{dy}{dx} = \dfrac{dy}{dt}\dfrac{dt}{dx} = \dfrac{1}{x}\dfrac{dy}{dt} \\ \dfrac{d^2y}{dx^2} = \dfrac{d}{dx}\left(\dfrac{1}{x}\dfrac{dy}{dt}\right) = -\dfrac{1}{x^2}\dfrac{dy}{dt} + \dfrac{1}{x}\dfrac{d}{dt}\dfrac{dt}{dx}\dfrac{dy}{dt} = \dfrac{1}{x^2}\left(\dfrac{d^2y}{dt^2} - \dfrac{dy}{dt}\right) \end{cases} \tag{6.50}$$

と表される．上式を式 (6.48) に代入すると，定数係数の微分方程式，

$$\frac{d^2y}{dt^2} + (a-1)\frac{dy}{dt} + by = r(x) \tag{6.51}$$

に変形できる．

定数係数となるので，第 5 章で述べた方法にしたがって，斉次解を求め，それに特解を加えれば一般解が構成できる．特性方程式

$$k^2 + (a-1)k + b = 0 \tag{6.52}$$

の解によって，以下の三つに場合に分ける．

(i) 二つの実数解をもつ場合 $((a-1)^2 > 4b)$

特性方程式の二つの実数解は $k_1, k_2 = \dfrac{1-a \pm \sqrt{(a-1)^2 - 4b}}{2}$ となるので，基本解は $e^{k_1 t}$ と $e^{k_2 t}$ である．したがって，斉次解は式 (6.49) を用いると，

$$y_0 = C_1 e^{k_1 t} + C_2 e^{k_2 t} = C_1 x^{k_1} + C_2 x^{k_2} \tag{6.53}$$

となる．

(ii) 二つの共役複素解をもつ場合 $((a-1)^2 < 4b)$

共役複素解を $k_1, k_2 = \dfrac{1-a \pm i\sqrt{4b - (a-1)^2}}{2} = u \pm iv$ とおくと，基本解は $e^{ut}\cos(vt)$ と $e^{ut}\sin(vt)$ となるので，斉次解は，

$$y_0 = e^{ut}(C_1 \cos(vt) + C_2 \sin(vt))$$
$$= x^u(C_1 \cos(v \log x) + C_2 \sin(v \log x)) \tag{6.54}$$

と表せる.

(iii) 重解をもつ場合 $((a-1)^2 = 4b)$

重解は $k = \dfrac{1-a}{2}$ であり,基本解の一つは $e^{kt} = x^k$ である.もう一つの基本解は,階数低下法で求められ,$te^{kt} = (\log x)x^k$ である.したがって,斉次解は,

$$y_0 = (C_1 + C_2 t)e^{kt} = (C_1 + C_2 \log x)x^k \tag{6.55}$$

となる.

例　題

次の微分方程式の一般解を求めよ.
(1) $x^2 y'' + 2xy' - 2y = 0$ (2) $x^2 y'' - 3xy' + 4y = 0$
(3) $x^2 y'' + 3xy' + 3y = 0$ (4) $x^2 y'' + xy - y = x$

解答

(1) 変換式 (6.49) により $\ddot{y} + \dot{y} - 2 = 0$ となる.特性方程式 $k^2 + k - 2 = 0$ の解は $k = 1, -2$.一般解は $y = C_1 e^t + C_2 e^{-2t} = C_1 x + C_2 \dfrac{1}{x^2}$.

(2) $\ddot{y} - 4\dot{y} + 4 = 0$.特性方程式 $(k-2)^2 = 0$ の重解は $k = 2$.一般解は $y = (C_1 + C_2 t)e^{2t} = (C_1 + C_2 \log x)x^2$.

(3) $\ddot{y} + 2\dot{y} + 3 = 0$.特性方程式 $k^2 + 2k + 3 = 0$ の解は $k = -1 \pm \sqrt{2}i$.一般解は $y = e^{-t}(C_1 \cos(\sqrt{2}t) + C_2 \sin(\sqrt{2}t)) = \dfrac{1}{x}(C_1 \cos(\sqrt{2}\log x) + C_2 \sin(\sqrt{2}\log x))$.

(4) $\ddot{y} - y = e^t$.特性方程式 $k^2 - 1 = 0$ の解は $k = \pm 1$.基本解は e^t と e^{-t}. $W = -2$ より,$\int \dfrac{r(t)y_2}{W(y_1, y_2)} dt = \int \dfrac{e^t e^{-t}}{-2} dt = -\dfrac{1}{2}t$, $\int \dfrac{r(t)y_1}{W(y_1, y_2)} dt = \int \dfrac{e^t e^t}{-2} dx = -\dfrac{1}{4}e^{2t}$ で,特解は $\dfrac{1}{2}te^t - \dfrac{1}{4}e^t$.一般解は $y = C_1 e^t + C_2 e^{-t} + \dfrac{1}{2}te^t - \dfrac{1}{4}e^t = C_1 x + C_2 \dfrac{1}{x} + \dfrac{1}{2} x \log x$.ここで,特解のうちの $-\dfrac{1}{4}e^t = -\dfrac{1}{4}x$ は C_1 を変更することで一般解に吸収した.

オイラーの微分方程式が現れる例として,静電界の問題をとり上げよう.図 6.1 の左図に示すように,半径 r_1 と r_2 の二つの同心球があり,各々の電位が v_1 と v_2 で与えられている.このとき,同心球間で半径 r における電位を考える.

電磁気学によれば，電位 $v(r)$ は，

$$\frac{d^2v}{dr^2} + \frac{2}{r}\frac{dv}{dr} = 0 \tag{6.56}$$

にしたがう．この式を r^2 倍すると，$b=0$ のオイラーの微分方程式，

$$r^2\frac{d^2v}{dr^2} + 2r\frac{dv}{dr} = 0 \tag{6.57}$$

となる．$r = e^t$ により，定数係数の微分方程式，

$$\frac{d^2v}{dt^2} + \frac{dv}{dt} = 0 \tag{6.58}$$

に変換できる．特性方程式 $k^2 + k = 0$ の解は $k = 0, -1$ となるので，一般解は，

$$v(r) = C_1 + C_2 e^{-t} = C_1 + \frac{C_2}{r} \tag{6.59}$$

と表される．

数値例を与える．$r_1 = 10\,\text{cm}$, $r_2 = 20\,\text{cm}$ として，境界条件が $v_1 = 100\,\text{V}$, $v_2 = 0\,\text{V}$ と与えられているとする．積分定数は，

$$\begin{cases} 100 = C_1 + \dfrac{C_2}{10} \\ 0 = C_1 + \dfrac{C_2}{20} \end{cases} \tag{6.60}$$

より，$C_1 = -100$, $C_2 = 2000$ である．このとき，電位は $v(r) = \dfrac{2000}{r} - 100$ と表され，その変化を図 6.1 の右図に示す．

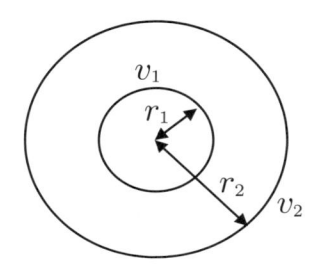

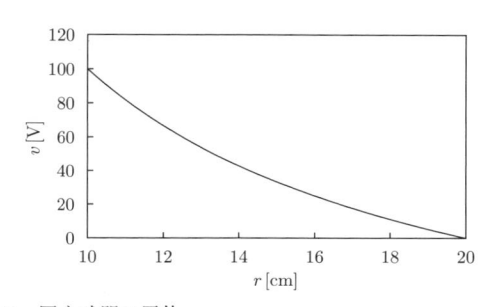

図 **6.1** 同心球間の電位

(C) リッカチの微分方程式

次にリッカチの微分方程式を考える．リッカチの微分方程式は1階の非斉次方程式で，

$$\frac{dy}{dx} + p(x)y^2 + q(x)y + r(x) = 0 \tag{6.61}$$

で表された（第4章でもとり上げたが，解法の違いに注意）．y の2次の項を含む非線形方程式であるが，適切な変数変換を施せば，以下に示すように2階の線形微分方程式に変形することができる．

変数変換，

$$y = \frac{1}{p(x)} \frac{u(x)'}{u(x)} \tag{6.62}$$

を施す．ただし，$p(x) = 0$ の場合は微分方程式が線形になり，第4章で述べた解法を用いることができるので，ここでは $p(x) \neq 0$ と仮定する．式 (6.62) を1回微分すると，

$$y' = \frac{u''pu - u'(pu)'}{(pu)^2} = \frac{u''}{pu} - \frac{p'u'}{p^2 u} - \frac{u'^2}{pu^2} \tag{6.63}$$

を得る．これを式 (6.61) に代入すれば，

$$\frac{d^2 u}{dx^2} + \left(q(x) - \frac{p(x)'}{p(x)} \right) \frac{du}{dx} + p(x)r(x)u = 0 \tag{6.64}$$

となって，2次の項が消え，変数係数の2階線形微分方程式になる．

例　題

$xy' + x^2 y^2 + y - 4 = 0$ の一般解を求めよ．

解答

$y' + xy^2 + \frac{1}{x}y - \frac{4}{x} = 0$ とする．変換 (6.62) は $y = \frac{1}{x}\frac{u(x)'}{u(x)}$ となり，式 (6.64) は $u'' + \left(\frac{1}{x} - \frac{1}{x}\right)u' - x\frac{4}{x}u = u'' - 4u = 0$．$u$ の基本解は e^{2x} と e^{-2x} で，一般解は $y = \frac{2}{x}\frac{C_1 e^{2x} - C_2 e^{-2x}}{C_1 e^{2x} + C_2 e^{-2x}} = \frac{2}{x}\frac{e^{4x} - C}{e^{4x} + C}$ $\left(C = \frac{C_2}{C_1} \text{は任意定数} \right)$．

6.4 べき級数展開

変数係数の線形微分方程式では，解を指数関数や三角関数などの初等関数で

6.4 べき級数展開

表すことができない問題が多い．よく用いられる汎用的なアプローチに，解を**べき級数**（あるいは，**整級数**という）の形式で与える**べき級数法**があり，より高階の微分方程式にも適用できる利点がある．

（A） 漸化式と形式解

べき級数とは，

$$\sum_{n=0}^{\infty} a_n (x-x_0)^n = a_0 + a_1(x-x_0) + a_2(x-x_0)^2 + a_3(x-x_0)^3 + \cdots \quad (6.65)$$

という形式の無限級数である．ここに，a_n は級数の係数，x_0 は級数の中心である．べき指数 n は，0 以上の整数に限られ，負の整数や非整数はとらない．

べき級数を用いる基本的な方法は，微分方程式 (6.1) において，$y, y', y'', p(x), q(x)$ をそれぞれべき級数で表し，同じべきの係数がそれぞれ 0 となるように級数の係数を決定して，級数解を求める．いま，y を $x_0 = 0$ のべき級数で展開した，

$$y = \sum_{n=0}^{\infty} a_n x^n = a_0 + a_1 x + a_2 x^2 + a_3 x^3 + \cdots \quad (6.66)$$

を仮定しよう．上式を 1 回および 2 回微分すれば，

$$\begin{cases} y' = \sum_{n=0}^{\infty} n a_n x^{n-1} = a_1 + 2a_2 x + 3a_3 x^2 + 4a_4 x^3 + \cdots \\ y'' = \sum_{n=0}^{\infty} n(n-1) a_n x^{n-2} = 2a_2 + 3\cdot 2 a_3 x + 4\cdot 3 a_4 x^2 + 5\cdot 4 a_5 x^3 + \cdots \end{cases} \quad (6.67)$$

となる．さらに，$p(x), q(x)$ をべき級数に展開するが，もし，それらが多項式として与えられていればそのままでよい．以上の式を微分方程式に代入し，x のべきが等しい項を集め，それぞれの項の係数が 0 となるようにする．つまり，定数項，x の項，x^2 の項という具合に，べきが小さい順に**漸化式**で係数 a_n を決定することができる．

具体例として，

$$y'' + \frac{1}{4} y = 0 \quad (6.68)$$

の一般解をべき級数で求めよう．上式に式 (6.66) と式 (6.67) を代入すると，

$$2a_2 + 3\cdot 2a_3 x + 4\cdot 3a_4 x^2 + 5\cdot 4a_5 x^3 + \cdots$$
$$+ \frac{1}{4}(a_0 + a_1 x + a_2 x^2 + a_3 x^3 + \cdots)$$
$$= 2a_2 + \frac{1}{4}a_0 + \left(3\cdot 2a_3 + \frac{1}{4}a_1\right)x + \left(4\cdot 3a_4 + \frac{1}{4}a_2\right)x^2$$
$$+ \left(5\cdot 4a_5 + \frac{1}{4}a_3\right)x^3 + \cdots \tag{6.69}$$

となる．これが恒等的に0となるので，各項を0として漸化式を導き，それを解くと，

$$2a_2 + \frac{1}{4}a_0 = 0 \text{ より}, \ a_2 = -\frac{1}{2\cdot 4}a_0$$
$$3\cdot 2a_3 + \frac{1}{4}a_1 = 0 \text{ より}, \ a_3 = -\frac{1}{3\cdot 2\cdot 4}a_1 = -\frac{1}{3!\cdot 4}a_1$$
$$4\cdot 3a_4 + \frac{1}{4}a_2 = 0 \text{ より}, \ a_4 = -\frac{1}{4\cdot 3\cdot 4}a_2 = \frac{1}{4!\cdot 4^2}a_0$$
$$5\cdot 4a_5 + \frac{1}{4}a_3 = 0 \text{ より}, \ a_5 = -\frac{1}{5\cdot 4\cdot 4}a_3 = \frac{1}{5!\cdot 4^2}a_1 \tag{6.70}$$

などを得る．つまり，偶数番目は a_0，奇数番目は a_1 を用いて表されるので，一般解も a_0 と a_1 のみを用いて，

$$y = a_0 + a_1 x - \frac{a_0}{2!\cdot 4}x^2 - \frac{a_1}{3!\cdot 4}x^3 + \frac{a_0}{4!\cdot 4^2}x^4 + \frac{a_1}{5!\cdot 4^2}x^5 + \cdots \tag{6.71}$$

と表せる．なお，この場合は，さらに変形すると，

$$y = a_0\left\{1 - \frac{1}{2!}\left(\frac{x}{2}\right)^2 + \frac{1}{4!}\left(\frac{x}{2}\right)^4 + \cdots\right\}$$
$$+ 2a_1\left\{\frac{x}{2} - \frac{1}{3!}\left(\frac{x}{2}\right)^3 + \frac{1}{5!}\left(\frac{x}{2}\right)^5 + \cdots\right\}$$
$$= C_1 \cos\frac{x}{2} + C_2 \sin\frac{x}{2} \tag{6.72}$$

となる．ここで，$C_1 = a_0, C_2 = 2a_1$ とおいた．これから，基本解は $\cos\frac{x}{2}, \sin\frac{x}{2}$ であることが分かる．

上記の例では，べき級数が初等関数に変形できたが，一般には初等関数で表されるとは限らなく，特殊関数などが必要な場合がある．級数解が収束すれば，**解析的**であるといい，**形式解**と呼ばれる．級数が $x = x_0$ で収束する場合（上記の例では $x_0 = 0$），x_0 を中点とする区間，$|x - x_0| < R$ におけるすべての x で収束し，かつ，$|x - x_0| > R$ を満たすすべての x で発散すれば，R を**収束半**

径という（図 6.2）．すべての x に対して収束するとき，収束半径は ∞ である．

$p(x)$, $q(x)$ が $x = x_0$ で解析的なら，$x = x_0$ を**正常点**または**正則点**という．このときすべての解は $x = x_0$ で解析的で，$|x - x_0| < R$ で $x - x_0$ のべき級数解が存在することが証明されている．なお，解析的ではない点は**特異点**という．

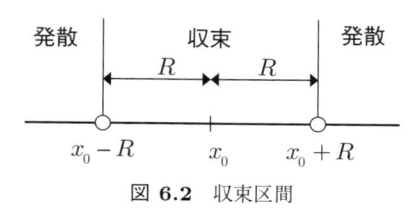

図 6.2 収束区間

例 題

$y'' + xy' + y = 0$ の一般解をべき級数で求めよ．

解答

$p(x) = x$, $q(x) = 1$. $|x| < \infty$ で解析的で，$|x| < \infty$ で収束し，$y = \sum_{n=0}^{\infty} a_n x^n$ が存在する．y と y' を微分方程式に代入すると，左辺は

$$2a_2 + 6a_3 x + 12a_4 x^2 + 20a_5 x^3 + \cdots + x(a_1 + 2a_2 x + 3a_3 x^2 + 4a_3 x^3 + \cdots)$$
$$+ a_0 + a_1 x + a_2 x^2 + a_3 x^3 + \cdots$$
$$= a_0 + 2a_2 + (2a_1 + 6a_3)x + (3a_2 + 12a_4)x^2 + (4a_3 + 20a_5)x^3 +$$

となる．各項を 0 とおき，漸化式を解くと，$a_0 + 2a_2 = 0$ より $a_2 = -\frac{1}{2}a_0$, $2a_1 + 6a_3 = 0$ より $a_3 = -\frac{1}{3}a_1$, $3a_2 + 12a_4 = 0$ より $a_4 = -\frac{1}{4}a_2 = \frac{1}{4 \cdot 2}a_0$, $4a_3 + 20a_5 = 0$ より $a_5 = -\frac{1}{5}a_3 = \frac{1}{5 \cdot 3}a_1$ などとなる．漸化式は $a_{n+2} = -\frac{1}{n+2}a_n$ $(n = 0, 1, 2, \ldots)$ と表せるので，n が偶数 $(n = 2m)$ のとき $a_{2m} = (-1)^m \frac{1}{2 \cdot 4 \cdots 2m} a_0 = (-1)^m \frac{1}{2^m \cdot m!} a_0$, n が奇数 $(n = 2m+1)$ のとき $a_{2m+1} = (-1)^m \frac{1}{1 \cdot 3 \cdots (2m+1)} a_1$. a_0 と a_1 を任意の定数として，一般解は

$$y = a_0 \sum_{m=0}^{\infty} (-1)^m \frac{1}{2^m \cdot m!} x^{2m} + a_1 \sum_{m=0}^{\infty} (-1)^m \frac{1}{1 \cdot 3 \cdots (2m+1)} x^{2m+1}.$$

(B) 確定特異点

$p(x)$, $q(x)$ が $x = x_0$ において解析的ではない（特異点）が，$(x - x_0)p(x)$, $(x - x_0)^2 q(x)$ が解析的となる場合を考える．このとき，$x = x_0$ を**確定特異点**という．確定特異点をもてば，べき級数法を拡張した**フロベニウス法**が適用

できる．

応用で重要ないくつかの微分方程式，たとえばベッセルの微分方程式は解析的ではないのでべき級数法が適用できない．**ベッセルの微分方程式**は，

$$x^2 \frac{d^2 y}{dx^2} + x \frac{dy}{dx} + (x^2 - \nu^2) y = 0 \tag{6.73}$$

と表される．ここで，ν は定数である．x^2 で割れば，

$$\frac{d^2 y}{dx^2} + \frac{1}{x} \frac{dy}{dx} + \frac{1}{x^2}(x^2 - \nu^2) y = 0 \tag{6.74}$$

となり，$p(x) = \dfrac{1}{x}$, $q(x) = \dfrac{1}{x^2}(x^2 - \nu^2)$ である．$p(x)$, $q(x)$ は解析的ではないが，$x_0 = 0$ とすると，$(x-x_0)p(x) = 1$, $(x-x_0)^2 q(x) = x^2 - \nu^2$ はそれぞれ解析的になるので，$x = x_0 = 0$ は確定特異点である．さらに，$x = \infty$ での挙動を調べよう．そのため，$u = \dfrac{1}{x}$ と変換して，$u = 0$ での振る舞いを調べる．

$$\begin{cases} \dfrac{dy}{dx} = -\dfrac{1}{x^2}\dfrac{dy}{du} = -u^2 \dfrac{dy}{du} \\ \dfrac{d^2 y}{dx^2} = -u^2 \dfrac{d}{du}\left(-u^2 \dfrac{dy}{du}\right) = 2u^3 \dfrac{dy}{du} + u^4 \dfrac{d^2 y}{du^2} \end{cases} \tag{6.75}$$

を式 (6.74) に代入して，整形すれば，

$$\frac{d^2 y}{du^2} + \frac{1}{u}\frac{dy}{du} + \frac{1}{u^2}\left(\frac{1}{u^2} - \nu^2\right) y = 0 \tag{6.76}$$

を得る．このとき，$p(u) = \dfrac{1}{u}$, $q(u) = \dfrac{1}{u^2}\left(\dfrac{1}{u^2} - \nu^2\right)$ となり，$up(u) = 1$ は解析的であるが，$u^2 q(u) = \dfrac{1}{u^2} - \nu^2$ には $\dfrac{1}{u^2}$ が残るため，解析的でない．つまり，$x = \infty$ ($u = 0$) は確定特異点ではない．確定特異点以外の特異点を**不確定特異点**という．

微分方程式が確定特異点をもつ場合の解法である**フロベニウス法**を説明しよう．$x = x_0$ が確定特異点ならば，

$$y = \sum_{n=0}^{\infty} a_n (x-x_0)^{n+r} = (x-x_0)^r \left(a_0 + a_1(x-x_0) + a_2(x-x_0)^2 + \cdots\right) \tag{6.77}$$

の形式で表される解が，少なくとも一つ存在する（証明は省略）．ただし，$a_0 \neq 0$ とする．ここで，r は実数または複素数の指数である．1 階と 2 階の導関数は，

$$\begin{cases} y' = \sum_{n=0}^{\infty} (n+r)a_n(x-x_0)^{n+r-1} \\ \quad = (x-x_0)^{r-1}\left(ra_0 + (r+1)a_1(x-x_0) + (r+2)a_2(x-x_0)^2 + \cdots\right) \\ y'' = \sum_{n=0}^{\infty} (n+r)(n+r-1)a_n(x-x_0)^{n+r-2} \\ \quad = (x-x_0)^{r-2}\bigl(r(r-1)a_0 + (r+1)ra_1(x-x_0) \\ \qquad\qquad + (r+2)(r+1)a_2(x-x_0)^2 + \cdots\bigr) \end{cases} \tag{6.78}$$

となる．$P(x) = (x-x_0)p(x)$, $Q(x) = (x-x_0)^2 q(x)$ とおくと，$P(x), Q(x)$ は解析的で，$P(x) = \sum_{n=0}^{\infty} P_n(x-x_0)^n$, $Q(x) = \sum_{n=0}^{\infty} Q_n(x-x_0)^n$ と表せる．すると，式 (6.2) は，$P(x), Q(x)$ を用いて，

$$y'' + \frac{P(x)}{x-x_0}y' + \frac{Q(x)}{(x-x_0)^2}y = 0 \tag{6.79}$$

と書き直せる．上式に $(x-x_0)^2$ をかけて，

$$(x-x_0)^2 y'' + (x-x_0)P(x)y' + Q(x)y = 0 \tag{6.80}$$

とし，これに式 (6.77)，式 (6.78)，$P(x), Q(x)$ のべき級数を代入すれば，

$$(x-x_0)^r \left(r(r-1)a_0 + (r+1)ra_1(x-x_0) + \cdots\right)$$
$$\quad + (P_0 + P_1(x-x_0) + \cdots)(x-x_0)^r \left(ra_0 + (r+1)a_1(x-x_0) + \cdots\right)$$
$$\quad + (Q_0 + Q_1(x-x_0) + \cdots)(x-x_0)^r \left(a_0 + a_1(x-x_0) + \cdots\right)$$
$$= \sum_{n=0}^{\infty} \left((r+n)(r+n-1)a_n + \sum_{j=0}^{n}(r+j)a_j P_{n-j} + \sum_{j=0}^{n} a_j Q_{n-j}\right)(x-x_0)^{r+n}$$
$$= 0 \tag{6.81}$$

と整理できる．これより，各 n について，$(x-x_0)^{r+n}$ の係数は，

$(x-x_0)^r$ の係数：$\{r(r-1) + P_0 r + Q_0\} a_0 \equiv F(r)a_0 = 0$

$(x-x_0)^{r+1}$ の係数：

$\quad \{r(r+1) + P_0(r+1) + Q_0\} a_1 + (P_1 r + Q_1) a_0$

$\quad = F(r+1)a_1 + (P_1 r + Q_1) a_0 = 0$

$\quad \vdots$

$(x-x_0)^{r+n}$ の係数：

$$\begin{aligned}&\{(r+n)(r+n-1)+P_0(r+n)+Q_0\}a_n\\&\quad+(P_1(r+n-1)+Q_1)a_{n-1}+\cdots+(P_n r+Q_n)a_0\\&=F(r+n)a_n+(P_1(r+n-1)+Q_1)a_{n-1}+\cdots+(P_n r+Q_n)a_0=0\end{aligned}$$
(6.82)

となる．ここで，$n=0$ の場合の $(x-x_0)^r$ の係数に着目すると，$a_0 \neq 0$ であるから，

$$F(r) = r(r-1)+P_0 r + Q_0 = 0 \tag{6.83}$$

となり，r に関する2次方程式が成立する．これを**決定方程式**という．決定方程式の解を r_1, r_2 とする．ただし，$r_1 > r_2$ とし，重解の場合は $r=r_1=r_2$ とする．

微分方程式の基本解は，決定方程式の解の性質に応じて以下に示す三つの場合に分けられる．

(i) 異なる二つの異なる解の差が整数でない場合：$r_1 \neq r_2$, $r_1-r_2 \neq n$（n は正の整数）．ただし，複素共役解 ($r_2=\bar{r}_1$) の場合，$r_1-r_2=r_1-\bar{r}_1=2i\,Im(r_1)$ は純虚数になるが，この場合も含める．

式 (6.77) に r_1, r_2 を代入した y を，

$$\begin{cases} y_1 = (x-x_0)^{r_1} \displaystyle\sum_{n=0}^{\infty} a_{1n}(x-x_0)^n \\ y_2 = (x-x_0)^{r_2} \displaystyle\sum_{n=0}^{\infty} a_{2n}(x-x_0)^n \end{cases} \tag{6.84}$$

とする．a_{1n}, a_{2n} は，r_1, r_2 をそれぞれ式 (6.82) に代入し，n の小さい順に漸化式を解いて求めることができる．a_0 を 0 でない任意定数として，$a_{i1} = -\dfrac{(P_1 r_i + Q_1)}{F(r_i+1)} a_{i0}$ から a_{i1} ($i=1,2$) を求め，以下同様にして係数を順に決定する．r_1-r_2 が整数でなく，$\dfrac{y_1}{y_2}$ は定数にならないので，y_1, y_2 は1次独立で基本解をなす．したがって，一般解は $C_1 y_1 + C_2 y_2$ と表せる．

(ii) 異なる二つの解の差が整数の場合：$r_1 \neq r_2$, $r_1-r_2=n$（n は正の整数）
式 (6.82) において，a_n の係数 $F(r+n)$ に $r=r_2$ を代入したとき，$F(r_2+n)=F(r_1)=0$ となるので，a_n（および a_{n+1} 以降）は定まらない．つまり，$r=r_1$ での解，式 (6.84) が一つ決まるだけである．そこ

で，階数低下法により，もう一つの 1 次独立な解を求めると，

$$y_2 = Cy_1 \log(x-x_0) + (x-x_0)^{r_2} \sum_{n=0}^{\infty} a_{2n}(x-x_0)^n \quad (6.85)$$

となる．ここで，C は定数で，$x > x_0$ とする．

(iii) 重根の場合：$r_1 = r_2 = r = \dfrac{1-P_0}{2}$

直接決定できる解は，

$$y_1 = (x-x_0)^r \sum_{n=0}^{\infty} a_{1n}(x-x_0)^n \quad (6.86)$$

である．もう一つの 1 次独立な解を $y_2 = uy_1$ とおいて階数低下法により求めると，

$$y_2 = y_1 \log(x-x_0) + (x-x_0)^r \sum_{n=1}^{\infty} a_{2n}(x-x_0)^n \quad (6.87)$$

となる．ただし，$x > x_0$ とする．

演習問題

[1] 次の微分方程式の一つの解が y_1 であることを確かめ，階数低下法を用いて一般解を求めよ．ただし，a は定数とする．
  (1) $xy'' + ay' = 0 \ (a \neq 1), \ y_1 = 1$
  (2) $xy'' + y' = 0, \ y_1 = 1$
  (3) $x^2 y'' + axy' - ay = 0 \ (a \neq -1), \ y_1 = x$
  (4) $x^2 y'' - xy' + y = 0, \ y_1 = x$
  (5) $xy'' - (ax+1)y' - ((a+1)x+1)y = 0 \ (a \neq -2), \ y_1 = e^{-x}$
  (6) $xy'' + (2x-1)y' + (x-1)y = 0, \ y_1 = e^{-x}$
  (7) $y'' - \left(a + \dfrac{3}{x}\right)y' + \left(\dfrac{2a}{x} + \dfrac{3}{x^2}\right)y = 0, \ y_1 = xe^{ax}$

[2] 定数変化法を用いて，以下の微分方程式を解け．
  (1) $x^2 y'' - 2xy' + 2y = x^2$　　　(2) $x^2 y'' - 2xy' + 2y = x^{-2}$
  (3) $xy'' - (2x+1)y' + (x+1)y = xe^x$　(4) $xy'' + (x-1)y' - y = x^2 e^{-x}$

[3] 次の微分方程式を標準形に直してから解を求めよ．ただし，a は正の定数とする．
  (1) $y'' + 4axy' + 4a^2 x^2 y = 0$　　(2) $y'' - 2axy' + a^2 x^2 y = 0$
  (3) $xy'' - y' - ax^3 y = 0$　　　　(4) $y'' - 2(\tan x)y' - (a^2 + 1)y = 0$
  (5) $xy'' - y' + 4x^3 y = x^5$　　　(6) $xy'' - y' - 4x^3 y = x^3$

[4] 次のオイラーの微分方程式を解け．ただし，p, q は定数とする．

(1) $x^2 y'' - 2xy' + 2y = 0$ (2) $2x^2 y'' - xy' - 2y = 0$
(3) $4x^2 y'' - 8xy' + 9y = 0$ (4) $x^2 y'' - 5xy' + 18y = 0$
(5) $x^2 y'' - 3xy' + 3y = x^2 e^x$ (6) $x^2 y'' - 3xy' + 4y = x^m \ (m \neq 2)$
(7) $x^2 y'' + pxy' + qy = 0$

[5] 次のリッカチの微分方程式を2階線形微分方程式に変換して解け.
(1) $xy' + x^2 y^2 + y + 1 = 0$ (2) $2xy' + 2x^2 y^2 + 2y - 1 = 0$
(3) $xy' + y^2 + y - 2 = 0$ (4) $xy' + y^2 - 6y + 9 = 0$

[6] $f(x)y'' + g(x)y' + h(x)y = 0$ に関して, 以下の問いに答えよ.
(1) e^{rx} が解となる条件を求めよ.
(2) 上記の条件に基づいて, $xy'' - (4x+1)y' + (3x+1)y = 0$ を解け.

[7] $\ddot{y} + \dfrac{2t}{t^2 - 1}\dot{y} - 16\dfrac{1}{(t^2-1)^2}y = t^2 - 1$ に関して, 以下の問いに答えよ.

(1) 1次独立な解は $y_1 = \left(\dfrac{t-1}{t+1}\right)^2, y_2 = \left(\dfrac{t+1}{t-1}\right)^2$ であることを示せ.
(2) ロンスキアンを求めよ.
(3) 特解を求めよ.

[8] $x^2 y'' + xy' + \left(x^2 - \dfrac{1}{4}\right)y = x^{\frac{3}{2}}\cos x \ (x > 0 \text{ とする})$ に関して, 以下の問いに答えよ.

(1) 1次独立な解は $y_1 = \dfrac{\sin x}{\sqrt{x}}, y_2 = \dfrac{\cos x}{\sqrt{x}}$ であることを示せ.
(2) ロンスキアンを求めよ.
(3) 特解を求めよ.

第7章

連立線形微分方程式

本章では連立線形微分方程式の解法について述べる．多くの現象は連立微分方程式によってモデル化されるので，その解法は確実に習得したいものである．

7.1 連立1階線形微分方程式

(A) 高階微分方程式の変換

高階線形微分方程式は一般に，

$$a_n(x)\frac{d^n y}{dx^n} + a_{n-1}(x)\frac{d^{n-1} y}{dx^{n-1}} + \cdots + a_0(x)y = r_g(x) \tag{7.1}$$

と表せる．ここで，$a_n(x) \neq 0$ とする．これを**連立線形微分方程式**に書き直すために，$y_1 = y$ とおき，新たな従属変数，

$$y_2 = y_1', \quad y_3 = y_2', \quad \ldots, \quad y_n = y_{n-1}' \tag{7.2}$$

を導入する．y_2 は y の1階導関数，y_3 は y の2階導関数，y_n は y の $n-1$ 階導関数である．すると，式 (7.1) は n 元**連立1階線形微分方程式**，

$$\begin{cases} \dfrac{dy_1}{dx} = y_2 \\ \quad \vdots \\ \dfrac{dy_{n-1}}{dx} = y_n \\ \dfrac{dy_n}{dx} = -\dfrac{a_{n-1}(x)}{a_n(x)}y_n - \cdots - \dfrac{a_0(x)}{a_n(x)}y_1 + \dfrac{r_g(x)}{a_n(x)} \end{cases} \tag{7.3}$$

に変換できる．ただし，式 (7.2) が必ずしも唯一の変換ではなく，$y_1, y_2, \ldots, y_n$

を 1 次変換した異なる従属変数を使うこともできる（下の例題を参照）．一般に，n 元連立 1 階線形微分方程式は，

$$\frac{dy_i}{dx} = \sum_{j=1}^{n} a_{ij}(x) y_j + r_i(x) \quad (i = 1, 2, \ldots, n) \tag{7.4}$$

あるいは，ベクトル変数を $\boldsymbol{Y} = (y_1, y_2, \ldots, y_n)^T$ として，ベクトル形式で書くと，

$$\frac{d\boldsymbol{Y}}{dx} = A\boldsymbol{Y} + \boldsymbol{R} \tag{7.5}$$

と表せる（式 (1.29) を参照）．ここで，$n \times n$ の行列 A を**係数行列**と呼び，その (i, j) 成分は a_{ij} である．また，$\boldsymbol{R} = (r_1, r_2, \ldots, r_n)^T$ である．

高階線形微分方程式は連立 1 階線形微分方程式に変換できるので，本章で述べる解の構成方法としては，主に連立 1 階線形微分方程式を対象にする．

例 題

$y'' = a^2 y$ を以下の従属変数を用いて連立 1 階微分方程式に書き換えよ．
(1) $y_1 = y$, $y_2 = y'$
(2) $y_1 = ay + y'$, $y_2 = ay - y'$

解答
(1) $\begin{cases} y_1' = y_2 \\ y_2' = a^2 y_1 \end{cases}$
(2) $\begin{cases} y_1' = ay_1 \\ y_2' = -ay_2 \end{cases}$

(B) 2 元連立 1 階微分方程式

2 元連立微分方程式は連立微分方程式の基本的なものであるが，その解の構成方法は一般の連立微分方程式に拡張できる．そこで，次節で非斉次項のない 2 元連立線形微分方程式，

$$\frac{d}{dx} \begin{pmatrix} y_1 \\ y_2 \end{pmatrix} = \begin{pmatrix} a & b \\ c & d \end{pmatrix} \begin{pmatrix} y_1 \\ y_2 \end{pmatrix} \tag{7.6}$$

の一般解を構成する．非斉次項がある場合の一般解は，1 変数の場合と同様に，上式の解を用いて構成できるが，その詳細は後で述べる．上式で，ベクトル変数の微分は $\dfrac{d}{dx} \begin{pmatrix} y_1 \\ y_2 \end{pmatrix} = \begin{pmatrix} y_1' \\ y_2' \end{pmatrix}$ を意味する．ベクトル変数 $\boldsymbol{Y}$ と係数行列 A を，

$$\boldsymbol{Y} = \begin{pmatrix} y_1 \\ y_2 \end{pmatrix}, \quad A = \begin{pmatrix} a & b \\ c & d \end{pmatrix} \tag{7.7}$$

として定義すると，式 (7.6) は行列表示で，

$$\frac{d\boldsymbol{Y}}{dx} = A\boldsymbol{Y} \tag{7.8}$$

と書ける．これは，式 (7.5) で $\boldsymbol{R} = (0,0)^T$ とおいても得られる．

7.2　固有値に縮退がない場合

（A）　一般解の構成

式 (7.6) の第 1 式を，

$$y_2 = \frac{1}{b}y_1' - \frac{a}{b}y_1 \tag{7.9}$$

として，これを第 2 式に代入し，y_1 だけで書いた微分方程式を導くと，

$$y_1'' - (a+d)y_1' + (ad-bc)y_1 = 0 \tag{7.10}$$

となる（y_2 だけで書いた微分方程式も同様）．第 5 章で述べたように，$y_1 = pe^{kx}$ とおいて解を求めることができ，$y_2 = qe^{kx}$ も解になる．ここで，k, p, q は定数である．このことは，式 (7.6) に戻って考えれば，連立微分方程式の解は，

$$\begin{pmatrix} y_1 \\ y_2 \end{pmatrix} = \begin{pmatrix} p \\ q \end{pmatrix} e^{kx} \tag{7.11}$$

と表せることを意味する．いま，

$$\boldsymbol{u} = \begin{pmatrix} p \\ q \end{pmatrix} \tag{7.12}$$

を導入すると，式 (7.11) は

$$\boldsymbol{Y} = \boldsymbol{u}e^{kx} \tag{7.13}$$

と書ける．したがって，k および $\boldsymbol{u}$ が決まれば解が構成できる．式 (7.11) を式 (7.6) に代入し，$\boldsymbol{Y}' = k\boldsymbol{u}e^{kx}$ を考慮すると，

$$\begin{pmatrix} a & b \\ c & d \end{pmatrix} \begin{pmatrix} p \\ q \end{pmatrix} = k \begin{pmatrix} p \\ q \end{pmatrix} \tag{7.14}$$

を得る．右辺を，$k \begin{pmatrix} p \\ q \end{pmatrix} = k \begin{pmatrix} 1 & 0 \\ 0 & 1 \end{pmatrix} \begin{pmatrix} p \\ q \end{pmatrix} = \begin{pmatrix} k & 0 \\ 0 & k \end{pmatrix} \begin{pmatrix} p \\ q \end{pmatrix}$ と変形できること

に注意して，左辺に移動すると，

$$\begin{pmatrix} a-k & b \\ c & d-k \end{pmatrix} \begin{pmatrix} p \\ q \end{pmatrix} = \begin{pmatrix} 0 \\ 0 \end{pmatrix} \tag{7.15}$$

となる．

あるいは，ベクトル表示で以下のように表せる．式 (7.14) を行列で表すと，

$$A\boldsymbol{u} = k\boldsymbol{u} \tag{7.16}$$

であり，同様に，式 (7.15) は 2×2 の単位行列 I を用いると，

$$(A - kI)\boldsymbol{u} = \boldsymbol{0} \tag{7.17}$$

と表せる．式 (7.15) あるいは式 (7.17) が，k および $\boldsymbol{u}$ を決めるための基本的な式である．

$\boldsymbol{u} \neq \boldsymbol{0}$（$p, q$ が同時に 0 にならない）とすると，$k, \boldsymbol{u}$ を見出す問題は，係数行列 A に関する**固有値問題**になる．k は**固有値**，$\boldsymbol{u}$ は**固有ベクトル**であり，一般解は，式 (7.13) から，$\boldsymbol{u}e^{kx}$ のような形式で表される．固有値は，$A - kI$ の行列式が 0 であること，すなわち，

$$\det(A - kI) = 0 \tag{7.18}$$

から決まる．具体的に書き下すと，**特性方程式**，

$$\begin{vmatrix} a-k & b \\ c & d-k \end{vmatrix} = k^2 - (a+d)k + ad - bc = 0 \tag{7.19}$$

の解として k が決まる（第 5 章で述べた特性方程式と同じ）．二つの解が異なる場合，判別式は，

$$D = (a+d)^2 - 4(ad - bc) = (a-d)^2 + 4bc > 0 \tag{7.20}$$

を満たす（$D < 0$ の場合は，節を改めて説明する）．式 (7.19) から k を求めると，

$$k_{\pm} = \frac{1}{2}(a + d \pm \sqrt{D}) \tag{7.21}$$

である．このように，解がすべて異なる場合を固有値に**縮退**がないという．各 $k_{\pm}$ に対する固有ベクトルを $\boldsymbol{u}_{\pm}$ ($A\boldsymbol{u}_{\pm} = k_{\pm}\boldsymbol{u}_{\pm}$) とすると，式 (7.15) から，

7.2 固有値に縮退がない場合

$$\begin{cases} (a-k_\pm)p + bq = 0 \\ cp + (d-k_\pm)q = 0 \end{cases} \tag{7.22}$$

を得る．第 1 式を第 2 式に代入すると，$(k_\pm^2 - (a+d)k_\pm + ad - bc)p = 0$ となるが，$k_\pm$ は式 (7.19) を満たすので，p は 0 でない任意の定数にとることができる．そこで，$p=1$ とすると，式 (7.22) の第 1 式から，$q = \dfrac{k_\pm - a}{b} = \dfrac{-a + d \pm \sqrt{D}}{2b}$ となる．以上のことから，固有ベクトルは，

$$\boldsymbol{u}_\pm = \begin{pmatrix} 1 \\ \dfrac{-a + d \pm \sqrt{D}}{2b} \end{pmatrix} \tag{7.23}$$

となる．ここで，$C\boldsymbol{u}_\pm$（C は任意の定数）としても $A(C\boldsymbol{u}_\pm) = k_\pm (C\boldsymbol{u}_\pm)$ を満たすので，やはり固有ベクトルである．たとえば，式 (7.23) のかわりに，$\left(\dfrac{a - d \pm \sqrt{D}}{2c}, 1 \right)^T$ を固有ベクトルとすることもできる．この任意性が積分定数を与え，これにより一般解を構成することができる．

固有値と固有ベクトルが求まれば，連立微分方程式 (7.6) の一般解は，

$$\boldsymbol{Y} = C_1 \boldsymbol{u}_+ e^{k_+ x} + C_2 \boldsymbol{u}_- e^{k_- x} \tag{7.24}$$

と表せる．実際，解になっていることは，

$$\dot{\boldsymbol{Y}} = k_+ C_1 \boldsymbol{u}_+ e^{k_+ x} + k_- C_2 \boldsymbol{u}_- e^{k_- x} = A\boldsymbol{u}_+ C_1 e^{k_+ x} + A\boldsymbol{u}_- C_2 e^{k_- x} = A\boldsymbol{Y} \tag{7.25}$$

から確かめられる．

一般解が式 (7.24) で表されることを，今度は式 (7.10) から導こう．y_1 は一般に，

$$y_1 = C_1 e^{k_+ x} + C_2 e^{k_- x} \tag{7.26}$$

と表せる．実際，$y_1' = k_+ C_1 e^{k_+ x} + k_- C_2 e^{k_- x}$，$y_1'' = k_+^2 C_1 e^{k_+ x} + k_-^2 C_2 e^{k_- x}$ を式 (7.10) に代入すると，$(k_+^2 - (a+d)k_+ + (ad-bc))C_1 e^{k_+ x} + (k_-^2 - (a+d)k_- + (ad-bc))C_1 e^{k_- x} = 0$ となる．式 (7.26) を式 (7.9) に代入すると，y_2 は

$$\begin{aligned} y_2 &= \frac{1}{b}(k_+ C_1 e^{k_+ x} + k_- C_2 e^{k_- x}) - \frac{a}{b}(C_1 e^{k_+ x} + C_2 e^{k_- x}) \\ &= \left(\frac{k_+}{b} - \frac{a}{b} \right) C_1 e^{k_+ x} + \left(\frac{k_-}{b} - \frac{a}{b} \right) C_2 e^{k_- x} \end{aligned} \tag{7.27}$$

となる．式 (7.26) と式 (7.27) をまとめると，一般解は，

$$\boldsymbol{Y} = C_1 \begin{pmatrix} 1 \\ \alpha_+ \end{pmatrix} e^{k_+ x} + C_2 \begin{pmatrix} 1 \\ \alpha_- \end{pmatrix} e^{k_- x} \tag{7.28}$$

と表せる．ここで，

$$\alpha_\pm = \left(\frac{k_\pm}{b} - \frac{a}{b} \right) = \frac{-a + d \pm \sqrt{D}}{2b} \tag{7.29}$$

である．式 (7.23) から，$(1, \alpha_\pm)^T = \boldsymbol{u}_\pm$ となるので，式 (7.24) が一般解を与えることが再度示された．

$\boldsymbol{u}_+ e^{k_+ x}$, $\boldsymbol{u}_- e^{k_- x}$ はともに解である．二つの解の 1 次結合が一般解であるためには，それらは基本解でなければならない．以下ではベクトル形式において，基本解となるための条件を示す．

例　題

$\dfrac{d}{dt} \begin{pmatrix} y_1 \\ y_2 \end{pmatrix} = \begin{pmatrix} 1 & 1 \\ 0 & -1 \end{pmatrix} \begin{pmatrix} y_1 \\ y_2 \end{pmatrix}$ に関して，以下の問いに答えよ．

(1) y_1 だけで書いた微分方程式を導き，一般解を求めよ．
(2) y_2 を求めよ．

解答

(1) $y_2 = y_1' - y_1$ を第 2 式に代入すると，$y_1'' = y_1$ となる．一般解は，$y_1 = C_1 e^x + C_2 e^{-x}$.

(2) $y_2 = C_1 e^x - C_2 e^{-x} - (C_1 e^x + C_2 e^{-x}) = -2 C_2 e^{-x}$. y_1 と y_2 をまとめて表すと，$\begin{pmatrix} y_1 \\ y_2 \end{pmatrix} = C_1 \begin{pmatrix} e^x \\ 0 \end{pmatrix} + C_2 \begin{pmatrix} e^{-x} \\ -2e^{-x} \end{pmatrix} = C_1 e^x \begin{pmatrix} 1 \\ 0 \end{pmatrix} + C_2 e^{-x} \begin{pmatrix} 1 \\ -2 \end{pmatrix}$.

(B)　基本解の 1 次独立性

第 6 章では二つの関数の 1 次独立と 1 次従属を述べた．ここではベクトル形式の場合を考える．2 成分のベクトル，

$$\boldsymbol{P}(x) = \begin{pmatrix} p_1 \\ p_2 \end{pmatrix}, \quad \boldsymbol{Q}(x) = \begin{pmatrix} q_1 \\ q_2 \end{pmatrix} \tag{7.30}$$

があって，C_1, C_2 に関する方程式，

$$C_1 \boldsymbol{P}(x) + C_2 \boldsymbol{Q}(x) = \boldsymbol{0} \tag{7.31}$$

が, $C_1 = C_2 = 0$ のみで成り立つとき, $\boldsymbol{P}(x), \boldsymbol{Q}(x)$ は **1 次独立**である. 一方, 任意の C_1, C_2 に対して, 式 (7.31) が成り立つとき, $\boldsymbol{P}(x), \boldsymbol{Q}(x)$ は **1 次従属**である. たとえば,

$$\boldsymbol{P} = \begin{pmatrix} 1 \\ 0 \end{pmatrix}, \quad \boldsymbol{Q} = \begin{pmatrix} 0 \\ 1 \end{pmatrix} \tag{7.32}$$

とすると, 式 (7.31) は

$$\begin{pmatrix} C_1 \\ C_2 \end{pmatrix} = \begin{pmatrix} 0 \\ 0 \end{pmatrix} \tag{7.33}$$

と書けるので, $C_1 = C_2 = 0$ を得る. したがって, $\boldsymbol{P}, \boldsymbol{Q}$ は 1 次独立である.

式 (7.31) を書き直すと,

$$C_1 \begin{pmatrix} p_1 \\ p_2 \end{pmatrix} + C_2 \begin{pmatrix} q_1 \\ q_2 \end{pmatrix} = \begin{pmatrix} C_1 p_1 + C_2 q_1 \\ C_1 p_2 + C_2 q_2 \end{pmatrix} = \begin{pmatrix} p_1 & q_1 \\ p_2 & q_2 \end{pmatrix} \begin{pmatrix} C_1 \\ C_2 \end{pmatrix} = \begin{pmatrix} 0 \\ 0 \end{pmatrix} \tag{7.34}$$

となる. これから, 1 次独立ならば, つまり, C_1, C_2 に関する上記の方程式の解が $C_1 = C_2 = 0$ のみであるならば,

$$\det(\boldsymbol{P}, \boldsymbol{Q}) = \begin{vmatrix} p_1 & q_1 \\ p_2 & q_2 \end{vmatrix} = p_1 q_2 - p_2 q_1 \neq 0 \tag{7.35}$$

が成り立つ. 式 (7.32) の場合, $\det(\boldsymbol{P}, \boldsymbol{Q}) = 1$ である.

$\boldsymbol{P}(x) = \boldsymbol{u}_+ e^{k_+ x}, \boldsymbol{Q}(x) = \boldsymbol{u}_- e^{k_- x}$ とすると, $D \neq 0$ としているので, 行列式

$$\begin{vmatrix} e^{k_+ x} & e^{k_- x} \\ \alpha_+ e^{k_+ x} & \alpha_- e^{k_- x} \end{vmatrix} = (\alpha_- - \alpha_+) e^{(k_+ + k_-)x} = -\frac{\sqrt{D}}{b} e^{(a+d)x} \tag{7.36}$$

は 0 でない. したがって,

$$C_1 \boldsymbol{u}_+ e^{k_+ x} + C_2 \boldsymbol{u}_- e^{k_- x} = \boldsymbol{0} \tag{7.37}$$

が成り立つのは, $C_1 = C_2 = 0$ のみである. ゆえに, $\boldsymbol{u}_+ e^{k_+ x}$ と $\boldsymbol{u}_- e^{k_- x}$ は 1 次独立性を満たす基本解であり, 一般解は基本解の 1 次結合で表される.

なお, $\boldsymbol{P}(x), \boldsymbol{Q}(x)$ の 1 次独立性は, $\boldsymbol{u}_+, \boldsymbol{u}_-$ の 1 次独立性を調べることに等しい. 実際, 式 (7.36) で $e^{(k_+ + k_-)x} \neq 0$ が現れるかどうかの違いだけで, 行列式が 0 かどうかの判断に関係しない.

例　題

$\dfrac{d}{dx}\begin{pmatrix}y_1\\y_2\end{pmatrix}=\begin{pmatrix}0&1\\a^2&0\end{pmatrix}\begin{pmatrix}y_1\\y_2\end{pmatrix}$ $(a\neq 0)$ に関して, 以下の問いに答えよ.

(1) $\boldsymbol{P}=\begin{pmatrix}\cosh(ax)\\a\sinh(ax)\end{pmatrix},\ \boldsymbol{Q}=\begin{pmatrix}\sinh(ax)\\a\cosh(ax)\end{pmatrix}$ は解であることを示せ.

(2) $\boldsymbol{P},\boldsymbol{Q}$ が1次独立であることを示せ.　　(3) 一般解を求めよ.

解答

(1) $\cosh(ax)'=a\sinh(ax),\ \sinh(ax)'=a\cosh(ax)$ から明らか.

(2) $\begin{vmatrix}p_1&q_1\\p_2&q_2\end{vmatrix}=a\cosh(ax)\cosh(ax)-a\sinh(ax)\sinh(ax)=a\neq 0.$

(3) $\boldsymbol{P},\boldsymbol{Q}$ は1次独立なので基本解をなす. 一般解は $C_1\boldsymbol{P}+C_2\boldsymbol{Q}$.

（C）　複素数を根にもつ場合

　固有値, つまり特性方程式の解が複素数となる場合 ($D<0$) について述べる. まず, 以下のことが成り立つことに注意しよう. $\boldsymbol{Z}$ を $\dot{\boldsymbol{Z}}=A\boldsymbol{Z}$ の複素数で表された一つの解として, $\boldsymbol{Z}$ を実部と虚部に分け,

$$\boldsymbol{Z}=\boldsymbol{Z}_1+i\boldsymbol{Z}_2 \tag{7.38}$$

とすると, $\boldsymbol{Z}_1,\boldsymbol{Z}_2$ はともに解である. なぜなら, $\dot{\boldsymbol{Z}}_1+i\dot{\boldsymbol{Z}}_2=A(\boldsymbol{Z}_1+i\boldsymbol{Z}_2)$ を実部と虚部に分けると, それぞれ,

$$\dot{\boldsymbol{Z}}_1=A\boldsymbol{Z}_1,\quad \dot{\boldsymbol{Z}}_2=A\boldsymbol{Z}_2 \tag{7.39}$$

を与えるからである. もし, $\boldsymbol{Z}_1,\boldsymbol{Z}_2$ が1次独立ならば, $\boldsymbol{Z}_1,\boldsymbol{Z}_2$ は基本解となって, 一般解は $\boldsymbol{Z}_1,\boldsymbol{Z}_2$ を用いて構成できる.

　$D<0$ としているので, 特性方程式の解を,

$$k_\pm=\frac{1}{2}(a+d\pm i\sqrt{-D})=k_{re}\pm ik_{im} \tag{7.40}$$

とおく. ここで, $k_{re}=\dfrac{a+d}{2},\ k_{im}=\dfrac{\sqrt{-D}}{2}$ ($\neq 0$) は実数である. また, 固有ベクトル $\boldsymbol{u}_\pm=(1,\alpha_\pm)^T$ に現れる $\alpha_\pm$ を,

$$\alpha_\pm=\frac{1}{2b}\left(-a+d\pm i\sqrt{-D}\right)=\beta\pm i\delta \tag{7.41}$$

とおく. ここで, $\beta=\dfrac{-a+d}{2b},\ \delta=\dfrac{\sqrt{-D}}{2b}$ ($\neq 0$) は実数である.

一般解は，$k_\pm, \alpha_\pm$ が複素数であっても，

$$\boldsymbol{Y} = C_1 \boldsymbol{u}_+ e^{k_+ x} + C_2 \boldsymbol{u}_- e^{k_- x} \tag{7.42}$$

と表されるが，$\boldsymbol{Y}$ は実数なので，右辺を実数で表した方が便利である．$\boldsymbol{u}_+ e^{k_+ x}$, $\boldsymbol{u}_- e^{k_- x}$ は式 (7.40) と式 (7.41) から，互いに複素共役で $(\boldsymbol{u}_+ e^{k_+ x})^* = \boldsymbol{u}_- e^{k_- x}$ （同様に，$(\boldsymbol{u}_- e^{k_- x})^* = \boldsymbol{u}_+ e^{k_+ x}$）が成り立つ．これから，$\boldsymbol{Y}$ が実数になるためには，C_1, C_2 は複素数で互いに複素共役 $(C_2)^* = C_2$ でなければならない．$C_1 = \dfrac{C}{2}$ とおくと，一般解は，

$$\boldsymbol{Y} = \frac{C}{2} \boldsymbol{u}_+ e^{k_+ x} + \frac{C^*}{2} \boldsymbol{u}_- e^{k_- x} = \mathrm{Re}(C \boldsymbol{u}_+ e^{k_+ x}) \tag{7.43}$$

と表される．ここで，$\mathrm{Re}(z)$ は z の実部を表す．なぜなら，任意の複素数 $G = g_1 + ig_2$ に対して，$G + G^* = g_1 + ig_2 + g_1 - ig_2 = 2g_1 = 2\mathrm{Re}(G)$ は実数になるからである．なお，C は複素数としているので，実部と虚部に分けると，任意の定数は 2 個ある．

一般解は，式 (7.40) と式 (7.41) を用いると，

$$\begin{aligned}
\boldsymbol{Y} &= \mathrm{Re}\left(C \begin{pmatrix} 1 \\ \beta + i\delta \end{pmatrix} e^{(k_{re} + ik_{im})x} \right) \\
&= \mathrm{Re}\left(C \left(\begin{pmatrix} 1 \\ \beta \end{pmatrix} + i \begin{pmatrix} 0 \\ \delta \end{pmatrix} \right) (\cos(k_{im}x) + i\sin(k_{im}x)) \right) e^{k_{re}x} \\
&= \mathrm{Re}\left(C \left(\begin{pmatrix} 1 \\ \beta \end{pmatrix} \cos(k_{im}x) - \begin{pmatrix} 0 \\ \delta \end{pmatrix} \sin(k_{im}x) \right. \right. \\
&\quad \left. \left. + Ci \left(\begin{pmatrix} 0 \\ \delta \end{pmatrix} \cos(k_{im}x) + \begin{pmatrix} 1 \\ \beta \end{pmatrix} \sin(k_{im}x) \right) \right) e^{k_{re}x} \right)
\end{aligned} \tag{7.44}$$

と変形できる．ここで，C を実部と虚部に分けて，$C = C_1 - iC_2$（C_1, C_2 は任意の実数）とおくと，式 (7.44) は，

$$\begin{aligned}
\boldsymbol{Y} = {}&C_1 \left(\begin{pmatrix} 1 \\ \beta \end{pmatrix} \cos(k_{im}x) - \begin{pmatrix} 0 \\ \delta \end{pmatrix} \sin(k_{im}x) \right) e^{k_{re}x} \\
&+ C_2 \left(\begin{pmatrix} 0 \\ \delta \end{pmatrix} \cos(k_{im}x) + \begin{pmatrix} 1 \\ \beta \end{pmatrix} \sin(k_{im}x) \right) e^{k_{re}x}
\end{aligned}$$

$$= C_1 \begin{pmatrix} \cos(k_{im}x) \\ \beta\cos(k_{im}x) - \delta\sin(k_{im}x) \end{pmatrix} e^{k_{re}x}$$
$$+ C_2 \begin{pmatrix} \sin(k_{im}x) \\ \delta\cos(k_{im}x) + \beta\sin(k_{im}x) \end{pmatrix} e^{k_{re}x}$$
$$\equiv C_1 \boldsymbol{u}_1 e^{k_{re}x} + C_2 \boldsymbol{u}_2 e^{k_{re}x} \tag{7.45}$$

となる．ここで，

$$\boldsymbol{u}_1 = \begin{pmatrix} 1 \\ \beta \end{pmatrix} \cos(k_{im}x) - \begin{pmatrix} 0 \\ \delta \end{pmatrix} \sin(k_{im}x), \ \boldsymbol{u}_2 = \begin{pmatrix} 0 \\ \delta \end{pmatrix} \cos(k_{im}x) + \begin{pmatrix} 1 \\ \beta \end{pmatrix} \sin(k_{im}x) \tag{7.46}$$

はそれぞれ，式 (7.44) から分かるように，$\begin{pmatrix} 1 \\ \beta + i\delta \end{pmatrix} e^{ik_{im}x}$ の実部と虚部である．つまり，式 (7.39) に示した $\boldsymbol{Z} = \boldsymbol{Z}_1 + i\boldsymbol{Z}_2$ において，$\boldsymbol{Z}$ を一つの解としたが，ここでは，$\boldsymbol{Z} = \begin{pmatrix} 1 \\ \beta + i\delta \end{pmatrix} e^{(k_{re}+ik_{im})x}$ である．$\boldsymbol{Z}$ の実部が $\boldsymbol{Z}_1 = \boldsymbol{u}_1 e^{k_{re}x}$，虚部が $\boldsymbol{Z}_2 = \boldsymbol{u}_2 e^{k_{re}x}$ である．したがって，$\boldsymbol{Z}_1$ と $\boldsymbol{Z}_2$ が 1 次独立であることが示せれば，$C_1 \boldsymbol{u}_1 e^{k_{re}x} + C_2 \boldsymbol{u}_2 e^{k_{re}x}$ は一般解になることが証明できる．

$\boldsymbol{u}_1, \boldsymbol{u}_2$ に関する行列式を調べると，

$$\det(\boldsymbol{u}_1, \boldsymbol{u}_2) = \begin{vmatrix} \cos(k_{im}x) & \sin(k_{im}x) \\ \beta\cos(k_{im}x) - \delta\sin(k_{im}x) & \delta\cos(k_{im}x) + \beta\sin(k_{im}x) \end{vmatrix} = \delta \tag{7.47}$$

となるので，$\delta \neq 0$ から，$\boldsymbol{u}_1 e^{k_{re}x}$ と $\boldsymbol{u}_2 e^{k_{re}x}$ は 1 次独立で基本解を構成する ($\det(\boldsymbol{u}_1 e^{k_{re}x}, \boldsymbol{u}_2 e^{k_{re}x}) = e^{2k_{re}x} \det(\boldsymbol{u}_1, \boldsymbol{u}_2)$ となるので，$\det(\boldsymbol{u}_1, \boldsymbol{u}_2)$ の値を調べれば十分である)．こうして，式 (7.45) は確かに一般解を与える．

以上のことを整理しておこう．係数行列の固有値を $k_{\pm} = k_{re} \pm ik_{im}$，固有ベクトルを $\boldsymbol{v} = \boldsymbol{v}_1 \pm i\boldsymbol{v}_2$ とする．ここで，$\boldsymbol{v}_1 = (1, \beta)^T, \boldsymbol{v}_2 = (0, \delta)^T$ である．基本解は，

$$\begin{cases} \boldsymbol{u}_1 = \boldsymbol{v}_1 \cos(k_{im}x) - \boldsymbol{v}_2 \sin(k_{im}x) \\ \boldsymbol{u}_2 = \boldsymbol{v}_1 \sin(k_{im}x) + \boldsymbol{v}_2 \cos(k_{im}x) \end{cases} \tag{7.48}$$

を用いて，$\boldsymbol{u}_1 e^{k_{re}x}, \boldsymbol{u}_2 e^{k_{re}x}$ と表され，1 次独立である．一般解は，

$$\boldsymbol{Y} = C_1 \boldsymbol{u}_1 e^{k_{re}x} + C_2 \boldsymbol{u}_2 e^{k_{re}x} \tag{7.49}$$

と表せる．

例 題

$\dfrac{d}{dt}\begin{pmatrix} y_1 \\ y_2 \end{pmatrix} = \begin{pmatrix} 0 & -1 \\ 1 & 0 \end{pmatrix}\begin{pmatrix} y_1 \\ y_2 \end{pmatrix}$ に関して,以下の問いに答えよ.

(1) 係数行列の固有値と固有ベクトルを求めよ.
(2) 基本解を求めよ.　　　(3) 一般解を求めよ.

解答

(1) 固有値は $\pm i$,固有ベクトルは $(1, \mp i)^T$.

(2) 基本解は $\boldsymbol{u}_1 = \begin{pmatrix} 1 \\ 0 \end{pmatrix}\cos x - \begin{pmatrix} 0 \\ -1 \end{pmatrix}\sin x = \begin{pmatrix} \cos x \\ \sin x \end{pmatrix}$, $\boldsymbol{u}_2 = \begin{pmatrix} 1 \\ 0 \end{pmatrix}\sin x + \begin{pmatrix} 0 \\ -1 \end{pmatrix}\cos x = \begin{pmatrix} \sin x \\ -\cos x \end{pmatrix}$ ($k_{re} = 0$ なので,$e^{k_{re}x} = 1$). $\det(\boldsymbol{u}_1, \boldsymbol{u}_2) = -1$ から,$\boldsymbol{u}_1$ と $\boldsymbol{u}_2$ は 1 次独立.

(3) 一般解は $C_1 \begin{pmatrix} \cos x \\ \sin x \end{pmatrix} + C_2 \begin{pmatrix} \sin x \\ -\cos x \end{pmatrix}$.

(D)　n 元連立微分方程式

n 元連立微分方程式に拡張しよう.$\boldsymbol{Y}$ を n 成分の列ベクトル $(y_1, y_2, \ldots, y_n)^T$,$A$ を $n \times n$ の行列とする.

$$\frac{d\boldsymbol{Y}}{dx} = A\boldsymbol{Y} \tag{7.50}$$

において,解を $\boldsymbol{Y} = \boldsymbol{u}e^{kx}$ とおくと,

$$(A - kI)\boldsymbol{u} = \boldsymbol{0} \tag{7.51}$$

が成り立つ.ここで,I は $n \times n$ の単位行列である.縮退がないとして,A の異なる固有値 k_j $(j = 1, 2, \ldots, n)$ は,

$$\det(A - kI) = 0 \tag{7.52}$$

から決まる.k_j に対応する固有ベクトルを $\boldsymbol{u}_j$ とすると,一般解は,

$$\boldsymbol{Y} = C_1 \boldsymbol{u}_1 e^{k_1 x} + C_2 \boldsymbol{u}_2 e^{k_2 x} + \cdots + C_n \boldsymbol{u}_n e^{k_n x} = \sum_{j=1}^{n} C_j \boldsymbol{u}_j e^{k_j x} \tag{7.53}$$

と表せる.$e^{k_1 x}\boldsymbol{u}_1, e^{k_2 x}\boldsymbol{u}_2, \ldots, e^{k_n x}\boldsymbol{u}_n$ は 1 次独立で基本解である.ただし,固

有値が複素数（たとえば，基本解のうち，$e^{k_1 x}\bm{u}_1$ と $e^{k_2 x}\bm{u}_2$ が複素共役）になれば，式 (7.46) に示したベクトルを用いればよい．各基本解は $A\bm{u}_j = k_j \bm{u}_j$ を満たすので，

$$\frac{d}{dx}(e^{k_j x}\bm{u}_j) = k_j(e^{k_j x}\bm{u}_j) = A(e^{k_j x}\bm{u}_j) \tag{7.54}$$

となり，微分方程式の解である．以上のことから，n 元連立微分方程式の場合にも，一般解は n 個の基本解の1次結合として構成できる．

例を示す．$n = 3$ の場合，固有値は3個あり，2個が複素数になれば，残りの1個は実数である．係数行列を，

$$A = \begin{pmatrix} 1 & 0 & 1 \\ 0 & 1 & -1 \\ -2 & 0 & -1 \end{pmatrix} \tag{7.55}$$

とすると，$A\bm{u} = k\bm{u}$ の固有値は $k_1 = 1, k_2 = i, k_3 = -i$ で，固有ベクトルは，$(0,1,0)^T, (1,-1,-1+i)^T, (1,-1,-1-i)^T$ である．k_1 から，

$$\bm{u}_1 e^x = \begin{pmatrix} 0 \\ 1 \\ 0 \end{pmatrix} e^x \tag{7.56}$$

は解である．k_2 と k_3 から得られる解を，

$$\begin{pmatrix} 1 \\ -1 \\ -1+i \end{pmatrix} e^{ix} = \left(\begin{pmatrix} 1 \\ -1 \\ -1 \end{pmatrix} + i \begin{pmatrix} 0 \\ 0 \\ 1 \end{pmatrix} \right)(\cos x + i \sin x)$$

$$= \begin{pmatrix} 1 \\ -1 \\ -1 \end{pmatrix} \cos x - \begin{pmatrix} 0 \\ 0 \\ 1 \end{pmatrix} \sin x + i \left(\begin{pmatrix} 1 \\ -1 \\ -1 \end{pmatrix} \sin x + \begin{pmatrix} 0 \\ 0 \\ 1 \end{pmatrix} \cos x \right) \tag{7.57}$$

とすると，実部と虚部から，

$$\bm{u}_2 = \begin{pmatrix} \cos x \\ -\cos x \\ -\cos x - \sin x \end{pmatrix}, \quad \bm{u}_3 = \begin{pmatrix} \sin x \\ -\sin x \\ -\sin x + \cos x \end{pmatrix} \tag{7.58}$$

である ($e^{0x} = 1$)．ここで，

$$\det(\boldsymbol{u}_1 e^x, \boldsymbol{u}_2, \boldsymbol{u}_3) = -e^x \neq 0 \tag{7.59}$$

を満たすので,$\boldsymbol{u}_1 e^x, \boldsymbol{u}_2, \boldsymbol{u}_3$ は 1 次独立で基本解をなす.したがって,一般解は,

$$\begin{aligned}\boldsymbol{Y} &= C_1 \boldsymbol{u}_1 e^x + C_2 \boldsymbol{u}_2 + C_3 \boldsymbol{u}_3 \\ &= \begin{pmatrix} C_2 \cos x + C_3 \sin x \\ C_1 e^x - C_2 \cos x - C_3 \sin x \\ -C_2(\cos x + \sin x) + C_3(\cos x - \sin x) \end{pmatrix}\end{aligned} \tag{7.60}$$

と表せる.

例　題

$\dot{\boldsymbol{Y}} = \begin{pmatrix} 1 & 0 & 0 \\ 0 & 1 & -1 \\ 0 & 1 & 1 \end{pmatrix} \boldsymbol{Y}$ に関して,以下の問いに答えよ.

(1) 係数行列の固有値と固有ベクトルを求めよ.
(2) 基本解を求めよ. 　　　(3) 一般解を求めよ.

解答

(1) 固有値は $1, 1 \pm i$,固有ベクトルは $(1,0,0)^T, (0, \pm i, 1)^T$.

(2) 基本解は $\boldsymbol{u}_1 e^x = \begin{pmatrix} 1 \\ 0 \\ 0 \end{pmatrix} e^x$, $\begin{pmatrix} 0 \\ i \\ 1 \end{pmatrix} e^{(1+i)x} = e^x \left(\begin{pmatrix} 0 \\ 0 \\ 1 \end{pmatrix} + i \begin{pmatrix} 0 \\ 1 \\ 0 \end{pmatrix} \right) (\cos x + i \sin x)$ から $\boldsymbol{u}_2 e^x = \begin{pmatrix} 0 \\ -\sin x \\ \cos x \end{pmatrix} e^x$, $\boldsymbol{u}_3 e^x = \begin{pmatrix} 0 \\ \cos x \\ \sin x \end{pmatrix} e^x$. $\det(\boldsymbol{u}_1, \boldsymbol{u}_2, \boldsymbol{u}_3) = -e^x \neq 0$ から $\boldsymbol{u}_1 e^x, \boldsymbol{u}_2 e^x, \boldsymbol{u}_3 e^x$ は 1 次独立.

(3) $\boldsymbol{Y} = C_1 \boldsymbol{u}_1 e^x + C_2 \boldsymbol{u}_2 e^x + C_3 \boldsymbol{u}_3 e^x = \begin{pmatrix} C_1 \\ -C_2 \sin x + C_3 \cos x \\ C_2 \cos x + C_3 \sin x \end{pmatrix} e^x$.

7.3 固有値に縮退がある場合

（A） 2元連立微分方程式

$$\frac{d\boldsymbol{Y}}{dx} = \begin{pmatrix} a & b \\ c & d \end{pmatrix} \boldsymbol{Y} \tag{7.61}$$

の特性方程式の判別式が，

$$D = (a+d)^2 - 4(ad-bc) = 0 \tag{7.62}$$

を満たし，固有値が同じ値になる場合を**縮退**するという．y_1 だけで書いた微分方程式を導くと，

$$y_1'' - (a+d)y_1' + \frac{(a+d)^2}{4}y_1 = 0 \tag{7.63}$$

となる．$y_1 = pe^{kx}$ とおく，あるいは，連立微分方程式に，

$$\boldsymbol{Y} = \begin{pmatrix} p \\ q \end{pmatrix} e^{kx} \tag{7.64}$$

代入すると，k は，係数行列に関する固有値問題，

$$\begin{pmatrix} a-k & b \\ c & d-k \end{pmatrix} \begin{pmatrix} p \\ q \end{pmatrix} = \begin{pmatrix} 0 \\ 0 \end{pmatrix} \tag{7.65}$$

の固有値から決まる（式 (7.15) を参照）．したがって，特性方程式の解は，式 (7.62) を考慮すると，

$$\begin{vmatrix} a-k & b \\ c & d-k \end{vmatrix} = \left(k - \frac{a+d}{2}\right)^2 = 0 \tag{7.66}$$

から重解になり，その値は，

$$k = \frac{a+d}{2} \tag{7.67}$$

である．

縮退しても，1次独立な基本解を $\boldsymbol{u}_1$ と $\boldsymbol{u}_2$ とすると，一般解が $\boldsymbol{Y} = (C_1\boldsymbol{u}_1 + C_2\boldsymbol{u}_2)e^{kx}$ と表せることは，縮退のない場合と変わらない．しかし，縮退すると，$\boldsymbol{u}_1, \boldsymbol{u}_2$ が x に依存することになる．以下に，$\boldsymbol{u}_1, \boldsymbol{u}_2$ の具体的な構成方法を示す．

定数変化法を用いて，解を

$$\boldsymbol{Y} = \boldsymbol{C}(x)e^{kx} \tag{7.68}$$

と仮定する．ここで，$\boldsymbol{C}(x)$ の x 依存性を許すことで，縮退のない場合の解を縮退のある場合に拡張する．式 (7.68) を式 (7.61) に代入すると，$\boldsymbol{C}'(x)e^{kx} + k\boldsymbol{C}(x)e^{kx} = A\boldsymbol{C}(x)e^{kx}$ となるので，

$$\frac{d}{dx}\boldsymbol{C}(x) + k\boldsymbol{C}(x) = A\boldsymbol{C}(x) \tag{7.69}$$

を得る．これを満たす $\boldsymbol{C}(x)$ として，x の 1 次式

$$\boldsymbol{C}(x) = \boldsymbol{H} + \boldsymbol{Q}x \tag{7.70}$$

を仮定できる（この仮定については，以下の導出過程をたどれば理解できるだろう）．ここに，$\boldsymbol{H}$, $\boldsymbol{Q}$ は未知の定数ベクトルである．式 (7.70) を式 (7.69) に代入すると，

$$\boldsymbol{Q} + k(\boldsymbol{H} + \boldsymbol{Q}x) = A(\boldsymbol{H} + \boldsymbol{Q}x) \tag{7.71}$$

となるので，両辺の x の係数を比べれば，

$$\begin{cases} A\boldsymbol{Q} = k\boldsymbol{Q} \\ A\boldsymbol{H} = k\boldsymbol{H} + \boldsymbol{Q} \end{cases} \tag{7.72}$$

を得る．第 1 式の $A\boldsymbol{Q} = k\boldsymbol{Q}$ から，$\boldsymbol{Q}$ は A の固有ベクトルである．次に，$\boldsymbol{Q}$ を用いて，第 2 式の $A\boldsymbol{H} = k\boldsymbol{H} + \boldsymbol{Q}$ を解く（$A - kI$ の逆行列は存在せず，$\boldsymbol{H} = (A - kI)^{-1}\boldsymbol{Q}$ とは表せないことに注意）．こうして，$\boldsymbol{Q}$, $\boldsymbol{H}$ を決めれば，一般解は，

$$\boldsymbol{Y} = (\boldsymbol{H} + \boldsymbol{Q}x)e^{kx} \tag{7.73}$$

と表せる．形式的に求めたこの解が一般解であるためには，任意の定数が 2 個含まれていなければならないが，どこに現れているのかは直には見通せない．このことを明らかにするために，具体的に式 (7.61) の一般解を求めよう．

$k = \dfrac{a+d}{2}$ を式 (7.65) に代入すると，第 2 式は，

$$cp + \frac{d-a}{2}q = 0 \tag{7.74}$$

となる．C_1 を任意の定数として，$p = C_1$ とすると，$q = C_1\dfrac{2c}{a-d}$ となるので，$\boldsymbol{Q}$ は，

$$\boldsymbol{Q} = C_1 \begin{pmatrix} 1 \\ \dfrac{2c}{a-d} \end{pmatrix} \tag{7.75}$$

と表される（式 (7.65) の第 1 式を用いて，$\boldsymbol{Q} = C_1 \left(1, \dfrac{-a+d}{2b}\right)^T$ とすることも可能）．次に，$A\boldsymbol{H} = k\boldsymbol{H} + \boldsymbol{Q}$ から $\boldsymbol{H}$ を決める．$\boldsymbol{H} = (h_1, h_2)^T$ とすると，各成分は，

$$\begin{pmatrix} a-k & b \\ c & d-k \end{pmatrix} \begin{pmatrix} h_1 \\ h_2 \end{pmatrix} = C_1 \begin{pmatrix} 1 \\ \dfrac{2c}{a-d} \end{pmatrix} \tag{7.76}$$

を満たす．これから，

$$-2C_1 + (a-d)h_1 + 2bh_2 = 0 \tag{7.77}$$

を得る（第 1 式，第 2 式は同じである）．これより，C_2 を任意の定数として，$h_1 = C_2$ とおくと，$h_2 = \dfrac{2C_1 - (a-d)C_1}{2b}$ となるので，$\boldsymbol{H}$ は，

$$\boldsymbol{H} = \begin{pmatrix} C_2 \\ \dfrac{2C_1 - (a-d)C_2}{2b} \end{pmatrix} \tag{7.78}$$

と表せる．以上のことから，一般解 (7.73) は，

$$\begin{aligned}
\boldsymbol{Y} &= (\boldsymbol{H} + \boldsymbol{Q}x)e^{\frac{a+d}{2}x} \\
&= \left(\begin{pmatrix} C_2 \\ \dfrac{2C_1 - (a-d)C_2}{2b} \end{pmatrix} + C_1 \begin{pmatrix} 1 \\ \dfrac{2c}{a-d} \end{pmatrix} x \right) e^{\frac{a+d}{2}x}
\end{aligned} \tag{7.79}$$

と表せる．以上の構成方法から，任意の定数を 2 個含むことが確認できる．

さて，1 次独立な基本解を導くために，式 (7.79) を，

$$\boldsymbol{Y} = C_2 \begin{pmatrix} 1 \\ \dfrac{-a+d}{2b} \end{pmatrix} e^{\frac{a+d}{2}x} + C_1 \left(\begin{pmatrix} 0 \\ \dfrac{1}{b} \end{pmatrix} + \begin{pmatrix} 1 \\ \dfrac{2c}{a-d} \end{pmatrix} x \right) e^{\frac{a+d}{2}x} \tag{7.80}$$

と書き直し，

$$\boldsymbol{u}_1 = \left(\begin{pmatrix} 0 \\ \dfrac{1}{b} \end{pmatrix} + \begin{pmatrix} 1 \\ \dfrac{2c}{a-d} \end{pmatrix} x \right), \quad \boldsymbol{u}_2 = \begin{pmatrix} 1 \\ \dfrac{-(a-d)}{2b} \end{pmatrix} \tag{7.81}$$

とおく．$\boldsymbol{u}_1 e^{kx}, \boldsymbol{u}_2 e^{kx}$ は，式 (7.62) から得られる $c = \dfrac{4ad - (a+d)^2}{4b}$ を考慮すると，

$$\det(\boldsymbol{u}_1, \boldsymbol{u}_2) = \frac{1}{b} \neq 0 \tag{7.82}$$

となるので，1 次独立である．こうして一般解は，

$$\boldsymbol{Y} = (C_1 \boldsymbol{u}_1 + C_2 \boldsymbol{u}_2) e^{\frac{a+d}{2} x} \tag{7.83}$$

と表せる．

例として，

$$\frac{d}{dy}\begin{pmatrix} y_1 \\ y_2 \end{pmatrix} = \begin{pmatrix} 0 & 1 \\ -1 & -2 \end{pmatrix} \begin{pmatrix} y_1 \\ y_2 \end{pmatrix} \tag{7.84}$$

をとり上げる．係数行列の固有値は -1 のみである．一般解は，式 (7.80) から，

$$\boldsymbol{Y} = \left(\begin{pmatrix} C_2 \\ C_1 - C_2 \end{pmatrix} + C_1 \begin{pmatrix} 1 \\ -1 \end{pmatrix} x \right) e^{-x} \tag{7.85}$$

となる．基本解は式 (7.81) から，$\boldsymbol{u}_1 = \begin{pmatrix} x \\ 1-x \end{pmatrix}$, $\boldsymbol{u}_2 = \begin{pmatrix} 1 \\ -1 \end{pmatrix}$ であり，$\det(\boldsymbol{u}_1, \boldsymbol{u}_2) = -1 \neq 0$ から 1 次独立である．

例 題

$\dfrac{d}{dy}\begin{pmatrix} y_1 \\ y_2 \end{pmatrix} = \begin{pmatrix} 0 & 1 \\ -1 & -2 \end{pmatrix} \begin{pmatrix} y_1 \\ y_2 \end{pmatrix}$ に関して，以下の問いに答えよ．

(1) y_1 だけで書いた微分方程式を導き，係数行列の固有値を求めよ．

(2) y_1 の一般解を求め，y_2 を求めよ．

(3) 一般解を $\boldsymbol{Y} = (\boldsymbol{H} + \boldsymbol{Q} x) e^{kx}$ とする．$A\boldsymbol{Q} = k\boldsymbol{Q}$, $A\boldsymbol{H} = k\boldsymbol{H} + \boldsymbol{Q}$ から $\boldsymbol{H}$, $\boldsymbol{Q}$ を定めて，一般解を求めよ．

解答

(1) $y_1'' + 2y_1' + y_1 = 0$. 特性方程式 $\begin{vmatrix} k & -1 \\ 1 & k+2 \end{vmatrix} = (k+1)^2 = 0$ から，固有値は -1.

(2) $y_1 = C_1 x e^{-x} + C_2 e^{-x}$. これを，$y_2 = y_1'$ に代入すると，$y_2 = -C_1 x e^{-x} + C_1 e^{-x} - C_2 e^{-x}$. まとめると，$\begin{pmatrix} y_1 \\ y_2 \end{pmatrix} = C_1 \begin{pmatrix} 1 \\ -1 \end{pmatrix} x e^{-x} + \begin{pmatrix} C_2 \\ C_1 - C_2 \end{pmatrix} e^{-x}$.

(3) $A\bm{Q} = -1\bm{Q}$ は $\begin{pmatrix} 0 & 1 \\ -1 & -2 \end{pmatrix} \begin{pmatrix} p \\ q \end{pmatrix} = -\begin{pmatrix} p \\ q \end{pmatrix}$ と書けるので, $q = -p$, $-p-2q = -q$. これから $\bm{Q} = C_1 \begin{pmatrix} 1 \\ -1 \end{pmatrix}$. これを $A\bm{H} = -1\bm{H}+\bm{Q}$ に代入すると, $\begin{pmatrix} 0 & 1 \\ -1 & -2 \end{pmatrix} \begin{pmatrix} h_1 \\ h_2 \end{pmatrix} = -\begin{pmatrix} h_1 \\ h_2 \end{pmatrix} + C_1 \begin{pmatrix} 1 \\ -1 \end{pmatrix}$ となり, 成分で表すと $h_2 = -h_1 + C_1$, $-h_1 - 2h_2 = -h_2 - C_1$. これらは同じ $h_2 = C_1 - h_1$ を与えるので, $\bm{H} = \begin{pmatrix} C_2 \\ C_1 - C_2 \end{pmatrix}$. 一般解は $\bm{Y} = \left(\begin{pmatrix} C_2 \\ C_1 - C_2 \end{pmatrix} + C_1 \begin{pmatrix} 1 \\ -1 \end{pmatrix} x \right) e^{-x}$.

(B)　n 元連立微分方程式

　以上のことを n 元連立微分方程式に拡張する. 係数行列 A が, $m\ (<n)$ 個の 1 次独立な固有ベクトルしかもたないとする. このとき, $\bm{u}e^{kx}$ のように表せる基本解は m 個ある. 残る $n-m$ 個の基本解を求めるための方法を, 2 元連立微分方程式の場合を参考にして導こう. いま, 固有値 $k_j\ (j = m+1, m+2, \ldots)$ は縮退し, $d_j\ (d_{m+1} + d_{m+2} + \cdots = n - m)$ 個あったとすると, 特性方程式は,

$$(k-k_1)(k-k_2)\cdots(k-k_{m+1})^{d_{m+1}}(k-k_{m+2})^{d_{m+2}}\cdots = 0 \tag{7.86}$$

のように因数分解できる. 縮退する固有値 k_j に対する基本解は, 定数変化法を用いて, 以下のようにして求めることができる.

解を

$$\bm{Y} = \bm{C}(x)e^{k_j x} \tag{7.87}$$

と仮定する. 微分方程式に代入すると, $\bm{C}'(x)e^{k_j x} + k\bm{C}(x)e^{k_j x} = A\bm{C}(x)e^{k_j x}$ となるので, $\bm{C}(x)$ は,

$$\frac{d}{dx}\bm{C}(x) + k_j \bm{C}(x) = A\bm{C}(x) \tag{7.88}$$

を満たす. $\bm{C}(x)$ として, x の $(d_j - 1)$ 次式,

$$\bm{C}(x) = \bm{H} + \bm{G}x + \frac{1}{2!}\bm{J}x^2 + \cdots + \frac{1}{(d_j-1)!}\bm{Q}x^{d_j - 1} \tag{7.89}$$

と仮定できる (式 (7.73) では, $n = 2$, $m = 0$, $d_1 = 2$). これを式 (7.88) に代入すると,

$$G + Jx + \cdots + \frac{1}{(d_j-2)!}Qx^{d_j-2}$$
$$+ k_j(H + Gx + \frac{1}{2!}Jx^2 + \cdots + \frac{1}{(d_j-1)!}Qx^{d_j-1})$$
$$= A(H + Gx + \frac{1}{2!}Jx^2 + \cdots + \frac{1}{(d_j-1)!}Qx^{d_j-1}) \tag{7.90}$$

となるので，両辺の x のべきの係数を比べれば，

$$\begin{cases} AQ = k_j Q \\ \quad\vdots \\ AG = k_j G + J \\ AH = k_j H + G \end{cases} \tag{7.91}$$

を得る．まず，$AQ = k_j Q$ から固有ベクトル Q を求め，最後に，$AH = k_j H + G$ を解いて H を求める．こうして，一般解は，

$$Y = \sum_{j=1}^{m} C_j u_j e^{k_j x} + \sum_{j \geq m+1} \left(H + Gx + \frac{1}{2!}Jx^2 + \cdots + \frac{1}{(d_j-1)!}Qx^{d_j-1}\right) e^{k_j x} \tag{7.92}$$

と表される．積分定数は n 個あるが，そのうち m 個は縮退していない固有値 k_j $(j = 1, 2, \ldots, m)$ に，残り $n - m$ 個の積分定数は右辺の第 2 項に現れる．

7.4 行列表示

(A) 指数行列による解の構成

連立微分方程式，

$$\frac{dY}{dx} = AY \tag{7.93}$$

の一般解はこれまで述べてきた方法を用いて求められる．しかし，初期値問題では，これから述べる**指数行列**を使って解を表すと便利なことが多い．指数行列を用いて解を表わす方法における重要な操作は，行列の対角化である．

初期条件を $Y(0) = Y_{init}$ とすると，1 変数に関する微分方程式の解を参考にすれば，式 (7.93) の特解は形式的に，

$$Y = e^{Ax} Y_{init} \tag{7.94}$$

と表せる．ここで，指数行列 e^{Ax} は，

と定義する．e^{Ax} を x で微分すると，

$$\frac{d}{dx}e^{Ax} = A + A^2 x + \frac{1}{2!}A^3 x^2 + \cdots = Ae^{Ax} \tag{7.96}$$

となるので，$\bm{Y}' = Ae^{Ax}\bm{Y}_{init} = A\bm{Y}$ から，$\bm{Y} = e^{Ax}\bm{Y}_{init}$ は初期値問題の解であることが確認できる．

2×2 の行列 A が対角行列であれば，

$$A = \begin{pmatrix} a & 0 \\ 0 & b \end{pmatrix} \tag{7.97}$$

と表せる．このとき，$A^2 = \begin{pmatrix} a^2 & 0 \\ 0 & b^2 \end{pmatrix}$, $A^3 = \begin{pmatrix} a^3 & 0 \\ 0 & b^3 \end{pmatrix}$ などを用いて，定義式 (7.95) どおりに計算すると，

$$\begin{aligned} e^{Ax} &= I + \begin{pmatrix} a & 0 \\ 0 & b \end{pmatrix} x + \frac{1}{2!}\begin{pmatrix} a^2 & 0 \\ 0 & b^2 \end{pmatrix} x^2 + \frac{1}{3!}\begin{pmatrix} a^3 & 0 \\ 0 & b^3 \end{pmatrix} x^3 + \cdots \\ &= \begin{pmatrix} e^{ax} & 0 \\ 0 & e^{bx} \end{pmatrix} \end{aligned} \tag{7.98}$$

となるので，特解は，

$$\bm{Y} = \begin{pmatrix} e^{ax} & 0 \\ 0 & e^{bx} \end{pmatrix} \bm{Y}_{init} \tag{7.99}$$

となる．

問題は，e^{Ax} を計算するためには式 (7.95) で示した無限級数の和を求めなければならず，それを容易にするのは係数行列が対角化できるような場合に限られる．具体的なテクニックは以下に述べる．

例　題

以下の行列 A に対して，e^{Ax} を求めよ．

(1) $\begin{pmatrix} a & 0 \\ 0 & 0 \end{pmatrix}$　　(2) $\begin{pmatrix} 0 & a \\ 0 & 0 \end{pmatrix}$　　(3) $\begin{pmatrix} 0 & a \\ a & 0 \end{pmatrix}$

(4) $\begin{pmatrix} 0 & a \\ -a & 0 \end{pmatrix}$　　(5) $\begin{pmatrix} a & 0 & 0 \\ 0 & -a & 0 \\ 0 & 0 & -a \end{pmatrix}$　　(6) $\begin{pmatrix} 0 & 0 & a \\ 0 & b & 0 \\ -a & 0 & 0 \end{pmatrix}$

解答

(1) $e^{Ax} = I + \begin{pmatrix} a & 0 \\ 0 & 0 \end{pmatrix} x + \dfrac{1}{2!} \begin{pmatrix} a^2 & 0 \\ 0 & 0 \end{pmatrix} x^2 + \cdots = \begin{pmatrix} e^{ax} & 0 \\ 0 & 0 \end{pmatrix}$.

(2) $e^{Ax} = I + \begin{pmatrix} 0 & a \\ 0 & 0 \end{pmatrix} x + \dfrac{1}{2!} \begin{pmatrix} 0 & 0 \\ 0 & 0 \end{pmatrix} x^2 + \cdots = \begin{pmatrix} 1 & ax \\ 0 & 1 \end{pmatrix}$.

(3) $e^{Ax} = I + \begin{pmatrix} 0 & a \\ a & 0 \end{pmatrix} x + \dfrac{1}{2!} \begin{pmatrix} a^2 & 0 \\ 0 & a^2 \end{pmatrix} x^2 + \cdots = \begin{pmatrix} \cosh(ax) & \sinh(ax) \\ \sinh(ax) & \cosh(ax) \end{pmatrix}$.

(4) $e^{Ax} = I + \begin{pmatrix} 0 & a \\ -a & 0 \end{pmatrix} x + \dfrac{1}{2!} \begin{pmatrix} -a^2 & 0 \\ 0 & -a^2 \end{pmatrix} x^2 + \cdots = \begin{pmatrix} \cos(ax) & \sin(ax) \\ -\sin(ax) & \cos(ax) \end{pmatrix}$.

(5) $e^{Ax} = \begin{pmatrix} e^{ax} & 0 & 0 \\ 0 & e^{-ax} & 0 \\ 0 & 0 & e^{-ax} \end{pmatrix}$.   (6) $e^{Ax} = \begin{pmatrix} \cos(ax) & 0 & \sin(ax) \\ 0 & e^{bx} & 0 \\ -\sin(ax) & 0 & \cos(ax) \end{pmatrix}$.

(B) 係数行列の対角化

係数行列が対角になっていると,指数行列の計算は以上のように容易である.その理由を微分方程式に戻って考えると,以下のことがいえる.式 (7.97) の A を係数行列にもつ連立微分方程式は,

$$\frac{d}{dx} \begin{pmatrix} y_1 \\ y_2 \end{pmatrix} = \begin{pmatrix} a & 0 \\ 0 & b \end{pmatrix} \begin{pmatrix} y_1 \\ y_2 \end{pmatrix} \tag{7.100}$$

であるが,成分で書くとそれぞれ,$y_1' = ay_1$, $y_2' = by_2$ となるので,y_1, y_2 は独立になり,別々に解くことができる.このことが e^{Ax} の計算を容易にしている.実際,$\boldsymbol{Y}(0) = \boldsymbol{Y}_{init} = (y_{1init}, y_{2init})^T$ とすると,特解は,

$$\begin{cases} y_1 = e^{ax} y_{1init} \\ y_2 = e^{bx} y_{2init} \end{cases} \tag{7.101}$$

となる.一般の係数行列では非対角項が存在するため,定義通りに計算しても,無限級数の和を指数関数や三角関数などを用いて表すことが難しい.

最初に,縮退がない場合を考える.対角化に重要な等式として,任意の $n \times n$ の行列 P に対して,

$$e^{Ax} = P e^{P^{-1} A P x} P^{-1} \tag{7.102}$$

が成り立つ.まず,この等式を証明する.e^{Ax} の定義式 (7.95) を用いると,

$$P^{-1}e^{Ax}P = P^{-1}\left(I + Ax + \frac{1}{2!}A^2x^2 + \cdots\right)P$$
$$= I + P^{-1}APx + \frac{1}{2!}P^{-1}APP^{-1}APx^2 + \cdots$$
$$= I + P^{-1}APx + \frac{1}{2!}(P^{-1}AP)^2x^2 + \cdots = e^{P^{-1}APx} \quad (7.103)$$

となる.ここで,$P^{-1}P = I$ となることを用いた.

問題は P の決め方で,$P^{-1}AP$ が対角化できれば,上述したように $e^{P^{-1}APx}$ の計算は簡単になる.$P^{-1}AP$ の対角化は,結局,A の固有値問題,

$$A\bm{v} = k\bm{v} \quad (7.104)$$

を解くことに等価である.縮退がない場合を考えているので,異なる固有値 k_1,k_2 を用いて,

$$P^{-1}AP = \begin{pmatrix} k_1 & 0 \\ 0 & k_2 \end{pmatrix} \quad (7.105)$$

と表せる.また,P は,固有ベクトル $\bm{v}_1, \bm{v}_2$ を用いて,

$$P = (\bm{v}_1, \bm{v}_2) \quad (7.106)$$

と表せる.なぜなら,

$$AP = (A\bm{v}_1, A\bm{v}_2) = (k_1\bm{v}_1, k_2\bm{v}_2) = (\bm{v}_1, \bm{v}_2)\begin{pmatrix} k_1 & 0 \\ 0 & k_2 \end{pmatrix} = P\begin{pmatrix} k_1 & 0 \\ 0 & k_2 \end{pmatrix} \quad (7.107)$$

となるからである.

初期条件 $\bm{Y}(0) = \bm{Y}_{init}$ を満たす解 $\bm{Y} = e^{Ax}\bm{Y}_{init}$ は,$\bm{Y} = Pe^{P^{-1}APx}P^{-1}\bm{Y}_{init}$ と表せるが,対角化できると,

$$P^{-1}\bm{Y} = e^{P^{-1}APx}P^{-1}\bm{Y}_{init} = \begin{pmatrix} e^{k_1x} & 0 \\ 0 & e^{k_2x} \end{pmatrix} P^{-1}\bm{Y}_{init} \quad (7.108)$$

と書けるので,$P^{-1}\bm{Y}$ の各成分は独立になる.つまり,$P^{-1}\bm{Y} = (v_1, v_2)^T$ と新たな従属変数を導入すれば,上式は,$v_1 = e^{k_1x}v_{1init}, v_2 = e^{k_2x}v_{2init}$ となる.これらを微分方程式として表すと,

$$\begin{cases} \dfrac{dv_1}{dx} = k_1 v_1 \\ \dfrac{dv_2}{dx} = k_2 v_2 \end{cases} \quad (7.109)$$

となり, v_1, v_2 は独立した微分方程式にしたがう.

例 題

$Y' = \begin{pmatrix} 4 & 2 \\ 3 & -1 \end{pmatrix} Y$ に対して, 以下の問いに答えよ.

(1) 係数行列の固有値と固有ベクトル, P を導け.
(2) 初期値 Y_{init} を満たす特解を求めよ.
(3) 微分方程式が独立となるような従属変数 v_1, v_2 を決めよ.

解答

(1) 固有値は $(k-5)(k+2) = 0$ より, $k_1 = 5, k_2 = -2$. 固有ベクトルは $u_1 = \left(1, \dfrac{1}{2}\right)^T$, $u_2 = (1, -3)^T$. これから $P = \begin{pmatrix} 1 & 1 \\ \dfrac{1}{2} & -3 \end{pmatrix}$.

(2) $Y = Pe^{P^{-1}APx}P^{-1}Y_{init} = \begin{pmatrix} 1 & 1 \\ \dfrac{1}{2} & -3 \end{pmatrix} \begin{pmatrix} e^{5x} & 0 \\ 0 & e^{-2x} \end{pmatrix} \begin{pmatrix} \dfrac{6}{7} & \dfrac{2}{7} \\ \dfrac{1}{7} & -\dfrac{2}{7} \end{pmatrix}^{-1} Y_{init}$

$= \dfrac{1}{7} \begin{pmatrix} 6e^{5x} + e^{-2x} & 2e^{5x} - 2e^{-2x} \\ 3e^{5x} - 3e^{-2x} & e^{5x} + 6e^{-2x} \end{pmatrix} Y_{init}$

(3) $\begin{pmatrix} v_1 \\ v_2 \end{pmatrix} = P^{-1}Y = \begin{pmatrix} \dfrac{6}{7} & \dfrac{2}{7} \\ \dfrac{1}{7} & -\dfrac{2}{7} \end{pmatrix} \begin{pmatrix} y_1 \\ y_2 \end{pmatrix}$ より, $v_1 = \dfrac{6}{7}y_1 + \dfrac{2}{7}y_2$, $v_2 = \dfrac{1}{7}y_1 - \dfrac{2}{7}y_2$.

次に, 縮退がなく, 固有値が複素数となる場合を考える. 例として,

$$A = \begin{pmatrix} a & b \\ -b & a \end{pmatrix} \tag{7.110}$$

とする. 固有値は $a \pm ib$ で, 固有ベクトルは $u_1 = (1, i)^T$, $u_2 = (1, -i)^T$ となるので, 式 (7.106) から,

$$P = \begin{pmatrix} 1 & 1 \\ i & -i \end{pmatrix} \tag{7.111}$$

である. したがって, $P^{-1}AP$ は,

$$P^{-1}AP = \begin{pmatrix} a+ib & 0 \\ 0 & a-ib \end{pmatrix} \tag{7.112}$$

と対角になる．このとき，$e^{P^{-1}APx} = \begin{pmatrix} e^{(a+bi)x} & 0 \\ 0 & e^{(a-bi)x} \end{pmatrix}$ となるので，式 (7.102) から，

$$\begin{aligned} e^{Ax} &= Pe^{P^{-1}APx}P^{-1} \\ &= \begin{pmatrix} 1 & 1 \\ i & -i \end{pmatrix} \begin{pmatrix} e^{(a+bi)x} & 0 \\ 0 & e^{(a-bi)x} \end{pmatrix} \begin{pmatrix} 1 & 1 \\ i & -i \end{pmatrix}^{-1} \\ &= e^{ax} \begin{pmatrix} \cos(bx) & \sin(bx) \\ -\sin(bx) & \cos(bx) \end{pmatrix} \end{aligned} \tag{7.113}$$

となる．

最後に，縮退がある場合について調べる．例として，

$$A = \begin{pmatrix} a & b \\ 0 & a \end{pmatrix} \tag{7.114}$$

をとり上げる．固有値は縮退し，a である．固有ベクトルは式 (7.81) より，$\boldsymbol{u}_1 = \begin{pmatrix} 1 \\ 0 \end{pmatrix}$, $\boldsymbol{u}_2 = \left(\begin{pmatrix} 0 \\ b^{-1} \end{pmatrix} + \begin{pmatrix} 1 \\ 0 \end{pmatrix} x \right) = \begin{pmatrix} x \\ b^{-1} \end{pmatrix}$ となるので，

$$P = \begin{pmatrix} 1 & x \\ 0 & b^{-1} \end{pmatrix} \tag{7.115}$$

である（式 (7.81) の $\boldsymbol{u}_1$ と $\boldsymbol{u}_2$ を入れ替えた）．したがって，$P^{-1}AP$ は，

$$P^{-1}AP = \begin{pmatrix} 1 & -bx \\ 0 & b \end{pmatrix} \begin{pmatrix} a & b \\ 0 & a \end{pmatrix} \begin{pmatrix} 1 & x \\ 0 & b^{-1} \end{pmatrix} = \begin{pmatrix} a & 1 \\ 0 & a \end{pmatrix} \tag{7.116}$$

となる．縮退のある場合はこのように対角化できず，非対角項に「1」が現れる．しかし，幸いなことに，この場合でも $e^{P^{-1}APx}$ は簡単に計算できる．実際，$e^{P^{-1}APx} = \begin{pmatrix} e^{ax} & xe^{ax} \\ 0 & e^{ax} \end{pmatrix}$ となるので，式 (7.102) から，

$$e^{Ax} = Pe^{P^{-1}APx}P^{-1} = e^{ax} \begin{pmatrix} 1 & bx \\ 0 & 1 \end{pmatrix} \tag{7.117}$$

を得る.

指数行列を求めるときに有用なテクニックに，行列を二つの行列の和として表して指数行列を求める方法がある．そのために必要な概念として，行列の**可換性**がある．$n \times n$ の行列 A, B に対して，

$$AB = BA \tag{7.118}$$

が成り立つとき，**可換**であるという．このとき，

$$e^{(A+B)x} = e^{Ax}e^{Bx} \tag{7.119}$$

が成り立つ．なぜなら，$(A+B)^2 = A^2 + AB + BA + B^2 = A^2 + 2AB + B^2$ などを用いると，指数行列の定義にしたがって，

$$\begin{aligned}
e^{(A+B)x} &= I + (A+B)x + \frac{1}{2!}(A+B)^2 x^2 + \frac{1}{3!}(A+B)^3 x^3 + \cdots \\
&= \left(I + Ax + \frac{1}{2!}A^2 x^2 + \cdots\right)\left(I + Bx + \frac{1}{2!}B^2 x^2 + \cdots\right) \\
&= e^{Ax}e^{Bx} = e^{Bx}e^{Ax}
\end{aligned} \tag{7.120}$$

となるからである.

式 (7.114) の場合に応用しよう．係数行列

$$B = \begin{pmatrix} a & 0 \\ 0 & a \end{pmatrix}, \quad C = \begin{pmatrix} 0 & b \\ 0 & 0 \end{pmatrix} \tag{7.121}$$

を導入して，

$$A = B + C \tag{7.122}$$

と分解する．二つの行列に分解する方法はいくらでもあり得るが，このような行列を選んだ理由は，指数行列の定義から e^{Bx}, e^{Cx} が簡単に計算できることが根拠になっている (p. 200 の例題を参照)．BC, CB を計算すると，

$$\begin{pmatrix} a & 0 \\ 0 & a \end{pmatrix}\begin{pmatrix} 0 & b \\ 0 & 0 \end{pmatrix} = \begin{pmatrix} 0 & b \\ 0 & 0 \end{pmatrix}\begin{pmatrix} a & 0 \\ 0 & a \end{pmatrix} = \begin{pmatrix} 0 & ab \\ 0 & 0 \end{pmatrix} \tag{7.123}$$

となって，$BC = CB$ が成り立ち，B と C は可換である．したがって，$e^{Ax} = e^{(B+C)x}$ は，$e^{Bx} = \begin{pmatrix} e^{ax} & 0 \\ 0 & e^{ax} \end{pmatrix}, e^{Cx} = \begin{pmatrix} 1 & bx \\ 0 & 1 \end{pmatrix}$ を用いると，

$$e^{Ax} = e^{Bx}e^{Cx} = \begin{pmatrix} e^{ax} & bxe^{ax} \\ 0 & e^{ax} \end{pmatrix} = e^{ax}\begin{pmatrix} 1 & bx \\ 0 & 1 \end{pmatrix} \tag{7.124}$$

と表せる（式 (7.117) を参照）．A は対角ではないが，可換な行列を用いることで，係数行列 e^{Ax} が容易に計算された．

例 題

$A = \begin{pmatrix} \alpha & \beta \\ -\beta & \alpha \end{pmatrix}$ に対して，以下の問いに答えよ．

(1) $B = \begin{pmatrix} \alpha & 0 \\ 0 & \alpha \end{pmatrix}, C = \begin{pmatrix} 0 & \beta \\ -\beta & 0 \end{pmatrix}$ は可換であることを示せ．

(2) e^{Bx}, e^{Cx} を求めよ． (3) e^{Ax} を求めよ．

解答

(1) $\begin{pmatrix} \alpha & 0 \\ 0 & \alpha \end{pmatrix}\begin{pmatrix} 0 & \beta \\ -\beta & 0 \end{pmatrix} = \begin{pmatrix} 0 & \beta \\ -\beta & 0 \end{pmatrix}\begin{pmatrix} \alpha & 0 \\ 0 & \alpha \end{pmatrix} = \begin{pmatrix} 0 & \alpha\beta \\ -\alpha\beta & 0 \end{pmatrix}.$

(2) $e^{Bx} = \begin{pmatrix} e^{\alpha x} & 0 \\ 0 & e^{\alpha x} \end{pmatrix}, e^{Cx} = \begin{pmatrix} \cos(\beta x) & \sin(\beta x) \\ -\sin(\beta x) & \cos(\beta x) \end{pmatrix}.$

(3) $e^{Ax} = e^{Bx}e^{Cx} = e^{\alpha x}\begin{pmatrix} \cos(\beta x) & \sin(\beta x) \\ -\sin(\beta x) & \cos(\beta x) \end{pmatrix}.$

（C） 初期値問題の解と一般解

係数行列が対角化できると，その指数行列は容易に求められた．$n = 2$ として，$\boldsymbol{Y}(0) = \boldsymbol{Y}_{init}$ を満たす解は，縮退がない場合，k_1, k_2 を A の異なる固有値とすると，

$$\boldsymbol{Y} = Pe^{P^{-1}APx}P^{-1}\boldsymbol{Y}_{init} = P\begin{pmatrix} e^{k_1 x} & 0 \\ 0 & e^{k_1 x} \end{pmatrix}P^{-1}\boldsymbol{Y}_{init} \tag{7.125}$$

である．$\boldsymbol{C} = P^{-1}\boldsymbol{Y}_{init}$ を任意の定数ベクトル $(C_1, C_2)^T$ と考えれば，一般解は，

$$\boldsymbol{Y} = P\begin{pmatrix} e^{k_1 x} & 0 \\ 0 & e^{k_1 x} \end{pmatrix}\begin{pmatrix} C_1 \\ C_2 \end{pmatrix} \tag{7.126}$$

と表される．

例として，

をとり上げる．A の固有値は $k_1 = -1, k_2 = -3$, 固有ベクトルは $\boldsymbol{u}_1 = (1,1)^T$, $\boldsymbol{u}_2 = (1,-1)^T$ である．これから，$P = \begin{pmatrix} 1 & 1 \\ 1 & -1 \end{pmatrix}$ となるので，一般解は

$$\boldsymbol{Y} = P \begin{pmatrix} e^{k_1 x} & 0 \\ 0 & e^{k_2 x} \end{pmatrix} \begin{pmatrix} C_1 \\ C_2 \end{pmatrix} = \begin{pmatrix} 1 & 1 \\ 1 & -1 \end{pmatrix} \begin{pmatrix} e^{-x} & 0 \\ 0 & e^{-3x} \end{pmatrix} \begin{pmatrix} C_1 \\ C_2 \end{pmatrix}$$

$$= \begin{pmatrix} e^{-x} & e^{-3x} \\ e^{-x} & -e^{-3x} \end{pmatrix} \begin{pmatrix} C_1 \\ C_2 \end{pmatrix} = \begin{pmatrix} C_1 e^{-x} + C_2 e^{-3x} \\ C_1 e^{-x} - C_2 e^{-3x} \end{pmatrix} \tag{7.128}$$

と表せる．積分定数について整理すると，

$$\boldsymbol{Y} = C_1 \begin{pmatrix} 1 \\ 1 \end{pmatrix} e^{-x} + C_2 \begin{pmatrix} 1 \\ -1 \end{pmatrix} e^{-3x} \tag{7.129}$$

となる．これから，基本解は $\boldsymbol{u}_1 e^{-x}, \boldsymbol{u}_2 e^{-3x}$ であり，それらの 1 次結合として一般解が $\boldsymbol{Y} = C_1 \boldsymbol{u}_1 e^{-x} + C_2 \boldsymbol{u}_2 e^{-3x}$ と表されていることが確認できる．

7.5 非斉次連立微分方程式

斉次連立微分方程式 $\boldsymbol{Y}' = A\boldsymbol{Y}$ の解が求まれば，非斉次連立微分方程式,

$$\frac{d\boldsymbol{Y}}{dx} = A\boldsymbol{Y} + \boldsymbol{b}(x) \tag{7.130}$$

の一般解は，1 変数の場合を参考にすれば，以下のようにして求めることができる．ここで，$\boldsymbol{b}(x) = (b_1(x), b_2(x), \ldots, b_n(x))^T$ である．$y' = ay + b(x)$ の一般解は，斉次微分方程式 $y' = ay$ の解 $y_0 = e^{ax}$ を用いて，$y = Cy_0 + y_0 \int y_0^{-1} b(x) dx$ と表された．

$$\frac{d\boldsymbol{Y}}{dx} = A\boldsymbol{Y} \tag{7.131}$$

の斉次解は，

$$\boldsymbol{Y}_0 = e^{Ax} \tag{7.132}$$

を用いて表されるので，微分方程式 (7.130) の一般解は，

$$\boldsymbol{Y} = \boldsymbol{Y}_0 \boldsymbol{C} + \boldsymbol{Y}_0 \int \boldsymbol{Y}_0^{-1} \boldsymbol{b}(x) dx = e^{Ax} \left(\boldsymbol{C} + \int e^{-Ax} \boldsymbol{b}(x) dx \right) \tag{7.133}$$

と表せる．e^{-Ax} は，e^{Ax} の x を $-x$ に変えるだけで得られる．$\boldsymbol{C} = (C_1, C_2, \ldots, C_n)^T$ は任意の定数ベクトルである．解であることは，$\boldsymbol{Y}' = Ae^{Ax}\boldsymbol{C} + Ae^{Ax}\int e^{-Ax}\boldsymbol{b}dx + \boldsymbol{b} = A\boldsymbol{Y} + \boldsymbol{b}$ から確かめられる．

初期値を $\boldsymbol{Y}(x_{init}) = \boldsymbol{Y}_{init}$ とすると，特解は，

$$\boldsymbol{Y} = e^{A(x-x_{init})}\boldsymbol{Y}_{init} + e^{Ax}\int_{x_{init}}^{x} e^{-A\xi}\boldsymbol{b}(\xi)d\xi \tag{7.134}$$

となる．

具体例として，$n = 2$ として，

$$\frac{d\boldsymbol{Y}}{dx} = \begin{pmatrix} 3 & -4 \\ 1 & -2 \end{pmatrix} \boldsymbol{Y} + \begin{pmatrix} \sin x \\ 0 \end{pmatrix} \tag{7.135}$$

の一般解を求めよう．係数行列の固有値は $2, -1$ で，固有ベクトルは $\left(1, \dfrac{1}{4}\right)^T$, $(1,1)^T$ となるので，

$$\boldsymbol{Y}_0 = e^{Ax} = Pe^{P^{-1}APx}P^{-1}$$
$$= \begin{pmatrix} 1 & 1 \\ \frac{1}{4} & 1 \end{pmatrix} \begin{pmatrix} e^{2x} & 0 \\ 0 & e^{-x} \end{pmatrix} \begin{pmatrix} 1 & 1 \\ \frac{1}{4} & 1 \end{pmatrix}^{-1} = \frac{1}{3}\begin{pmatrix} 4e^{2x} - e^{-x} & -4e^{2x} + 4e^{-x} \\ e^{2x} - e^{-x} & -e^{2x} + 4e^{-x} \end{pmatrix} \tag{7.136}$$

である．ここで，

$$\int e^{-Ax}\boldsymbol{b}(x)dx = \frac{1}{3}\int \begin{pmatrix} 4e^{-2x} - e^{x} & -4e^{-2x} + 4e^{x} \\ e^{-2x} - e^{x} & -e^{-2x} + 4e^{x} \end{pmatrix} \begin{pmatrix} \sin x \\ 0 \end{pmatrix} dx$$
$$= \frac{1}{30}\begin{pmatrix} (5e^{x} - 8e^{-2x})\cos x - (5e^{x} + 16e^{-2x})\sin x \\ (5e^{x} - 2e^{-2x})\cos x - (5e^{x} + 4e^{-2x})\sin x \end{pmatrix} \tag{7.137}$$

を式 (7.133) に代入すると，一般解は，

$$\boldsymbol{Y} = \frac{1}{3}\begin{pmatrix} 4e^{2x} - e^{-x} & -4e^{2x} + 4e^{-x} \\ e^{2x} - e^{-x} & -e^{2x} + 4e^{-x} \end{pmatrix}$$
$$\cdot \left(\begin{pmatrix} C_1 \\ C_2 \end{pmatrix} + \frac{1}{30}\begin{pmatrix} (5e^{x} - 8e^{-2x})\cos x - (5e^{x} + 16e^{-2x})\sin x \\ (5e^{x} - 2e^{-2x})\cos x - (5e^{x} + 4e^{-2x})\sin x \end{pmatrix}\right) \tag{7.138}$$

と表せる．

例 題

$Y' = \begin{pmatrix} 1 & -2 \\ 0 & 1 \end{pmatrix} Y + \begin{pmatrix} 1 \\ 1 \end{pmatrix} e^{-x}$ について，以下の問いに答えよ．

(1) Y_0 を求めよ． (2) 一般解を求めよ．

解答

(1) $Y_0 = e^{Ax} = \begin{pmatrix} e^x & -2xe^x \\ 0 & e^x \end{pmatrix}$.

(2) $Y = e^{Ax} \left(\begin{pmatrix} C_1 \\ C_2 \end{pmatrix} + \int e^{-Ax} \begin{pmatrix} e^{-x} \\ e^{-x} \end{pmatrix} dx \right) = \begin{pmatrix} C_1 e^x - 2C_2 x e^x - e^{-x} \\ C_2 e^x - \dfrac{1}{2} e^{-x} \end{pmatrix}$.

7.6 応用

第2章で述べた連立微分方程式のいくつかをとり上げ，その一般解を求める．

(A) ばねの運動

質量が同じ m の 2 個の質点が，ばね定数 k のばねに繋がれている．質点の運動は，摩擦がなければ，

$$\frac{d^2}{dt^2} \begin{pmatrix} x_1 \\ x_2 \end{pmatrix} + \omega^2 \begin{pmatrix} 2 & -1 \\ -1 & 2 \end{pmatrix} \begin{pmatrix} x_1 \\ x_2 \end{pmatrix} = \begin{pmatrix} 0 \\ 0 \end{pmatrix} \tag{7.139}$$

で与えられる．ここで，$\omega^2 = \dfrac{k}{m}$ とおいた．これを，$v_1 = \dot{x}_1, v_2 = \dot{x}_2$ を導入して，4元連立1階微分方程式に書き直すと，

$$\frac{d}{dt} \begin{pmatrix} x_1 \\ v_1 \\ x_2 \\ v_2 \end{pmatrix} = \begin{pmatrix} 0 & 1 & 0 & 0 \\ -2\omega^2 & 0 & \omega^2 & 0 \\ 0 & 0 & 0 & 1 \\ \omega^2 & 0 & -2\omega^2 & 0 \end{pmatrix} \begin{pmatrix} x_1 \\ v_1 \\ x_2 \\ v_2 \end{pmatrix} \tag{7.140}$$

となる．ベクトル変数を $Y = (x_1, v_1, x_2, v_2)^T$ として，上式を $\dot{Y} = AY$ と書く．特性方程式

$$\begin{vmatrix} k & -1 & 0 & 0 \\ 2\omega^2 & k & -\omega^2 & 0 \\ 0 & 0 & k & -1 \\ -\omega^2 & 0 & 2\omega^2 & k \end{vmatrix} = (k^2 + \omega^2)(k^2 + 3\omega^2) = 0 \tag{7.141}$$

の解を求めると，$\pm i\omega, \pm i\sqrt{3}\omega$ の四つある．すべての固有値は異なるので縮退していない．固有ベクトルは $(1, \pm i\omega, 1, \pm i\omega)^T$, $(1, \pm i\sqrt{3}\omega, -1, \mp i\sqrt{3}\omega)^T$ である．これらを

$$\begin{pmatrix} 1 \\ i\omega \\ 1 \\ i\omega \end{pmatrix} e^{i\omega} = \begin{pmatrix} \cos(\omega t) \\ -\omega \sin(\omega t) \\ \cos(\omega t) \\ -\omega \sin(\omega t) \end{pmatrix} + i \begin{pmatrix} \sin(\omega t) \\ \omega \cos(\omega t) \\ \sin(\omega t) \\ \omega \cos(\omega t) \end{pmatrix}$$

$$\begin{pmatrix} 1 \\ i\sqrt{3}\omega \\ -1 \\ -i\sqrt{3}\omega \end{pmatrix} e^{i\sqrt{3}\omega} = \begin{pmatrix} \cos(\sqrt{3}\omega t) \\ -\sqrt{3}\omega \sin(\sqrt{3}\omega t) \\ -\cos(\sqrt{3}\omega t) \\ \sqrt{3}\omega \sin(\sqrt{3}\omega t) \end{pmatrix} + i \begin{pmatrix} \sin(\sqrt{3}\omega t) \\ \sqrt{3}\omega \cos(\sqrt{3}\omega t) \\ -\sin(\sqrt{3}\omega t) \\ -\sqrt{3}\omega \cos(\sqrt{3}\omega t) \end{pmatrix} \quad (7.142)$$

のように実部と虚部に分ければ，固有ベクトル $\boldsymbol{u}_1, \boldsymbol{u}_2, \boldsymbol{u}_3, \boldsymbol{u}_4$ が得られる．したがって，一般解は，

$$\begin{pmatrix} x_1 \\ v_1 \\ x_2 \\ v_2 \end{pmatrix} = C_1 \begin{pmatrix} \cos(\omega t) \\ -\omega \sin(\omega t) \\ \cos(\omega t) \\ -\omega \sin(\omega t) \end{pmatrix} + C_2 \begin{pmatrix} \sin(\omega t) \\ \omega \cos(\omega t) \\ \sin(\omega t) \\ \omega \cos(\omega t) \end{pmatrix} + C_3 \begin{pmatrix} \cos(\sqrt{3}\omega t) \\ -\sqrt{3}\omega \sin(\sqrt{3}\omega t) \\ -\cos(\sqrt{3}\omega t) \\ \sqrt{3}\omega \sin(\sqrt{3}\omega t) \end{pmatrix}$$

$$+ C_4 \begin{pmatrix} \sin(\sqrt{3}\omega t) \\ \sqrt{3}\omega \cos(\sqrt{3}\omega t) \\ -\sin(\sqrt{3}\omega t) \\ -\sqrt{3}\omega \cos(\sqrt{3}\omega t) \end{pmatrix} \quad (7.143)$$

と表せる．

図 7.1 に，$\omega = 1$ とした場合の数値例を示す．速度に対する初期値は，$v_1(0) = v_2(0) = 0$ とした．このとき，$C_2 + \sqrt{3}C_4 = 0, C_2 - \sqrt{3}C_4 = 0$ から，$C_2 = C_4 = 0$ である．図 7.1 の左図は，$x_1(0) = x_2(0) = 1$ とした場合（$C_1 + C_3 = 1, C_1 - C_3 = 1$ から，$C_1 = 1, C_3 = 0$）の x_1 と x_2 の変動で，

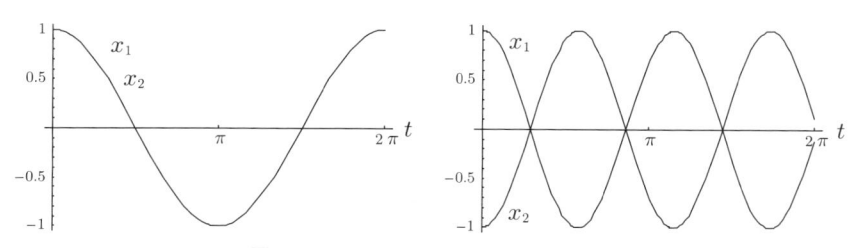

図 7.1 2 個の質点をばねで繋げた運動

両者とも同じ変動をする．また，図 7.1 の右図は，$x_1(0) = -x_2(0) = 1$ の場合（$C_1 + C_3 = 1, C_1 - C_3 = -1$ から，$C_1 = 0, C_3 = 1$）で，x_1 と x_2 は常に $x_2 = -x_1$ を満たすように互いに逆向きの変動を示す．

指数行列を使って解を表してみよう．$P = (\boldsymbol{u}_1, \boldsymbol{u}_2, \boldsymbol{u}_3, \boldsymbol{u}_4)$ とし，初期値を $\boldsymbol{Y}(0) = \boldsymbol{Y}_{init} = (x_{1init}, v_{1init}, y_{2init}, v_{2init})^T$ とすると，

$$P^{-1}AP = \begin{pmatrix} 0 & \omega & 0 & 0 \\ -\omega & 0 & 0 & 0 \\ 0 & 0 & 0 & \sqrt{3}\omega \\ 0 & 0 & -\sqrt{3}\omega & 0 \end{pmatrix} \tag{7.144}$$

となるので，初期値問題の解は，

$$\begin{aligned}\boldsymbol{Y} &= Pe^{P^{-1}APt}P^{-1}\boldsymbol{Y}_{init} \\ &= P\begin{pmatrix} \cos(\omega t) & \sin(\omega t) & 0 & 0 \\ -\sin(\omega t) & \cos(\omega t) & 0 & 0 \\ 0 & 0 & \cos(\sqrt{3}\omega t) & \sin(\sqrt{3}\omega t) \\ 0 & 0 & -\sin(\sqrt{3}\omega t) & \cos(\sqrt{3}\omega t) \end{pmatrix}P^{-1}\begin{pmatrix} x_{1init} \\ v_{1init} \\ x_{2init} \\ v_{2init} \end{pmatrix}\end{aligned} \tag{7.145}$$

である．対角化した係数行列から気づくことであるが，$P^{-1}\boldsymbol{Y} = (u_1, w_1, u_2, w_2)^T$ を新たな従属変数とすると，u_1, w_1 で表す運動と，u_2, w_2 で表す運動は分離され，独立になる．w_1 と w_2 をもとの変数で表すと，

$$\begin{cases} w_1 = \dfrac{1}{2}(x_1 + x_2)\omega \sin(\omega t) + \dfrac{1}{2\omega}(v_1 + v_2)\cos(\omega t) \\ w_2 = \dfrac{1}{2}(x_1 - x_2)\sin(\sqrt{3}\omega t) + \dfrac{1}{2\sqrt{3}\omega}(v_1 - v_2)\cos(\sqrt{3}\omega t) \end{cases} \tag{7.146}$$

である．u_1 と u_2 は $\dot{u}_1 = w_1, \dot{u}_2 = w_2$ から求められるので，w_1 と w_2 を速度と見なすと，u_1 と u_2 は位置に相当する．ここで，図 7.1 を見ると，左図では $x_1 = x_2$ となるので $w_2 = 0$，右図では $x_2 = -x_1$ となっているので，$w_1 = 0$ である．つまり，質点が同じ運動をすれば，w_1 だけで運動を表すことができ，また同様に，質点が逆の運動をすれば，w_2 だけで運動を表せる．

(B) 戦闘

A 軍および B 軍の各戦闘員の資質，戦闘力は等しいとして，交戦中の戦闘員の補給はないとする．各軍の戦闘員数の減少数はそのときの敵の戦闘員数に比

例するので，時刻 t での A 軍の戦闘員数を $x(t)$, B 軍の戦闘員数を $y(t)$ とすると，

$$\frac{d}{dt}\begin{pmatrix} x \\ y \end{pmatrix} = \begin{pmatrix} 0 & -\alpha \\ -\beta & 0 \end{pmatrix}\begin{pmatrix} x \\ y \end{pmatrix} \tag{7.147}$$

と表せた．ここで，α, β は正の定数とする．特性方程式

$$\begin{vmatrix} -k & -\alpha \\ -\beta & -k \end{vmatrix} = k^2 - \alpha\beta = 0 \tag{7.148}$$

の解を求めると，$k = \pm\sqrt{\alpha\beta}$ である．各固有値に対応する固有ベクトルはそれぞれ，$\left(1, -\sqrt{\frac{\beta}{\alpha}}\right)^T, \left(1, \sqrt{\frac{\beta}{\alpha}}\right)^T$ である．したがって，一般解は，

$$\begin{pmatrix} x \\ y \end{pmatrix} = C_1 \begin{pmatrix} 1 \\ -\sqrt{\frac{\beta}{\alpha}} \end{pmatrix} e^{\sqrt{\alpha\beta}t} + C_2 \begin{pmatrix} 1 \\ \sqrt{\frac{\beta}{\alpha}} \end{pmatrix} e^{-\sqrt{\alpha\beta}t} \tag{7.149}$$

と表せる．

同じ問題を，指数行列を用いて初期値問題として解こう．初期値を $x(0) = x_{init}$, $y(0) = y_{init}$ とすると，解は指数行列を用いて，

$$\begin{pmatrix} x \\ y \end{pmatrix} = \exp\left(\begin{pmatrix} 0 & -\alpha \\ -\beta & 0 \end{pmatrix}t\right)\begin{pmatrix} x_{init} \\ y_{init} \end{pmatrix} \tag{7.150}$$

と表される．まず，$\exp\left(\begin{pmatrix} 0 & -\alpha \\ -\beta & 0 \end{pmatrix}t\right)$ を計算する．$P = \begin{pmatrix} 1 & 1 \\ -\sqrt{\frac{\beta}{\alpha}} & \sqrt{\frac{\beta}{\alpha}} \end{pmatrix}$ となるので，$P^{-1}AP = \begin{pmatrix} \sqrt{\alpha\beta} & 0 \\ 0 & -\sqrt{\alpha\beta} \end{pmatrix}$ と対角化できる．これから，

$$\begin{aligned} e^{At} &= Pe^{P^{-1}APt}P^{-1} = P\begin{pmatrix} e^{\sqrt{\alpha\beta}t} & 0 \\ 0 & e^{-\sqrt{\alpha\beta}t} \end{pmatrix}P^{-1} \\ &= \begin{pmatrix} \cosh(\sqrt{\alpha\beta}t) & -\sqrt{\frac{\alpha}{\beta}}\sinh(\sqrt{\alpha\beta}t) \\ -\sqrt{\frac{\beta}{\alpha}}\sinh(\sqrt{\alpha\beta}t) & \cosh(\sqrt{\alpha\beta}t) \end{pmatrix} \end{aligned} \tag{7.151}$$

となる．したがって，解は，

$$\begin{pmatrix} x \\ y \end{pmatrix} = \begin{pmatrix} \cosh(\sqrt{\alpha\beta}t) & -\sqrt{\dfrac{\alpha}{\beta}}\sinh(\sqrt{\alpha\beta}t) \\ -\sqrt{\dfrac{\beta}{\alpha}}\sinh(\sqrt{\alpha\beta}t) & \cosh(\sqrt{\alpha\beta}t) \end{pmatrix} \begin{pmatrix} x_{init} \\ y_{init} \end{pmatrix} \quad (7.152)$$

と表せる.

パラメータを $\alpha = 0.04$, $\beta = 0.01$, 初期値を $x_{init} = 100$, $y_{init} = 100$ とすると,

$$\begin{pmatrix} x \\ y \end{pmatrix} = \begin{pmatrix} 100\cosh(0.0283t) - 141\sinh(0.0283t) \\ -70.7\sinh(0.0283t) + 100\cosh(0.0283t) \end{pmatrix} \quad (7.153)$$

となる. x, y の変化を図 7.2 に示す. ここで注意したいのは, x, y はともに負にならないことである. 図から分かるように, $\alpha > \beta$ としているため, x の減衰は y よりも早く,

$$100\cosh(0.0283t) - 141\sinh(0.0283t) = 0 \quad (7.154)$$

を満たす時刻 $t = 31.16$ に到達すれば, $x = 0$ となって戦闘は終了する. 一般的には, $\alpha > \beta$, $x_{init} = y_{init}$ の場合, 式 (7.152) の第 1 式から,

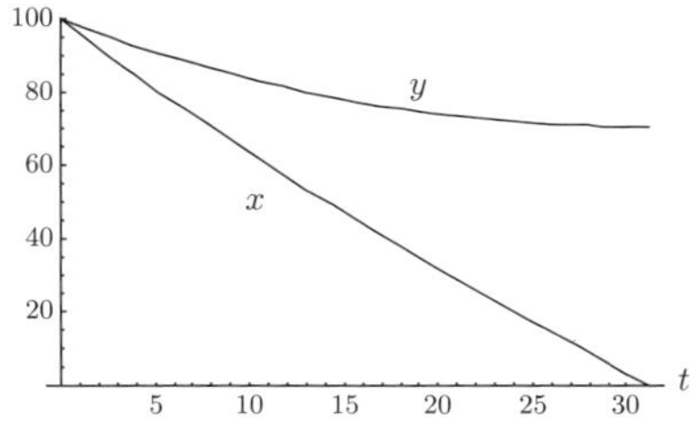

図 7.2 戦闘員数の変化

$$\tanh(\sqrt{\alpha\beta}t) = \sqrt{\dfrac{\beta}{\alpha}} \quad (7.155)$$

を満たす時刻において戦闘は終了する. $\alpha < \beta$, $x_{init} = y_{init}$ の場合, x と y の役割を交代すれば, $\tanh(\sqrt{\alpha\beta}t) = \sqrt{\dfrac{\alpha}{\beta}}$ である.

次に, 戦闘員が補給される場合を考える. A軍に補給される戦闘員数を $p(t)$ とすると, 連立微分方程式は,

$$\dfrac{d}{dt}\begin{pmatrix} x \\ y \end{pmatrix} = \begin{pmatrix} 0 & -\alpha \\ -\beta & 0 \end{pmatrix}\begin{pmatrix} x \\ y \end{pmatrix} + \begin{pmatrix} 1 \\ 0 \end{pmatrix}p(t) \quad (7.156)$$

となる. 初期値問題の解は,

$$\begin{pmatrix} x \\ y \end{pmatrix} = e^{At}\begin{pmatrix} x_{init} \\ y_{init} \end{pmatrix} + e^{At}\int_0^t e^{-A\tau}\begin{pmatrix} 1 \\ 0 \end{pmatrix}p(\tau)d\tau \quad (7.157)$$

と表される. e^{At} は式 (7.151) で与えられているので,

$$\begin{pmatrix} x \\ y \end{pmatrix} = \begin{pmatrix} \cosh(\sqrt{\alpha\beta}t) & -\sqrt{\dfrac{\alpha}{\beta}}\sinh(\sqrt{\alpha\beta}t) \\ -\sqrt{\dfrac{\beta}{\alpha}}\sinh(\sqrt{\alpha\beta}t) & \cosh(\sqrt{\alpha\beta}t) \end{pmatrix}$$
$$\cdot \begin{pmatrix} x_{init} + \displaystyle\int_0^t p(t)\cosh(\sqrt{\alpha\beta}t)dt \\ y_{init} + \sqrt{\dfrac{\beta}{\alpha}}\displaystyle\int_0^t p(t)\sinh(\sqrt{\alpha\beta}t)dt \end{pmatrix} \quad (7.158)$$

となる.

一例として, 式 (7.153) の場合と同じ条件で, $t=5$ から 10 までの間だけ戦闘員が 10 人補給されるとすれば,

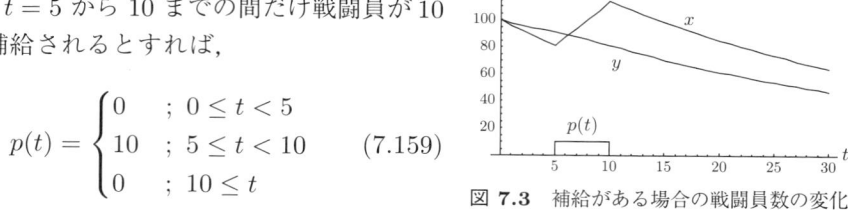

$$p(t) = \begin{cases} 0 & ; \ 0 \leq t < 5 \\ 10 & ; \ 5 \leq t < 10 \\ 0 & ; \ 10 \leq t \end{cases} \quad (7.159)$$

である. 図 7.3 に x, y の変化を示す. 戦闘員が補給された期間中は, x は増加する.

図 7.3 補給がある場合の戦闘員数の変化

演習問題

[1] 行列 A の固有値を k, 固有ベクトルを $\boldsymbol{u}$ とする. A^2 の固有値と固有ベクトルを求めよ. また, A^n (n は正の整数) の固有値と固有ベクトルを求めよ.

[2] 以下の行列の固有値と固有ベクトル, 行列式, 逆行列を求めよ.

(1) $\begin{pmatrix} 2 & -1 \\ -3 & 2 \end{pmatrix}$ (2) $\begin{pmatrix} 3 & -2 \\ 2 & 3 \end{pmatrix}$ (3) $\begin{pmatrix} 1 & -2 \\ 2 & 1 \end{pmatrix}$ (4) $\begin{pmatrix} 1 & 0 \\ 2 & 1 \end{pmatrix}$

[3] $A = \begin{pmatrix} 0 & 1 \\ 1 & 1 \end{pmatrix}$ として, 以下の問いに答えよ.

(1) A^2, A^3 を求めよ

(2) A^{n+1} (n は正に整数) は, $A^{n+1} = \begin{pmatrix} 0 & 1 \\ 1 & 1 \end{pmatrix} A^n$ から求められる. $A^n = \begin{pmatrix} a_n & b_n \\ c_n & d_n \end{pmatrix}$ とおき, a_n, b_n, c_n, d_n の満たす漸化式を導け.

(3) A, A^2 の値を用いて, 漸化式を解いて A^n を求めよ.

[4] $\begin{pmatrix} a_1 & * & \cdots & * & * \\ 0 & a_2 & \cdots & * & * \\ 0 & 0 & \ddots & * & * \\ 0 & 0 & \cdots & a_{n-1} & * \\ 0 & 0 & \cdots & 0 & a_n \end{pmatrix}$ の固有値を求めよ．ここで，「$*$」は任意の値である．

[5] 2×2 の行列 A が $A = A^T$ （A^T は転置行列）ならば，固有値は実数になることを示せ．

[6] $\boldsymbol{Y}' = A\boldsymbol{Y}$ において，初期値が $\boldsymbol{Y}(0) = \boldsymbol{Y}_{1init}$ のときの特解を $\boldsymbol{Y}_1$，$\boldsymbol{Y}(0) = \boldsymbol{Y}_{2init}$ のときの特解を $\boldsymbol{Y}_2$ とする．初期値が $a\boldsymbol{Y}_{1init} + b\boldsymbol{Y}_{2init}$ のときの特解は $a\boldsymbol{Y}_1 + b\boldsymbol{Y}_2$ と表されることを証明せよ．

[7] ある 2 元 1 階連立微分方程式の二つの解が $\begin{pmatrix} 1 \\ 1 \end{pmatrix} e^{3x}$，$\begin{pmatrix} 1 \\ 2 \end{pmatrix} e^{2x}$ と与えられているとして，以下の問いに答えよ．
   (1) 二つの解は基本解になっていることを示せ．
   (2) 一般解 $\boldsymbol{Y}$ を求めよ．
   (3) 初期条件 $\boldsymbol{Y}(0) = (0, 1)^T$，および，$\boldsymbol{Y}(0) = (1, 0)^T$ を満たす特解を見出せ．
   (4) (3) の結果を用いて，$\boldsymbol{Y}(0) = (a, b)^T$ を満たす特解を見出せ．

[8] 以下に示す行列 A に対して，指数行列 e^{Ax} を求めよ．ただし，a, b, c は定数である．
   (1) $\begin{pmatrix} 0 & 0 \\ 0 & a \end{pmatrix}$ (2) $\begin{pmatrix} a & b \\ 0 & a \end{pmatrix}$
   (3) $\begin{pmatrix} a & b & c \\ 0 & a & b \\ 0 & 0 & a \end{pmatrix}$ (4) $\begin{pmatrix} 2 & -1 & 0 \\ -1 & 2 & -1 \\ 0 & -1 & 2 \end{pmatrix}$

[9] 連立微分方程式① $\boldsymbol{Y}' = \begin{pmatrix} -1 & -2 \\ -2 & -1 \end{pmatrix} \boldsymbol{Y}$，② $\boldsymbol{Y}' = \begin{pmatrix} -1 & -2 \\ 2 & -1 \end{pmatrix} \boldsymbol{Y}$，③ $\boldsymbol{Y}' = \begin{pmatrix} -3 & 1 \\ 0 & -3 \end{pmatrix} \boldsymbol{Y}$ に関して，以下の問いに答えよ．
   (1) 係数行列の固有値と固有ベクトルを求めよ．
   (2) 一般解を求めよ．
   (3) 指数行列を用いて，初期値問題 $\boldsymbol{Y}(0) = \boldsymbol{Y}_{init}$ を解け．

[10] $A = \begin{pmatrix} 2 & -1 & 0 \\ 0 & 2 & -1 \\ 0 & 0 & 2 \end{pmatrix}$ として，$\boldsymbol{Y}' = A\boldsymbol{Y}$ の一般解を以下の手順にしたがって求めよ．
   (1) 係数行列の固有値と固有ベクトルを求めよ．

(2) 固有値を k とすると, $\boldsymbol{C}(x) = \boldsymbol{H} + \boldsymbol{G}x + \dfrac{1}{2!}\boldsymbol{Q}x^2$ とすれば, 解は $\boldsymbol{Y} = \boldsymbol{C}(x)e^{kx}$ と表せる. $A\boldsymbol{Q} = k\boldsymbol{Q}$, $A\boldsymbol{G} = k\boldsymbol{G} + \boldsymbol{Q}$, $A\boldsymbol{H} = k\boldsymbol{H} + \boldsymbol{G}$ から, ゼロベクトルでない $\boldsymbol{Q}, \boldsymbol{G}, \boldsymbol{H}$ を求めよ.
(3) 一般解を求めよ.
(4) 初期条件を $\boldsymbol{Y}_{init} = (y_{1init}, y_{2init}, y_{3init})^T$ として, 積分定数を決めよ.
(5) $y_{1init} = 2, y_{2init} = 0, y_{3init} = 1$ として, 解曲線を描け.

応用問題

【1】牧草地 A, B があり, A に生息する虫は割合 a で B の方に移動し, 同様に, B に生息する虫は割合 b で A の方に移動する. また, 単位時間当たり 1 匹誕生すると仮定する.
(1) 時刻 t において A に生息する虫の数を $x(t)$, B に生息する虫の数を $y(t)$ として, 連立微分方程式を導け.
(2) 係数行列の固有値および固有ベクトルを求めよ.
(3) e^{At} を求めよ.
(4) $a = b = \dfrac{1}{2}$, 初期値を $x(0) = x_{init}, y(0) = y_{init}$ として, 特解を求めよ.
(5) a, b の値にかかわらず, 周期的に変動しないことを示せ.

【2】図に示すように, 三つのセルに塩水が入っていて, セル間で浸透する. その大きさはセル間の濃度に差に比例する.
(1) 比例係数を 1 とすると, 各セルにおいて, ある基準の濃度からの濃度の差 $n_i(t)$ ($i = 1, 2, 3$) の変化は,
$$\begin{pmatrix} \dot{n}_1 \\ \dot{n}_2 \\ \dot{n}_3 \end{pmatrix} = \begin{pmatrix} -2 & 1 & 1 \\ 1 & -2 & 1 \\ 1 & 1 & -2 \end{pmatrix} \begin{pmatrix} n_1 \\ n_2 \\ n_3 \end{pmatrix}$$
によって表されることを示せ.
(2) 係数行列の固有値および固有ベクトルを求めよ.
(3) e^{At} を求めよ.
(4) 初期値 $n_1(0) = a, n_2(0) = b, n_3(0) = c$ を満たす解を求めよ.
(5) $t \to \infty$ のときの各セルの濃度を求めよ.
(6) 濃度の変化を観察するためには, 初期の濃度をどのように設定すべきか検討せよ.
(7) $a = 1, b = 0.2, c = 0$ として, 解曲線を描け.

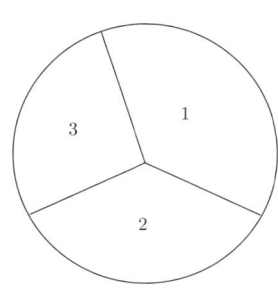

参考書

常微分方程式に関する教科書は，入門者向けから専門家向けまで様々な内容のものがある．工学部など理系の 1, 2 年生の入門者向けとしては，

(1) F.A. Jr., *Theory and Problems of Differential Equations*, McGraw-Hill, New York, 1972. 三島信彦訳，『マグロウヒル大学演習 微分方程式』，オーム社，1995.
(2) 矢島信夫，『常微分方程式』，岩波書店，2005.
(3) 和達三樹，矢島徹，『微分方程式演習』，岩波書店，2006.

をあげておくに留める．入門者向けに書かれた大抵の教科書は，くりかえして微分方程式を解くことによって経験を積むように配慮されている点では，内容的にはどれもほとんど差はない．理論的にしっかりした基礎を身に付けるために，さらに勉強したいのなら，

(4) M.W. Hirsch, S. Small, and R.L. Devaney, *Differential Equations, Dynamical Systems, and An Introduction to Chaos*, Academic Press, California, 2004. 桐木紳他訳，『力学系入門 原著第 2 版—微分方程式からカオスまで—』，共立出版，2007.
(5) ポントリャーギン著，千葉克裕訳，『常微分方程式』，共立出版，1968.
(6) ハラナイ著，加藤順二訳，『常微分方程式』，吉岡書店，1968.

を薦める．

筆者（松葉）の経験に基づく信条であるが，微分方程式を理解して初めて応用できるのではなく，応用ができて初めて微分方程式が理解できたと確信している．工学などの応用分野ではなお一層そうであるが，この意味では，以下に示す文献を薦めたい．ただし，微分方程式の基礎を学んだ後で読むと，より理解が深まる．

(7) M. Braun, *Differential Equations and Their Applications*, Springer-Verlag, 1993. 一樂重雄他訳，『微分方程式——その数学と応用（上，下）』，シュプリンガーフェアラーク東京，2006.
(8) 佐藤總夫，『自然の数理と社会の数理（I, II）』，日本評論社，1991.
(9) R. Herberman, *Mathematical Models*, Prentice Hall Inc. 1997. 竹之内脩監修，第 1 部『力学的振動の数学モデル』，第 2 部『生態系の微分方程式』，第 3 部『交通流の数学モデル』，現代数学社，1992.
(10) D. Burghes and M. Borrie, *Modelling with Differential Equations*, Ellis Horwood, 1966. 垣田高夫，大町比佐栄訳，『微分方程式で数学モデルを作ろう』，日本評論社，2004.
(11) アメリキン著，坂本實訳，『常微分方程式モデル入門』，森北出版，1996.
(12) ポントリャーギン著，宮本敏男，小柴善一郎訳，『常微分方程式とその応用』，森北

出版, 1995.

たとえば, (7), (8) を読むと, 微分方程式に基づいたモデルがいかに実際の場で役立っているかが分かる. しかも, いろいろな技術的な示唆に富み, 楽しく読める. 文献 (8) が扱っている話題は文献 (7) と同じであるが, より詳しい説明が加えられている. 本書で扱った美術品の贋作など, いくつかの応用は以上の文献を参考にした. (11), (12) の内容は, 少々高度である.

微分方程式の解法が, 辞書的に並べられている,

(13) D. Zwillinger, *Handbook of Differential Equations*, Academic Press, New York, 1989.

は, 手元にあると便利である.

以下では, 本書で参考にした各種の微分方程式が載っている文献を, 分野別に掲げる. 力学では,

(14) H. Goldstein, *Classical Mechanics*, Addison-Wesley Publishing Inc., 1950.
(15) 山内恭彦, 『一般力学』, 岩波書店, 1957.
(16) E. Atlee Jackson, *Perspectives of Nonlinear Dynamics*, Cambridge University Press, Cambridge, 1991. 田中茂他著, 『非線形力学系の展望』, 共立出版, 1994.

がある. (14), (15) は古典力学の標準的な教科書として, ラグランジェの方程式などの基礎概念を学ぶのに適している.

(17) S. Sze, *Semiconductor Devices*, 2nd ed., John Wiley & Sons Inc., New York, 2001. 南日康夫, 川辺光央, 長谷川文夫訳, 『半導体デバイス』, 第 2 版, 産業図書, 2005.

は半導体関係で必要な, いろいろなモデルが参考になる.

微分方程式の宝庫である流体力学の専門書としては,

(18) H. Lamb, *Hydrodynamics*, Cambridge University Press, Cambridge, 1932.
(19) G. Bachelor, *An Introduction to Fluid Dynamics*, Cambridge University Press, Cambridge, 1967.
(20) 日野幹雄, 『流体力学』, 朝倉書店, 1992.

がある. 古典的名著である (18), (19) は, 流体力学に興味あれば, ぜひ一読されたい. 野球のボールの軌跡に, 流体力学を応用した数少ない本に,

(21) R. Watts and T. Bahill, *Keep your eyes on the ball: the science and folklore of baseball*, W.H. Freeman and Company, New York, 1999. 大路道雄訳, 『ベースボールの科学』, サイエンス社, 1993.

がある. 打球の軌道以外にも, 野球にまつわるいろいろな話題がとり上げられていて, 面白く読める.

生物学に関しては,

(22) H.R. Thieme, *Mathematical Population Biology*, Princeton University Press, 2003. 斉藤保之訳, 『生物集団の数学』, 日本評論社, 2006.
(23) J. Keener and J. Sneyd, *Mathematical Physiology*, Springer-Verlag, New York,

1998. 中垣俊之監訳,『数理生理学 上下』, 日本評論社, 2005.
(24) E.S. Allman and J.A. Rhodes, *Mathematical Models in Biology*, Cambridge University Press, Cambridge, 2004.
(25) 鈴木良治,『生物情報システム論』, 朝倉書店, 1991.
(26) 古川俊之,『寿命の数理』, 朝倉書店, 1996.

を参考にした.

経済学で使われる微分方程式は,

(27) C.I. Jones, *Introduction to Economic Growth*, W.W. Norton & Company, Inc., 1998. 香西泰監訳,『経済成長理論入門』, 日本経済新聞社, 1999.
(28) A.C. Chiang, *Fundamental Methods of Mathematical Economics*, 2nd ed., McGraw-Hill, New York, 1967. 大住栄治他訳,『現代経済学の数学基礎 (上, 下)』, シーエーピー出版, 1996.

に詳しく書かれている.

問題の略解

第 1 章

演習問題

[1], [2], [3] 略. [4] (1) 微分方程式は $y'' + 5y' + 6y = 0$. $y(0) = 1, y'(0) = 0$ のとき $C_1 = 3, C_2 = -2$ となるので, $y = 3e^{-2x} - 2e^{-3x}$. 解曲線は下左図. (2) 微分方程式は $y'' + 4y = 0$. $y(0) = 1, y'(0) = 0$ のとき $C_2 = \dfrac{\pi}{2}, C_1 = 1$ となるので, $y = \sin\left(2x + \dfrac{\pi}{2}\right)$. なお, $C_1 = 0$ とはできない. (3) $x^2 y'' - xy' + y = 0$. $C_1 = 1$, $C_2 = -2$. 解曲線は下右図.

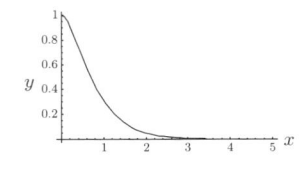

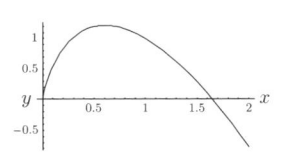

[5] (1) 特異解は $x^2 - y^2 = 0$. グラフは下左図. (2) 特異解は $x = 0$ ($x = \dfrac{1}{3}$ は一般解で表せる). グラフは下右図.

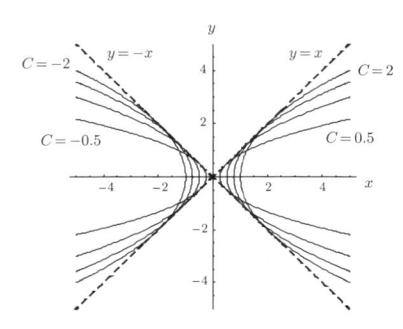

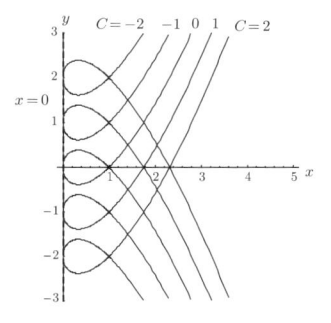

[6] (1) 方向場および初期値を $y_{init} = 2, 3, 4$ とした解曲線は次ページの右図. なお, 一般解は第 1 種ベッセル関数を用いて表される. (2) 方向場および初期値を $y_{init} = -1.25$, $-0.75, -0.25, 0.25, 0.75, 1.25$ とした解曲線は次ページの左図.

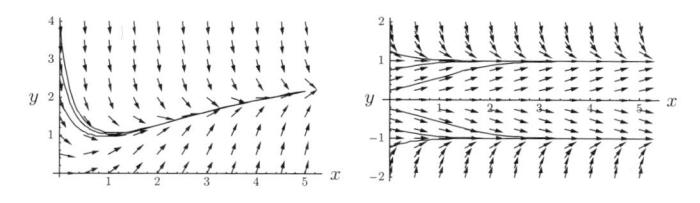

応用問題

【1】 (1) 略. (2) $M = M_0 e^{rt}$. (3) $t = \dfrac{\log 2}{r}$.

【2】 (1) 略. (2) $x(\infty) = \dfrac{b}{a}$. このとき, $\dot{x} = -a\dfrac{b}{a} + b = 0$. (3) 特解は $x = \dfrac{b}{a} + \left(1 - \dfrac{b}{a}\right)e^{-at}$. (4) 特解は $x = 2 - e^{-t}$. 右図に特解と方向場を示す.

【3】 (1) 略. (2) グラフを描くために $a=0.5$, $b=2$, 初期値を $y_{init}=1$ とする. 特解は $y = \dfrac{2}{1+e^{-0.5t}}$. 特解と方向場は下左図. b は $t \to \infty$ としたときの値である. (3) $t_m = \dfrac{1}{2}\log\left(\dfrac{b - y_{init}}{y_{init}}\right)$. (4) $t_m = 5.89$. 下右図に示す $\dot{y}$ を参考.

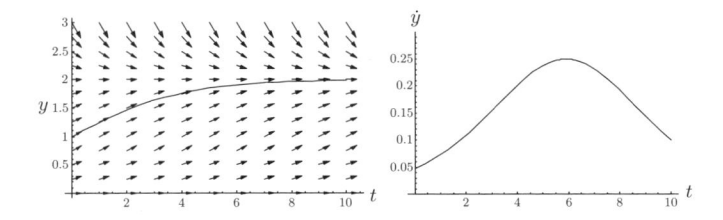

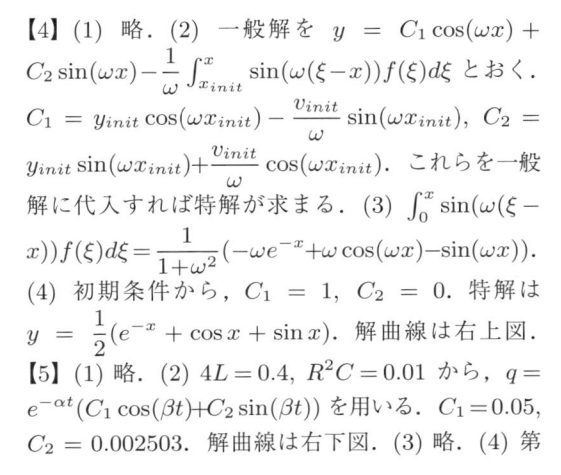

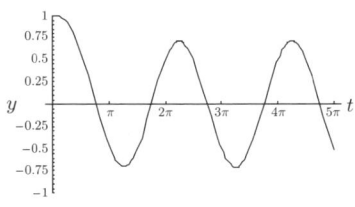

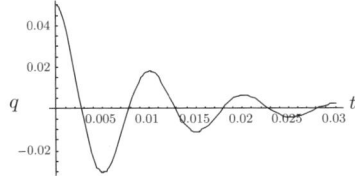

【4】 (1) 略. (2) 一般解を $y = C_1 \cos(\omega x) + C_2 \sin(\omega x) - \dfrac{1}{\omega}\int_{x_{init}}^{x} \sin(\omega(\xi - x))f(\xi)d\xi$ とおく. $C_1 = y_{init}\cos(\omega x_{init}) - \dfrac{v_{init}}{\omega}\sin(\omega x_{init})$, $C_2 = y_{init}\sin(\omega x_{init}) + \dfrac{v_{init}}{\omega}\cos(\omega x_{init})$. これらを一般解に代入すれば特解が求まる. (3) $\int_0^x \sin(\omega(\xi - x))f(\xi)d\xi = \dfrac{1}{1+\omega^2}(-\omega e^{-x} + \omega\cos(\omega x) - \sin(\omega x))$. (4) 初期条件から, $C_1 = 1$, $C_2 = 0$. 特解は $y = \dfrac{1}{2}(e^{-x} + \cos x + \sin x)$. 解曲線は右上図.

【5】 (1) 略. (2) $4L = 0.4$, $R^2 C = 0.01$ から, $q = e^{-\alpha t}(C_1 \cos(\beta t) + C_2 \sin(\beta t))$ を用いる. $C_1 = 0.05$, $C_2 = 0.002503$. 解曲線は右下図. (3) 略. (4) 第

5 章参照．【6】(1) 略．(2) 解曲線は下左図．(3) 判別式を利用すると，$x^2 + y^2 = 0$ となるが，特異解はない．【7】(1) 略．(2) 下右図．(3) 略．

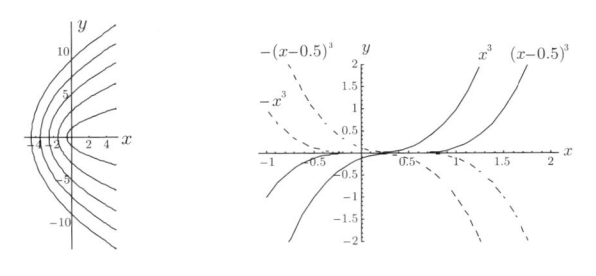

第 2 章

演習問題

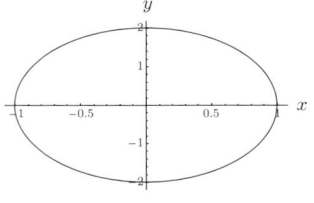

[1] $\dot{N} = \alpha N - \beta N$．[2] k を正の定数として，$\dot{x} = kx(N-x)$．[3] λ を正の定数として，$\dot{m}(t) = -\lambda(m - m_\infty)$．一般解は $m(t) = m_\infty + (m_{init} - m_\infty)e^{-\lambda t}$ である．[4] α を正の定数として，$\dot{n}(t) = \alpha(n_\infty - n)$．一般解は $n = n_\infty + Ce^{-\alpha t}$ である．[5] $m\ell^2\ddot{\theta} = -m\gamma\dot{\theta} + mg\ell\sin\theta$．[6] $m\dot{v} = mg - kv^2$，一般解は $v = \sqrt{\dfrac{mg}{k}}\tanh\left(\sqrt{\dfrac{kg}{m}}(t+C)\right)$．$\lim_{t\to\infty} v = \sqrt{\dfrac{mg}{k}}$．[7] (1) 略．(2) 上図．

応用問題

【1】(1) 略．(2) $N(0) = N_0$ のとき $C = N_0$．(3) 8 倍．【2】13550 年前に描かれた．【3】(1) $\dot{x} = -b_L x$, $\dot{y} = -b_K y + b_L x$, $\dot{z} = b_K y$．(2) $x = e^{-b_L t}$, $y = \dfrac{b_L}{b_K - b_L}(e^{-b_L t} - e^{-b_K t})$, $z = \dfrac{1}{b_K - b_L}(b_L e^{-b_K t} - b_K e^{-b_L t}) + 1$．(3) $\dfrac{\log b_K - \log b_L}{b_K - b_L}$．【4】(1) $m\dot{v} = F - kv$．(2) 略．(3) $C = -\dfrac{F}{k}$．(4) $x = \dfrac{F}{k}\int_0^t \left(1 - e^{-\frac{k}{m}t}\right)dt = \dfrac{F}{k}\left(t + \dfrac{m}{k}\left(e^{-\frac{k}{m}t} - 1\right)\right)$．【5】(1) $x^2 + \left(\dfrac{v}{\omega}\right)^2 = A^2$．(2) 略．(3) $T = 2\pi\sqrt{\dfrac{m}{2k}\left(1 - \dfrac{\ell}{a}\right)}$．

第 3 章

演習問題

[1] (1) $y = Cx$．(2) $y = \dfrac{1}{ax - C}$．(3) $y = \dfrac{\sin(ax)}{a} + C$．(4) $y = \dfrac{1}{1 + C\exp(e^{-x})}$．

(5) $e^y y^{-3} = Cx^4$. (6) $y = \dfrac{x}{1-Cx}$. (7) $y = -1 + C(1+x)$. (8) $y = \dfrac{C}{\sqrt{1+x^2}}$. (9) $e^y y = C\dfrac{e^x}{x+1}$. (10) $y = C(\cos(ax))^{\frac{1}{a}}$. [2] $\dot{y} = 0.0369y$. [3] $y = C\exp\left(a\left(t - \dfrac{k}{\omega}\cos(\omega t)\right)\right)$. [4] (1) 比例係数を k として, $\dot{m} = -km$. (2) 一般解は $m = Ce^{-kt}$. 初期値から $m = m_0 e^{-kt}$. (3) $m_0 - m = m_0(1 - e^{-kt})$. [5] (1) $y^2 = -\dfrac{1}{2}x^2 + K$. 下左図. (2) $\dfrac{1}{2}y^2 = -x + K$. (3) $y^2 = -x^2 + K$. (4) $\dfrac{1}{2}y^2 = \log(\cos x) + K$. 下右図. [6] (1) $x^2 y^3 = C$. (2) $x^3 - 3xy = C$. (3) $(x^2 + y^2)e^{-2x} = C$. (4) $-\tan^{-1}\left(\dfrac{y}{x}\right) + \dfrac{1}{2}\log(x^2 + y^2) = C'$, つまり $x^2 + y^2 = C\exp\left(\tan^{-1}\left(\dfrac{y}{x}\right)\right)$ ($C = e^{2C'}$). [7] (1) $\mu = \exp\left(\int a(t)dt\right)$. (2) は完全形. 一般解は $x = \exp\left(-\int a(t)dt\right)\left(C + \int b(t)\exp\left(\int a(t)dt\right)dt\right)$. [8] 略. [9] (1) 積分因子は $\mu = \dfrac{1}{y(x+y)x - x^2 y} = \dfrac{1}{xy^2}$. 一般解は $\dfrac{x}{y} + \log|x| = C$. (2) 積分因子は $\mu = \dfrac{1}{(x^4+y^4)x - xy^4} = \dfrac{1}{x^5}$. 一般解は $y^4 = 4x^4(\log|x| + C)$. (3) 積分因子は $\mu = \dfrac{1}{(bx-ay)x + (ax+by)y} = \dfrac{1}{b(x^2+y^2)}$. 一般解は $\dfrac{a}{b}\tan^{-1}\left(\dfrac{y}{x}\right) + \dfrac{1}{2}\log(x^2+y^2) = C$. [10] (1) 一般解は $(x+C_1)^2 + (y-C_2)^2 = a^2$. (2) 特異解は $16y^3 + 27x^2 = 0$. 一般解は $(y - K^2)^2 = 4xK$. 一般解 (実線) と特異解 (破線) のグラフは下左図. (3) 特異解は $24y^3 + 9x^2 = 0$. 一般解は $y^3 = 3Kx + 6K^2$. 一般解 (実線) と特異解 (破線) のグラフは下中図. [11] (1) 略. (2) $\theta = \alpha\sin\left(\sqrt{\dfrac{g}{l}}t\right)$. [12] (1) $P = P_{init}\exp\left(\dfrac{b_{init}}{\alpha}(1 - e^{-\alpha t}) - \beta t\right)$. (2) $P = 10000\exp\left(15(1 - e^{-0.2t}) - 2t\right)$. 解曲線は下右図. (3) $t_{\max} = \dfrac{1}{\alpha}\log\left(\dfrac{b_{init}}{\beta}\right) = 2.03$ (年).

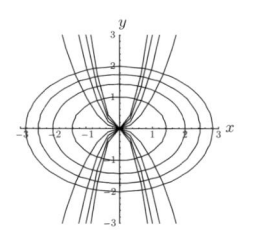

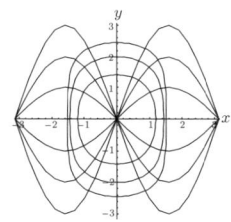

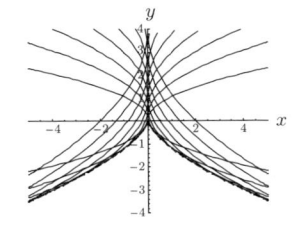

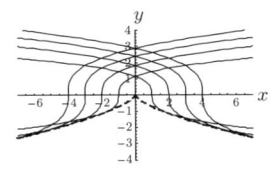

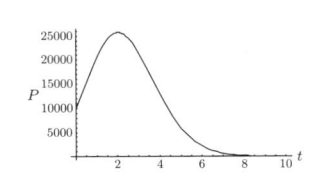

応用問題

【1】(1) $\dot{r} = a$. (2) $r = at + C$. (3) $r = at$. 【2】(1) $v = 1 + \dfrac{\tau}{k\rho}\log\dfrac{z}{10}$. (2) $z \to 0$ とすると，発散するので使えない．実際には適当な h を導入して，$v = 1 + \dfrac{\tau}{k\rho}\log\dfrac{(z+h)}{10}$ と変更して使う．【3】(1) 特解は $y = \left((1-\alpha)kt + y_{init}^{1-\alpha}\right)^{\frac{1}{1-\alpha}}$. $0 < \alpha < 1$ の場合．$0 < 1-\alpha < 1$ となるので，t が大きくなると $y \cong ((1-\alpha)kt)^{\frac{1}{1-\alpha}}$ となって，べき関数にしたがって増加する．$\alpha > 1$ の場合．$1-\alpha < 0$ となるので，$y = \left(-|1-\alpha|kt + y_{init}^{-|1-\alpha|}\right)^{-\frac{1}{|1-\alpha|}}$ と表せ，$t = \dfrac{1}{k|1-\alpha|}y_{init}^{-|1-\alpha|}$ となるような時刻において発散する．つまり，有限な時刻でしか意味のないモデルとなる．なお，いずれの場合も，$\alpha \to 1$ とすると，$y \to y_{init}e^{kt}$.
(2) $\dot{y} = ca(-t+b)^{-c-1} = ac\left(\dfrac{y}{a}\right)^{\frac{c+1}{c}}$, $\alpha = \dfrac{c+1}{c} = 1.5$. 【4】データを $y = \dfrac{b}{1+Ce^{-at}}$ に当てはめると，$a = 0.749$, $b = 5.54 \times 10^5$, $C = 58.7$. 年は簡単のため整数 1, 2, 3, とする（下左図では横軸は年にして表示した）．$t \to \infty$ では，$y(\infty) = b = 5.54 \times 10^5$ である．ちなみに，2000 年は 5.13×10^5, 2003 年は 5.01×10^5 である（総務省統計局 HP より）．【5】$\dfrac{2\pi R^2}{5k}L^{\frac{1}{2}}$. 【6】(1) y の満たす微分方程式は $\dot{y} = k(a-y)(b-y)$. 特解は $y = \dfrac{ab(e^{akt} - e^{bkt})}{ae^{akt} - be^{bkt}}$. (2) $a > b$ では，$t \to \infty$ で $y = \dfrac{ab\left(1 - \exp\left(\dfrac{b}{a}kt\right)\right)}{a - be^{\frac{b}{a}kt}} \to b$ となる．物質 B を使い尽くせば，反応は終了する．(3) 下右図．【7】(1) $m\dot{v} + (u+v)\dot{m} = 0$.
(2) $v = -c\log m + C$. (3) $v = cat$. 等速度運動をする．(4) $v_{final} = \dfrac{ac}{\gamma}$.

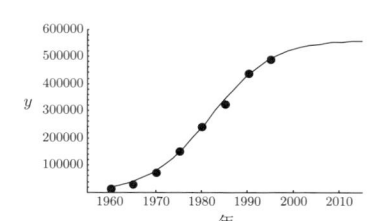

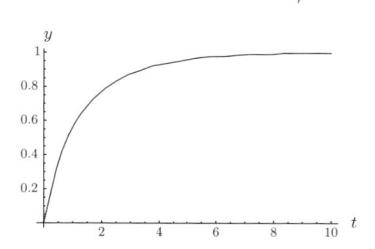

第 4 章

演習問題

[1] $M = \dfrac{q}{r} + Ce^{rt}$. [2] (1) $y = 1 + Ce^{-x}$. (2) $y = \dfrac{e^{-x}}{2} + Ce^{-3x}$.
(3) $y = \dfrac{1}{3}x + \dfrac{C}{x^2}$. (4) $x = \dfrac{t^2 + 2C}{2\cos t}$. (5) $y = \dfrac{x+C}{x^2-1}$, $x = \pm 1$ の場合，$y = \dfrac{1}{2x} = \pm\dfrac{1}{2}$. (6) $y = \dfrac{t}{4} + \dfrac{C}{t^3}$. (7) $y = \dfrac{x+C}{x^2+x+1}$. (8) $x = \sin t + C\cos t$.

(9) $y = 1 + Ce^{-\frac{1}{3}x^3}$. (10) $y = C\dfrac{1}{1+t^2} + \dfrac{t^2}{2(1+t^2)}$. [3] (1) $y = \dfrac{1}{10}(23e^{-x} + \sin(3x) - 3\cos(3x))$, 解曲線は上左図. (2) $y = x^2 + x^2 e^x(x-1)$, 解曲線は上右図. (3) $y = \dfrac{1}{x}(\pi + \sin x)$, 解曲線は下左図. (4) $y = \log x + e^{-x}(1.577216 - \int_{-x}^{\infty}\xi^{-1}e^{-\xi}d\xi)$, 解曲線は下右図. [4] 初期値を満たす特解は $y = e^{-t} + e^{-t}\int_0^t r(t)e^t dt$. ここで, $e^{-t}\int_0^t r(t)e^t dt = \begin{cases} 2(1-e^{-t}) & ; 0 \le t \le 1 \\ 2(e-1)e^{-t} & ; 1 < t \end{cases}$

から, $y = \begin{cases} 2 - e^{-t} & ; 0 \le t \le 1 \\ (2e-1)e^{-t} & ; 1 < t \end{cases}$. [5] (1) $u = Ce^x + 2 + 2x$ で, もとの変数では $y = \dfrac{1}{2 + 2x + Ce^x}$. (2) $u = \dfrac{1}{x}(C + x\sin x + \cos x)$ で, もとの変数では $y^2 = \dfrac{x}{C + x\sin x + \cos x}$. [6] (1) 略. (2) $\dot{v} = -\left(ax + \dfrac{2}{x}\right)v - v^2$. (3) $\dfrac{1}{v} = Cx^2 e^{\frac{a}{2}x^2} - x - \dfrac{\sqrt{a}}{2}x^2 e^{\frac{a}{2}x^2}\sqrt{2\pi}\,erf\left(\sqrt{\dfrac{a}{2}}x\right)$ ($erf(z) = \dfrac{2}{\sqrt{\pi}}\int_0^z e^{-t^2}dt$). (4) $y = \dfrac{1}{x} + \dfrac{1}{Cx^2 e^{\frac{a}{2}x^2} - x - \dfrac{\sqrt{a}}{2}x^2 e^{\frac{a}{2}x^2}\sqrt{2\pi}\,erf\left(\sqrt{\dfrac{a}{2}}x\right)}$.

(5) $y = \dfrac{\sqrt{2\pi a}\,e^{\frac{a}{2}x^2}erf\left(\sqrt{\dfrac{a}{2}}x\right)}{2 + \sqrt{2\pi a}\,xe^{\frac{a}{2}x^2}erf\left(\sqrt{\dfrac{a}{2}}x\right)}$. (6) 右図.

[7] 略. [8] $e^y y' + e^y = \sin x$ の一般解は $y = \log\left(Ce^{-x} + \dfrac{1}{2}(\sin x - \cos x)\right)$.

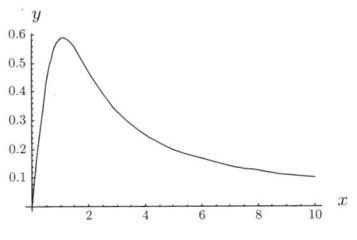

応用問題

【1】(1) 一般解は $N = C\exp\left(at - \dfrac{1}{2}bct^2\right)$. (2) $\dot{N} = 0$ より, $t = \dfrac{a}{bc}$. (3) 次ページ右上図. 【2】(1) $v = 3 + \dfrac{6}{6Ce^{6t} - 1}$. (2) $v = 3$. 【3】(1) 一般解は $N = Ce^{kt} + e^{kt}\int \dfrac{-a}{e^{kt}}dt = Ce^{kt} + \dfrac{a}{k}$. 特解は $N(t) = (N_{init} - \dfrac{a}{k})e^{kt} + \dfrac{a}{k}$. t を大きくすると, N は単調に増加するので, その空間を満たすまで増え続ける. (2) リッカチの微分方程式 $\dot{N} = kN - \gamma N^2 - a$. 一般解は $N = \dfrac{k}{2\gamma} + \dfrac{\sqrt{k^2 - 4a\gamma}}{2\gamma}\tanh\left(\dfrac{\sqrt{k^2 - 4a\gamma}}{2}(t + C)\right)$. $t \to \infty$ では, C に関係なく

$N(\infty) = \dfrac{k+\sqrt{k^2-4a\gamma}}{2\gamma}$. (3) 右中図. 【4】(1) $q = C_1 e^{-\frac{1}{CR}t} + CE_0 \dfrac{\sin(\omega t)-\omega CR\cos(\omega t)}{1+(\omega CR)^2}$. (2) $q = CE_0 \dfrac{\omega CR}{1+(\omega CR)^2} e^{-\frac{1}{CR}t} + CE_0 \dfrac{\sin(\omega t)-\omega CR\cos(\omega t)}{1+(\omega CR)^2}$.

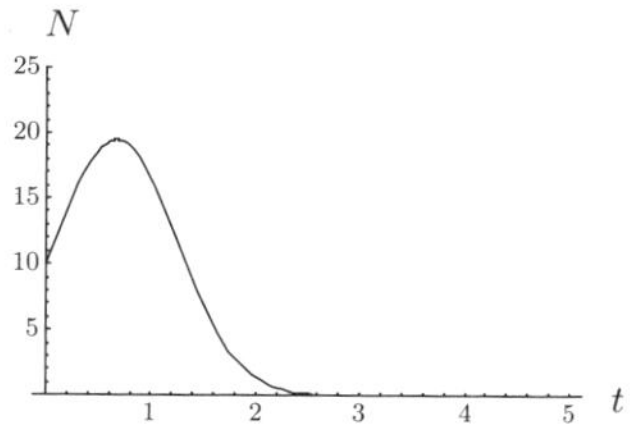

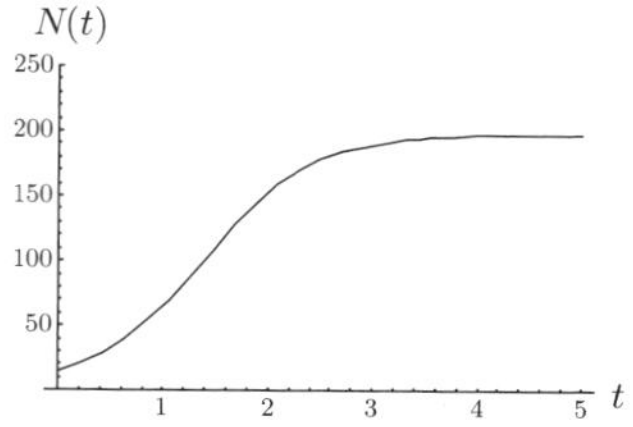

【5】(1) 略. (2) $u = Ce^{-(1-\alpha)(n+g+d)t} + \dfrac{s}{n+g+d}$ で, 資本蓄積量は $y^* = \left(Ce^{-(1-\alpha)(n+g+d)t} + \dfrac{s}{n+g+d}\right)^{\frac{1}{1-\alpha}}$.

(3) 特解は $y^* = \left(\left(y_0^{*(1-\alpha)} - \dfrac{s}{n+g+d}\right)e^{-(1-\alpha)(n+g+d)t} + \dfrac{s}{n+g+d}\right)^{\frac{1}{1-\alpha}}$. $t\to\infty$ では, $y_s^* = \left(\dfrac{s}{n+g+d}\right)^{\frac{1}{1-\alpha}}$.

(4) 解曲線は右下図. 定常値は, $\left(\dfrac{0.146}{0.084}\right)^{\frac{3}{2}} = 2.33\%$ (実際は 3.8% であった). (5) $\alpha \to 1$ では, $y^* = e^{-(n+g+d-s)t}y_0$. $t\to\infty$ では 0 になる. (6) t が大きいとき, 一般解は $y^* = \left(Ce^{-(1-\alpha)(g+d)t} + \dfrac{s}{g+d}\right)^{\frac{1}{1-\alpha}}$.

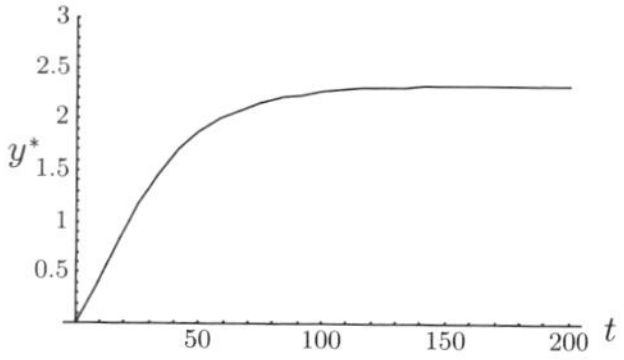

$t\to\infty$ では $y^* = \left(\dfrac{s}{g+d}\right)^{\frac{1}{1-\alpha}}$. 【6】(1) $\dot{K} = 0.342(100-K)$. また, $k+A = 0.342$, $AS_m = 34.2$. (2) $S = \dfrac{b}{k}\left(1 + \dfrac{ck}{a-k}e^{-at} - \dfrac{a+k(c-1)}{a-k}e^{-kt}\right)$. $S(\infty) = \dfrac{b}{k}$. (3) 解曲線は下左図. (4) $S = \dfrac{abc}{a-k}(e^{-kt}-e^{-at})$. (5) 解曲線は下右図.

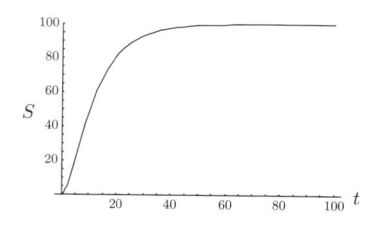

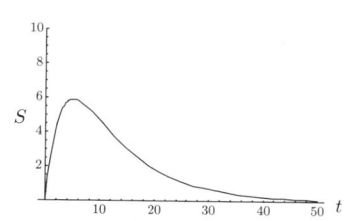

第 5 章

演習問題

[1] (1) $k^2+5k+6=0$, $y = C_1 e^{-2x} + C_2 e^{-3x}$. (2) $k^2+k-6=0$, $y = C_1 e^{-2x} + C_2 e^{3x}$. (3) $k^2-6k+9=0$, $y = C_1 e^{3x} + C_2 x e^{3x}$. (4) $k^2+k=0$, $y = C_1 e^{-x} + C_2$. (5) $k^2+4=0$, $y = C_1 \cos(2x) + C_2 \sin(2x)$. (6) $y = e^{-x}(C_1 \cos(\sqrt{2}x) + C_2 \sin(\sqrt{2}x))$. (7) $2k^2+5k+4=0$, $y = e^{-\frac{5}{2}x}\left(C_1 \cos\left(\dfrac{\sqrt{7}}{2}x\right) + C_2 \sin\left(\dfrac{\sqrt{7}}{2}x\right)\right)$. (8) $-2k^2+k+$

$3 = 0$, $y = C_1 e^{\frac{3x}{2}} + C_2 e^{-x}$. [2] (1) $k^2 + 5k + 4 = 0$, $y = C_1 e^{-x} + C_2 e^{-4x} + \frac{3x}{4} - \frac{15}{16}$.
(2) $k^2 - k - 2 = 0$, $y = C_1 e^{2x} + C_2 e^{-x} + \frac{1}{2} x e^{2x}$. (3) $k^2 - 6k + 9 = 0$,
$y = C_1 e^{3x} + C_2 x e^{3x} + \frac{4\sin x + 3\cos x}{50}$. (4) $k^2 - k = 0$, $y = C_1 e^x + C_2 - \frac{x^3}{3} - x^2 - 4x$. (5) $2k^2 + 3k + 2 = 0$, $y = e^{-\frac{3x}{4}}\left(C_1 \cos\left(\frac{\sqrt{7}}{4}x\right) + C_2 \sin\left(\frac{\sqrt{7}}{4}x\right)\right) + \frac{x}{2} - \frac{3}{4} + \frac{e^x}{7}$. (6) $-2k^2 + k + 3 = 0$, $y = C_1 e^{\frac{3}{2}x} + C_2 e^{-x} + \frac{7\sin x + 9\cos x}{26}$.
[3] (1) $y = 3e^{4x} - 3e^x$. (2) $y = \frac{b \sin(ax)}{a}$. (3) $y = \frac{2}{\sqrt{3}} e^{-\frac{x}{2}} \sin\left(\frac{\sqrt{3}x}{2}\right)$.
(4) $y = 2^{-\frac{\pi}{2}+x}\left(-\frac{\log 2}{2}\sin(2x) + \cos(2x)\right)$. (5) $y = \frac{13}{12} e^{-2+2x} - \frac{e^{1-x}}{3} - \frac{x}{2} + \frac{3}{4}$.
[4] (1) $y = 2e^{-3x}$. (2) $y = -\frac{e^x}{5}$. (3) $y = \frac{xe^{-3x}}{2} + \frac{9e^{-3x}}{4}$. (4) $y = -\frac{\cos(3x)}{5}$.
(5) $y = 1 - \frac{\cos(2x)}{10} + \frac{\sin x}{5}$. (6) $y = \frac{x^2 e^{-2x}}{2} - \frac{\cos(2x)}{8}$. [5] (1) $y_1 = \sin x$, $y_2 = \cos(3x)$, W $= -3$, $y = C_1 \sin(3x) + C_2 \cos(3x) - \frac{\log(\sec(3x) + \tan(3x))\cos(3x)}{9}$.
(2) $y_1 = e^x$, $y_2 = e^{-x}$, W $= -2$, $y = C_1 e^x + C_2 e^{-x} - x - 3$. (3) $y_1 = e^x$, $y_2 = xe^x$, W $= e^{2x}$, $y = C_1 e^x + C_2 x e^x + \frac{x^2 e^x}{2}$. (4) $y_1 = \sin x$, $y_2 = \cos x$, W $= -1$. $y = C_1 \sin x + C_2 \cos x - \log|\sec x - \tan x|\sin x - 2$. (5) $y_1 = e^{-x}$, $y_2 = xe^{-x}$, W $= e^{-2x}$, $y = C_1 e^{-x} + C_2 x e^{-x} + xe^{-x}\log|x|$. (6) $y_1 = e^{2x}$, $y_2 = e^x$, W $= -e^{3x}$, $y = C_1 e^{2x} + C_2 e^x - xe^x + e^{2x}\log(1+e^{-x}) + e^x \log(1+e^x)$. [6] 略.

応用問題

【1】 (1) $A_1 = 5\,\text{cm}$, $\sqrt{\frac{k}{m}} = \frac{2\pi}{0.1} = \omega_0$. $y = A_1 \sin(\omega_0 t) + \frac{A\omega_0^2}{\omega_0^2 - \omega^2}\sin(\omega t) + \frac{mg}{k}$. 固定点の振動より大きい振幅の振動が加わる. (2) $y = A_1 \sin(\omega_0 t) - \frac{A\omega_0}{2} t \cos(\omega_0 t) + \frac{mg}{k}$. 【2】 (1) $M\ddot{x} = Mg - kg\dot{x}$. (2) $M\ddot{y} = Mg - kg\dot{y} - bgy$. (3) $\dot{x}(L) = gt_1 - rL$, また数値計算で $x = \frac{g}{r}\left(t - \frac{1}{r}(1 - e^{-rt})\right)$ より通過時間が算出できる. (4) 36.3 m 下.
【3】 (1) $M(0) = M'(0) = 0$, $M^{(2)}(L) = M^{(3)}(L) = 0$. (2) 一般解は $y = C_1 \sin(\omega t) + C_2 \cos(\omega t) - \frac{a}{\omega^2}$. 特解は $y = \frac{a + \delta\omega^2}{\omega^2}\cos(\omega t) - \frac{a}{\omega^2}$. (3) $y_{\max} = \delta + \frac{2a}{\omega^2}$. (4) $y = -\frac{f_c}{2\omega^2}\sin(\omega t) + \left(\delta + \frac{f_c}{2\omega}t\right)\cos(\omega t)$. (5) $y = -\frac{a}{\omega^2} + C_1 e^{-\frac{1}{2}t\left(c + \sqrt{c^2 - 4\omega^2}\right)} + C_2 e^{-\frac{1}{2}t\left(c - \sqrt{c^2 - 4\omega^2}\right)}$.
(6) 特解は $F_0 \frac{c\Omega\cos(\Omega t) - (\omega^2 - \Omega^2)\sin(\Omega t)}{(\omega^2 - \Omega^2)^2 + c^2 \Omega^2}$ となるので, $\omega = \Omega$ で共振. 右図を参照.

第 6 章

演習問題

[1] (1) $y = C_1 + C_2 x^{1-a}$. (2) $y = C_1 + C_2 \log x$. (3) $y = C_1 x + C_2 x^{-a}$. (4) $y = C_1 x + C_2 x \log x$. (5) $y = C_1 e^{-x} + C_2 e^{(a+1)x} \left(x - \dfrac{1}{a+2} \right)$. (6) $y = e^{-x}(C_1 + C_2 x^2)$. (7) $y = u(x) y_1$ とすると $u = C_1 x \dfrac{ax+1}{a^2} + C_2 x e^{ax}$. [2] (1) $y = C_1 x + C_2 x^2 + x^2 (\log x - 1)$. x^2 を $C_2 x^2$ に吸収して, $y = C_1 x + C_2 x^2 + x^2 \log x$ とした方がよい. (2) $y = C_1 x + C_2 x^2 + \dfrac{1}{12x^2}$. (3) $y = C_1 e^x + C_2 x^2 e^x + \dfrac{1}{4} x^2 e^x (2 \log x - 1)$. あるいは $y = C_1 e^x + C_2 x^2 e^x + \dfrac{1}{2} x^2 e^x \log x$. (4) $y = C_1 e^{-x} + C_2 (x-1) - \dfrac{1}{2} x^2 e^{-x}$. [3] (1) 標準形 $u'' - 2u = 0$. 一般解は $y = C_1 e^{-x(x-\sqrt{2})} + C_2 e^{-x(x+\sqrt{2})}$. (2) 標準形 $u'' + au = 0$. 一般解は $y = \left(C_1 \sin(\sqrt{a}x) + C_2 \cos(\sqrt{a}x) \right) e^{\frac{1}{2}ax^2}$. (3) 標準形 $\dfrac{d^2 y}{dt^2} - ay = 0$. 一般解は $y = C_1 e^{\sqrt{a} x^2} + C_2 e^{-\sqrt{a} x^2}$. (4) $y = C_1 e^{ax} \sec x + C_2 e^{-ax} \sec x$. (5) $y = C_1 \cos x^2 + C_2 \sin x^2 + \dfrac{1}{2} \left(x^2 (\cos x^2)^2 + x^2 (\sin x^2)^2 \right)$. (6) 標準形 $\dfrac{d^2 y}{dt^2} - y = e^{2t}$. 一般解は $y = C_1 e^{x^2} + C_2 e^{-x^2} - \dfrac{1}{4}$. [4] (1) $y = C_1 x + C_2 x^2$. (2) $y = C_1 x^{-\frac{1}{2}} + C_2 x^2$. (3) $y = (C_1 + C_2 \log x) x^{\frac{3}{2}}$. (4) $y = (C_1 \cos(3 \log x) + C_2 \sin(3 \log x)) x^3$. (5) $y = C_1 x + C_2 x^3 + x(x-1) e^x$. (6) $y = C_1 x^2 + C_2 x^2 \log x + \dfrac{x^m}{(m-2)^2}$. (7) $y = C_1 x^{\frac{1}{2} \left(1-p+\sqrt{(1-p)^2 - 4q} \right)} + C_2 x^{\frac{1}{2} \left(1-p-\sqrt{(1-p)^2 - 4q} \right)}$. [5] (1) $y = \dfrac{1}{x} \dfrac{1 - C \tan x}{\tan x + C}$. (2) $y = \dfrac{1}{\sqrt{2}x} \dfrac{e^{\sqrt{2}x} - C}{e^{\sqrt{2}x} + C}$. (3) $y = \dfrac{x^3 - 2C}{x^3 + C}$. (4) $y = \dfrac{3 \log x + 1 + 3C}{\log x + C}$. [6] (1) $r^2 f(x) + r g(x) + h(x) = 0$. (2) $y = C_1 e^x + C_2 e^{2x} (2x-1)$. [7] (1) 略. (2) $W = -\dfrac{8}{t^2 - 1}$. (3) $y_p = u_1 y_1 + u_2 y_2 = \dfrac{1}{20} (t^2 - 1)^2$. [8] (1) 略. (2) $W = -\dfrac{1}{x}$. (3) $y_p = u_1 y_1 + u_2 y_2 = \dfrac{x \sin x}{2\sqrt{x}} + \dfrac{\cos x}{4\sqrt{x}}$. なお, 一般解は $y = C_1 y_1 + C_2 y_2 + y_p$ と表せるので, $\dfrac{\cos x}{4\sqrt{x}}$ を $C_2 y_2$ に吸収して, $y_p = \dfrac{x \sin x}{2\sqrt{x}}$ とするのがよい.

第 7 章

演習問題

[1] A^2 の固有値は k^2, 固有ベクトルは u. A^n の固有値は k^n, 固有ベクトルは u. [2] (1) 固有値は $2 \pm \sqrt{3}$, 固有ベクトルは $\left(1, \mp\sqrt{3} \right)^T$, 行列式は 1, 逆行列は $\begin{pmatrix} 2 & 1 \\ 3 & 2 \end{pmatrix}$. (2) $3 \pm 2i$, $(1, \mp i)^T$, 13, $\dfrac{1}{12} \begin{pmatrix} 3 & 2 \\ -2 & 3 \end{pmatrix}$. (3) $1 \pm 2i$, $(1, \mp i)^T$, 5, $\dfrac{1}{5} \begin{pmatrix} 1 & 2 \\ -2 & 1 \end{pmatrix}$.

(4) 1 (縮退), $(0,1)^T$, 1, $\begin{pmatrix} 1 & 0 \\ -2 & 1 \end{pmatrix}$. [3] (1) $A^2 = \begin{pmatrix} 0 & 1 \\ 1 & 1 \end{pmatrix} \begin{pmatrix} 0 & 1 \\ 1 & 1 \end{pmatrix} = \begin{pmatrix} 1 & 1 \\ 1 & 2 \end{pmatrix}$, $A^3 = \begin{pmatrix} 1 & 1 \\ 1 & 2 \end{pmatrix} \begin{pmatrix} 0 & 1 \\ 1 & 1 \end{pmatrix} = \begin{pmatrix} 1 & 2 \\ 2 & 3 \end{pmatrix}$. (2) $a_{n+1} = c_n$, $b_{n+1} = d_n$, $c_{n+1} = a_n + c_n$, $d_{n+1} = b_n + d_n$. (3) $c_n = \dfrac{1}{\sqrt{5}} \left(\left(\dfrac{1+\sqrt{5}}{2} \right)^n - \left(\dfrac{1-\sqrt{5}}{2} \right)^n \right)$. $d_n = \dfrac{1}{10} \left((5+\sqrt{5}) \left(\dfrac{1+\sqrt{5}}{2} \right)^n + (5-\sqrt{5}) \left(\dfrac{1-\sqrt{5}}{2} \right)^n \right)$. a_n と b_n は $a_{n+1} = c_n$ と, $b_{n+1} = d_n$ から求められる. [4] $a_1, a_2, \ldots, a_n$. [5] 略. [6] 略. [7] (1) 略. (2) $Y = C_1 \begin{pmatrix} 1 \\ 1 \end{pmatrix} e^{3x} + C_2 \begin{pmatrix} 1 \\ 2 \end{pmatrix} e^{2x}$. (3) $Y(0) = \begin{pmatrix} 0 \\ 1 \end{pmatrix}$ に対して $Y = \begin{pmatrix} 1 \\ 2 \end{pmatrix} e^{2x} - \begin{pmatrix} 1 \\ 1 \end{pmatrix} e^{3x}$. $Y(0) = \begin{pmatrix} 1 \\ 0 \end{pmatrix}$ に対して $Y = 2\begin{pmatrix} 1 \\ 1 \end{pmatrix} e^{3x} - \begin{pmatrix} 1 \\ 2 \end{pmatrix} e^{2x}$. (4) $a \left(2\begin{pmatrix} 1 \\ 1 \end{pmatrix} e^{3x} - \begin{pmatrix} 1 \\ 2 \end{pmatrix} e^{2x} \right) + b \left(\begin{pmatrix} 1 \\ 2 \end{pmatrix} e^{2x} - \begin{pmatrix} 1 \\ 1 \end{pmatrix} e^{3x} \right) = (2a-b) \begin{pmatrix} 1 \\ 1 \end{pmatrix} e^{3x} + (b-a) \begin{pmatrix} 1 \\ 2 \end{pmatrix} e^{2x}$. [8] (1) $\begin{pmatrix} 1 & 0 \\ 0 & e^{ax} \end{pmatrix}$.

(2) $\begin{pmatrix} e^{ax} & bxe^{ax} \\ 0 & e^{ax} \end{pmatrix}$. (3) $\begin{pmatrix} e^{ax} & bxe^{ax} & \frac{1}{2}x(2c+b^2x)e^{ax} \\ 0 & e^{ax} & bxe^{ax} \\ 0 & 0 & e^{ax} \end{pmatrix}$. (4) $e^{At} = Pe^{P^{-1}APx}P^{-1}$

$= \begin{pmatrix} \dfrac{e^{2x}}{2} + \dfrac{e^{(2+\sqrt{2})x}}{4} + \dfrac{e^{(2-\sqrt{2})x}}{4} & \dfrac{e^{(2-\sqrt{2})x}}{2\sqrt{2}} - \dfrac{e^{(2+\sqrt{2})x}}{2\sqrt{2}} & -\dfrac{e^{2x}}{2} + \dfrac{e^{(2+\sqrt{2})x}}{4} + \dfrac{e^{(2-\sqrt{2})x}}{4} \\ \dfrac{e^{(2-\sqrt{2})x}}{2\sqrt{2}} - \dfrac{e^{(2+\sqrt{2})x}}{2\sqrt{2}} & \dfrac{e^{(2+\sqrt{2})x}}{2} + \dfrac{e^{(2-\sqrt{2})x}}{2} & \dfrac{e^{(2-\sqrt{2})x}}{2\sqrt{2}} - \dfrac{e^{(2+\sqrt{2})x}}{2\sqrt{2}} \\ -\dfrac{e^{2x}}{2} + \dfrac{e^{(2+\sqrt{2})x}}{4} + \dfrac{e^{(2-\sqrt{2})x}}{4} & \dfrac{e^{(2-\sqrt{2})x}}{2\sqrt{2}} - \dfrac{e^{(2+\sqrt{2})x}}{2\sqrt{2}} & \dfrac{e^{2x}}{2} + \dfrac{e^{(2+\sqrt{2})x}}{4} + \dfrac{e^{(2-\sqrt{2})x}}{4} \end{pmatrix}$.

[9] ① (1) 固有値は $-3, 1$, 固有ベクトルは $(1,1)^T$, $(1,-1)^T$. (2) $Y = C_1 \begin{pmatrix} 1 \\ 1 \end{pmatrix} e^{-3x} + C_2 \begin{pmatrix} 1 \\ -1 \end{pmatrix} e^x$. (3) $Y = \dfrac{1}{2} \begin{pmatrix} e^{-3x} + e^x & e^{-3x} - e^x \\ e^{-3x} - e^x & e^{-3x} + e^x \end{pmatrix} Y_{init}$. ② (1) 固有値は $-1 \pm 2i$, 固有ベクトルは $(1, \mp i)^T$. (2) $Y = C_1 \left(\begin{pmatrix} 1 \\ 0 \end{pmatrix} \cos(2x) - \begin{pmatrix} 0 \\ -1 \end{pmatrix} \sin(2x) \right) e^{-x} + C_2 \left(\begin{pmatrix} 1 \\ 0 \end{pmatrix} \sin(2x) + \begin{pmatrix} 0 \\ -1 \end{pmatrix} \cos(2x) \right) e^{-x} = \begin{pmatrix} C_1 \cos(2x) + C_2 \sin(2x) \\ C_1 \sin(2x) - C_2 \cos(2x) \end{pmatrix} e^{-x}$. (3) $Y = \begin{pmatrix} \cos(2x) & -\sin(2x) \\ \sin(2x) & \cos(2x) \end{pmatrix} e^{-x} Y_{init}$. ③ (1) 固有値は縮退し ($d = 2$), -3, 固有ベクトル

は $(1,0)^T$. (2) $Y = \left(C_1\begin{pmatrix}1\\0\end{pmatrix}x + \begin{pmatrix}C_2\\C_1\end{pmatrix}\right)e^{-3x}$. (3) $\begin{pmatrix}-3 & 1\\0 & -3\end{pmatrix} = \begin{pmatrix}-3 & 0\\0 & -3\end{pmatrix} + \begin{pmatrix}0 & 1\\0 & 0\end{pmatrix}$ と可換な行列に分解. $e^{\begin{pmatrix}-3 & 0\\0 & -3\end{pmatrix}x} = \begin{pmatrix}e^{-3x} & 0\\0 & e^{-3x}\end{pmatrix}$, $e^{\begin{pmatrix}0 & 1\\0 & 0\end{pmatrix}x} = \begin{pmatrix}1 & x\\0 & 1\end{pmatrix}$ から, $Y = \begin{pmatrix}e^{-3x} & xe^{-3x}\\0 & e^{-3x}\end{pmatrix}Y_{init}$. [10] (1) 固有値は縮退し $(d=3)$, -2. 固有ベクトルは $(1,0,0)^T$. (2) Q は固有ベクトルで, $Q = C_3(1,0,0)^T$ とする. ここで, C_3 は任意の定数. C_2 を任意の定数とすると $G = (-C_2, -C_3, 0)^T$. C_1 を任意の定数とすると $H = (C_1, C_2, C_3)^T$. (3) $Y = C(x)e^{-2x} = \left(H + Gx + \frac{1}{2!}Qx^2\right)e^{-2x} = \begin{pmatrix}C_1 - C_2 x + C_3\frac{1}{2}x^2\\C_2 - C_3 x\\C_3\end{pmatrix}e^{-2x}$.

(4) $C_1 = y_{1init}$, $C_2 = y_{2init}$, $C_3 = y_{3init}$. (5) 右図.

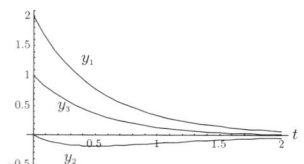

応用問題

【1】(1) $\dot{x} = x - ax + by$, $\dot{y} = y + ax - by$. (2) 固有値は 1, $1-a-b$ で, 固有ベクトルは $\left(1, \frac{a}{b}\right)^T$, $(1,-1)^T$. (3) $e^{At} = \frac{1}{a+b}\begin{pmatrix}be^t + ae^{(1-a-b)t} & be^t - be^{(1-a-b)t}\\ae^t - ae^{(1-a-b)t} & ae^t + be^{(1-a-b)t}\end{pmatrix}$.

(4) $x = \frac{1}{2}(x_{init} - y_{init} + (x_{init} + y_{init})e^t)$, $y = \frac{1}{2}(-x_{init} + y_{init} + (x_{init} + y_{init})e^t)$. (5) 略. 【2】(1) 略. (2) 固有値は $-3, -3, 0$. 固有値 0 の固有ベクトルは $(1,1,1)^T$. 固有値 -3 の固有ベクトルは $(1,0,-1)^T$, $(1,-1,0)^T$. (3) $e^{At} = \begin{pmatrix}\frac{1}{3}+\frac{2}{3}e^{-3t} & \frac{1}{3}-\frac{1}{3}e^{-3t} & \frac{1}{3}-\frac{1}{3}e^{-3t}\\\frac{1}{3}-\frac{1}{3}e^{-3t} & \frac{1}{3}+\frac{2}{3}e^{-3t} & \frac{1}{3}-\frac{1}{3}e^{-3t}\\\frac{1}{3}-\frac{1}{3}e^{-3t} & \frac{1}{3}-\frac{1}{3}e^{-3t} & \frac{1}{3}+\frac{2}{3}e^{-3t}\end{pmatrix}$. (4) $n_1 = \frac{1}{3}(a+b+c+(2a-b-c)e^{-3t})$, $n_2 = \frac{1}{3}(a+b+c+(2b-a-c)e^{-3t})$, $n_3 = \frac{1}{3}(a+b+c+(2c-a-b)e^{-3t})$.

(5) $n_1(\infty) = n_2(\infty) = n_3(\infty) = \frac{1}{3}(a+b+c)$.

(6) 各セルの濃度を $\frac{1}{3}(a+b+c)$ に等しくないように設定する. (7) 右図.

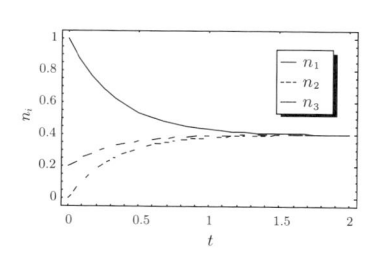

索 引

●欧数字

1 階常微分方程式　2
1 階微分方程式　2
1 階偏微分方程式　3
1 次従属　134, 187
1 次独立　133, 134, 187
1 次独立性　164
1 次微分方程式　4
2 階微分方程式　2
2 階偏微分方程式　3
2 元連立 1 階線形微分方程式　6
n 階微分方程式　2
n 階偏微分方程式　3

●あ 行

アポロニウス曲線　91
安定　27
硫黄島　69
位相図　27
一般解　10
一般化座標　52
演算子法　148
遠心力　49
オイラーの公式　136
オイラーの微分方程式　169
オイラー法　31
オームの法則　54

●か 行

解　9
解曲線　9
階数　2
階数低下法　160
解析解　9
解析的　174
解の一意性　24

化学反応　39
可換　205
可換性　205
確定特異点　175
重ね合わせの原理　114, 160
カルマン渦　156
贋作事件　66
完全微分方程式　95
基本解　134
共振　155
共振振動数　155
共鳴　155
キルヒホッフの法則　54
均衡価格　60
銀行預金　59
クレロー方程式　20
形式解　174
係数行列　182
決定方程式　178
高階線形微分方程式　181
高階微分方程式　2
広告　59
高次微分方程式　4
抗力　64
固体物理学　53
固有値　184
固有値問題　184
固有ベクトル　184

●さ 行

サイクロイド　57
散逸関数　52
地震モデル　53
次数　4, 88
指数行列　199
周期　48
収束半径　175

従属変数　1
縮退　184, 194
シュレディンガー方程式　4
常微分方程式　2
初期条件　11
初期値　11
初期値問題の解　11
自律型方程式　101
振動数　48
数値解析　30
正規型微分方程式　4
整級数　173
斉次解　110, 133
斉次式　133
斉次方程式　110, 133, 159
正常点　175
正則点　175
積分　9
積分因子　98
積分因子法　116
積分曲線　9
積分定数　10
漸化式　173
線形微分方程式　4
尖点　24
戦闘　43
全微分　95
速度定数　40

●た 行

代入法　140
タコマ　157
単振り子　49
定数係数の 2 階線形微分方程式　133
定数変化法　111, 145, 161, 167, 194
電気回路　54
電気力線　91
導関数　1
同次型微分方程式　88
同次式　88
同次方程式　110
等電位線　91
ドーマーの成長モデル　61

特異解　15
特異点　175
特解　11, 112
特性方程式　135, 184
独立変数　1

●な 行

ニュートンの運動方程式　2, 45
ニュートンの冷却法則　41
熱伝導率　41
熱伝導方程式　3
年輪年代法　107

●は 行

ばね　47
ばね定数　47
ばねの自然長　47
パラメータ表示　20
半減期　42
判別式　17
非正規型微分方程式　4, 15
非斉次項　110, 133
非斉次方程式　110, 133, 159
非線形微分方程式　4
非同次項　110
非同次方程式　110
比熱　41
微分法　103
標準形　162
不安定　27
フェルメール　66
不確定特異点　176
フロベニウス法　175, 176
平衡状態　27
平衡点　27
べき級数　173
べき級数法　173
ベクトル形式の微分方程式　8
ベッセルの微分方程式　176
ベルヌーイの微分方程式　118
変数係数の 2 階線形微分方程式　159
変数分離型微分方程式　77
変数分離法　77, 115

偏微分方程式　2
崩壊過程　42, 67
崩壊定数　42
方向場　28
方向ベクトル　28
放射性元素　67
放射性物質　42
包絡線　18
補関数　110, 133
補助方程式　133
ポテンシャル関数　85

●ま 行

摩擦　48
摩擦係数　48
マルサスの人口法則　82
未知関数　2
未定係数法　140

●や 行

揚力　64
余関数　110, 133

●ら 行

ラグランジュ関数　52
ラグランジュの微分方程式　121
ラグランジュの方程式　52
ランチェスターの法則　68
リッカチの微分方程式　120, 172
リプシッツ条件　26
連立1階線形微分方程式　181
連立線形微分方程式　6, 181
連立微分方程式　6
ロジスティック方程式　26, 79, 83, 118
ロンスキアン　164
ロンスキー行列式　164

〈著者紹介〉

松葉育雄（まつば・いくお）

1980 年	東京大学大学院理学系研究科博士課程修了
現　在	千葉大学大学院融合科学研究科情報科学専攻教授 理学博士
専　攻	複雑系，ニューラルネットワーク，時系列解析
著　書	『非線形時系列解析』（朝倉書店，2000） 『確率』（朝倉書店，2001） 『複雑系の数理』（朝倉書店，2004） 『長期記憶過程の統計』（共立出版，2007）他

丘　維礼（きゅう・いれい）

1984 年	シンガポール国立大学大学院工業経営研究科修士課程修了
現　在	株式会社日立製作所中央研究所主任研究員 理学博士
専　攻	高周波無線回路・システム
著　書	*Quantum Flux Parametron*（分担執筆，World Scientific，1991）

増井裕也（ますい・ひろなり）

1989 年	静岡大学大学院工学研究科修士課程修了
現　在	株式会社日立製作所中央研究所主任研究員 工学博士
専　攻	移動通信，医用超音波，ニューラルネットワーク

わかる・使える 微分方程式
Elementary Differential Equations and Their Applications

2008 年 9 月 25 日　初版 1 刷発行

著　者　松　葉　育　雄　Ⓒ 2008
　　　　丘　　　維　礼
　　　　増　井　裕　也

発行者　南　條　光　章

発行所　共立出版株式会社
〒112-8700
東京都文京区小日向 4-6-19
電話　03-3947-2511（代表）
振替口座　00110-2-57035
URL http://www.kyoritsu-pub.co.jp/

印　刷　藤原印刷

製　本　協栄製本

検印廃止
NDC 413.6
ISBN 978-4-320-01870-9

社団法人
自然科学書協会
会員

Printed in Japan

JCLS ＜㈱日本著作出版権管理システム委託出版物＞
本書の無断複写は著作権法上での例外を除き禁じられています．複写される場合は，そのつど事前に㈱日本著作出版権管理システム（電話03-3817-5670，FAX 03-3815-8199）の許諾を得てください．